国外海洋管理与执法体制

GUOWAI HAIYANG GUANLI YU
ZHIFA TIZHI

李景光　主　编

张占海　副主编

海洋出版社

2014年·北京

图书在版编目(CIP)数据

国外海洋管理与执法体制/李景光主编. —北京：
海洋出版社，2014.3
ISBN 978 - 7 - 5027 - 8737 - 0

Ⅰ. ①国… Ⅱ. ①李… Ⅲ. ①海洋 – 管理 – 研究 – 世
界②海事处理 – 行政法 – 研究 – 世界 Ⅳ. ①P7
②D993.5

中国版本图书馆 CIP 数据核字(2013)第 271749 号

责任编辑：唱学静
责任印制：赵麟苏

海洋出版社 出版发行

http://www.oceanpress.com.cn
北京市海淀区大慧寺路 8 号　邮编：100081
北京华正印刷有限公司印刷　新华书店经销
2014 年 3 月第 1 版　2014 年 3 月北京第 1 次印刷
开本：787 mm×1092 mm　1/16　印张：18.5
字数：320 千字　定价：58.00 元
发行部：62132549　邮购部：68038093　总编室：62114335
海洋版图书印、装错误可随时退换

编委会

编者的话

　　1992 年联合国环境与发展大会通过的《21 世纪议程》指出，"海洋环境——包括大洋和各种海洋以及邻接的沿海区域——是一个有机的整体，是全球生命支持系统的重要组成部分，是有助于实现可持续发展的宝贵财富"，"每个沿海国家都应考虑建立，或在必要时加强适当的协调机制（如高级别规划机构），在地方一级和国家一级，对海岸带和海洋及其资源实施综合管理，进而实现可持续发展"。2002 年可持续发展世界首脑会议通过的《约翰内斯堡执行计划》进一步指出，应"促进在国家一级采用综合、跨学科及跨部门的沿海与海洋管理方法，鼓励和协助沿海国家制订海洋综合管理政策和建立相关机制"。2005 年联合国世界首脑会议提出要"在各个层面加强合作与协调，以便用综合方法解决与海洋有关的各类问题，并促进海洋综合管理与可持续发展"。2012 年 6 月联合国可持续发展大会通过了题为《我们憧憬的未来》的成果文件，进一步重申了 1992 年联合国环境与发展大会和 2002 年可持续发展世界首脑会议做出的承诺。2012 年 11 月 26 日，联合国秘书长和联合国系统行政首长协调理事会在关于《对联合国海洋事务协调机制的评估》报告的评论意见中指出，联合国联合检查组提出的第一条建议是"联大应在第六十七届会议上建议各国设立海洋和有关问题的国家协调中心"，"联合国系统各组织对此建议表示支持和欢迎"。

　　从 20 世纪 70 年代开始，尤其是自 1992 年联合国环发大会以来，联合国日益重视海洋事务，并成立了联合国海洋事务协调机制，许多沿海国家纷纷制定海洋战略、政策与计划，推进海洋综合管理与海洋事务高层协调机制和执法队伍建设。我国在推进海洋综合管理方面已取得显著进展，但体制的制约问题仍比较突出。强化海洋管理、协调与执法体制以及海洋法规建设，是摆在我们面前的重要任务。

　　为了了解国外有关情况并借鉴一些国家的先进经验，我们邀请了国内部分专家和从事海洋管理工作的人员编写了本书。本书包括的国家为美国、加拿大、英国、法国、荷兰、葡萄牙、俄罗斯、澳大利亚、日本、韩国、菲律宾、越南、印度尼西亚、印度、巴西和智利16个具有一定代表性的国家。这些国家中，大部分建立了高层海洋事务协调机制，制定了国家海洋战略、政策或海洋法，有些还设立了专门主管海洋与渔业事务的政府部门。一些目前仍采用分散管理模式的国家，也都认识到分散管理的弊端，认为建设海洋综合管理与执法体制，推进基于生态系的海洋综合管理，是大势所趋，因此也在酝酿成立负责海洋事务的政府主管机构。

　　编写本书旨在为政府决策部门和从事海洋管理、科研和教学的人士提供参考材料。

　　编写本书过程中，一些国内外专家和朋友以不同方式为本书提供信息和资料，国家海洋局国际合作司给予了多方面的支持，我们谨向参加本书编写工作的作者和为本书的编写提供过帮助的专家、领导和朋友们表示敬意。

2013 年 12 月 10 日

目　次

第一章 美 国

美国东临大西洋，西靠太平洋，南濒墨西哥湾，东北与加拿大接壤部分为五大湖。本土和本土外主要地区的海岸线长 19 929 公里，其中大西洋沿岸海岸线长 3 330 公里，太平洋（含夏威夷）沿岸海岸线长 12 268 公里，墨西哥湾岸线长 2 625 公里，阿拉斯加北极地区海岸线长 1 706 公里。美国领海面积 796 441平方公里，主张的专属经济区面积 1 135.1 万平方公里。全国 39 个州为沿海州。据 2013 年 9 月资料，美国人口 3.16 亿。2012 年GDP 为 15.684 万亿美元。

美国沿海陆地面积只占其全国陆域面积的 17%，承载着全国一半以上的人口，预计到 2015 年，沿海人口将达 1.65 亿。2011 年，美国沿海市县对美国国民生产总值贡献达 6.6 万亿美元，将近占美国 GDP 的 50%，提供了 5 100 万个工作岗位，提供涉海岗位较多的有商业捕捞和休闲渔业、旅游业、航运、海上油气开发与生产等。

美国港口每年货运产值达 7 000 亿美元，游轮产业每年创造的价值为 120 亿美元，海洋旅游每年游客达 1.8 亿人。2011 年，美国渔业捕捞量 450 万吨，创造价值 53 亿美元。

第一节 海洋工作概况

20 世纪 80 年代以来，为了保持其海洋大国和强国地位，美国不断强化海洋工作。1983 年，美国建立了 200 海里专属经济区。1998 年 6 月，克林顿总统亲自出席美国全国海洋工作会议，并签署了《海洋宣言》。进入 21 世纪以来，美国进一步加大海洋工作力度，采取一系列促进海洋事业向纵深发展的

1

重大举措。2000 年，美国国会通过了《海洋法案》，根据该法案，成立了"美国海洋政策委员会"，其任务是调查美国海洋工作状况，研究未来海洋工作发展趋势，为美国制定新的海洋政策提出对策建议；2004 年 9 月 20 日，该委员会向总统和国会提交了题为《21 世纪海洋蓝图》的报告。同期，美国著名的非政府组织皮尤（PEW）海洋委员会也出台了关于美国海洋政策的报告，该报告连同《21 世纪海洋蓝图》的报告成为美国政府制订海洋政策的重要依据；2004 年 12 月，美国政府根据《21 世纪海洋蓝图》的建议，出台了《美国海洋行动计划》，从战略和政策层面全面阐述了美国海洋工作的整体思路和措施，同时美国总统布什颁布命令，成立内阁海洋政策委员会，负责统一协调和指导美国海洋工作；2005 年 7 月，美国海洋政策委员会和皮尤海洋委员会发起两委员会"联合行动倡议"，积极推进美国海洋政策；2009 年 6 月，奥巴马总统签署了国家海洋政策备忘录，要求制定全面的国家海洋综合政策，同期成立了"联邦机构间海洋政策特别工作组"，由奥巴马总统亲自负责，提出制定全面综合的国家海洋政策的建议，2009 年，该工作组完成了最后建议；2010 年 7 月 19 日，美国总统发布"关于海洋、我们的海岸与大湖区管理的行政令"，批准美国海洋政策特别工作组提出的"关于加强美国海洋工作的最终建议"，即美国海洋政策；2013 年 4 月 16 日，美国国家海洋委员会发布《国家海洋政策实施计划》。白宫在发布《国家海洋政策实施计划》时指出，该实施计划的重点是强化联邦政府涉海部门间的协调，完善决策程序，改进涉海审批流程，更好地管理海洋、海岸带和五大湖的资源，以促进经济发展，为决策部门、地方社会、产业界和公众提供丰富的科学知识与信息，并促进联邦政府与各州、部落、地区和地方政府的协调与合作。

美国具有较为健全的海洋法规体系，目前联邦涉海法律法规多达 100 多个。根据联邦管辖权限制定的重要法规有《海岸带管理法》，对海岸带的各种海洋开发活动实施综合管理；《渔业法》，规定联邦政府管理和控制 200 海里专属经济区和大陆架上的生物资源；《外大陆架法》，规定联邦政府管理矿物资源，包括发放矿物资源开采许可证等；以及《深海底硬质矿物资源法》等。其他主要海洋法规还有《海洋保护区法》、《海洋哺乳动物法》、《石油污染法》、《海洋热能转换法》、《洁净水法》和《濒危物种法》等。

美国是世界上最早提出海洋综合管理概念的国家之一，也是最先尝试建立统一的海洋管理职能部门的国家。美国还首先提出大海洋生态系统管理理论和基于生态系统的海洋综合管理原则，使海洋综合管理发展成为当今世界的一股强大潮流。

美国的海洋管理体系是，在国家层面有国家海洋委员会，政府机构中有主管海洋事务的专门机构——国家海洋与大气局，各州和地方有相应的海洋管理机制。因此，美国的海洋管理采用的是高层协调与集中管理相结合、中央与地方分工配合以及有关涉海部门和其他利益相关者积极参与的综合管理模式。

在海洋执法方面，美国的主要海上执法队伍是美国海岸警卫队。

第二节 海洋管理体制

美国是联邦制国家，在中央与地方的海洋管理工作中，采用中央和地方分权的形式。根据美国法律，离岸 3 海里内海域由沿海各州负责立法和实施管理。1953 年，美国国会将州界内的海底及底土的管辖权和所有权全部授予州政府，包括所有的海洋生物和矿物资源。这一授权包括在其辖界内管理、租赁、开发和利用土地和自然资源的权利以及对海底底土及其自然资源的开发与利用收取租赁费和税赋的权利等。但涉及州辖海域水面的航行权、贸易权、国防和国际事务权，仍统一归联邦政府。3 海里以外到 200 海里专属经济区归联邦政府管理，按职能分工由联邦海洋行政管理部门和其他涉海部门分别负责。

一、高层决策与协调机制——国家海洋委员会（National Ocean Council）

2010 年 7 月 19 日，美国总统奥巴马发布关于美国海洋管理工作的行政令，宣布成立国家海洋委员会。

（一）委员会的组成

主席：白宫环境质量委员会主席

白宫科技政策办公室主任

（由两人共同担任委员会联合主席）

成员(目前共 25 位委员):

国务卿

国防部部长

内政部部长

农业部部长

医疗与社会服务部部长

商务部部长

国家海洋与大气局局长

劳工部部长

运输部部长

能源部部长

国土安全部部长

司法部部长

环境保护署署长

白宫管理与预算办公室主任

国家航空与航天局局长

国家情报局局长

国家科学基金会主任

国家能源管理委员会主席

参谋长联席会议主席

负责国家安全事务的总统助理

负责国土安全与反恐事务的总统助理

负责国内政策的总统助理

负责经济政策的总统助理

负责能源与气候变化事务的总统助理

副总统办公室主任

(二)国家海洋委员会指导委员会

该指导委员会是国家海洋委员会内的一个重要机构,负责协调和统一海洋委员会职责范围内的优先领域。

指导委员会为高层机构,由 5 名成员组成:

科技政策办公室主任

环境质量委员会主席

部际间海洋资源管理政策委员会主席

部际间海洋科技政策委员会主席

国家海洋委员会办公厅主任

(三)内设机构

1. 海洋资源管理机构

将部际间海洋资源管理政策委员会作为国家海洋委员会海洋资源管理部门,主要任务是确保政府各部门落实国家海洋政策,实现国家确定的海洋资源管理优先目标以及国家海洋委员会确定的其他优先目标。委员会主席由国家海洋委员会任命,成员为国家海洋委员会成员单位的助理副部长,或享有同等决策权力的其他官员。

2. 海洋科学技术机构

将部际间海洋科学技术政策委员会作为国家海洋委员会负责海洋科学技术工作的部门,主要任务是确保政府各部门落实国家海洋政策,实现国家确定的海洋科技优先目标以及国家海洋委员会确定的其他海洋科技优先目标。委员会主席由国家科技委员会在征求国家海洋委员会的意见后任命,成员为国家海洋委员会成员单位的助理副部长,或享有同等决策权力的其他官员。

3. 管理协调委员会

成立于2011年2月23日,主要任务是负责与各州、部落、地方政府和相关组织进行磋商,协调海洋政策事务。

该委员会由来自各州、联邦认可的部落和地方政府的代表18人组成,包括:

(1)大湖区、墨西哥湾地区、大西洋沿岸中部地区、东北地区、大西洋沿岸南部地区、西海岸地区,这六个地区各选州代表一名(共6名);

(2)阿拉斯加州、太平洋岛屿和加勒比地区各一名代表(共3名);

(3)州立法代表一名(1名);

(4)内陆州代表两名(2名);

(5)部落代表三名(3名);

(6)沿海州地方政府代表三名(两位市长,一位县官员)(3 名)。

二、主管海洋事务的部门——国家海洋与大气局

国家海洋与大气局成立于 1970 年,其前身是成立于 1807 年的海岸测量局,因此,从 1807 年算起,到 2013 年,国家海洋与大气局已有 206 年历史。

国家海洋与大气局由 6 个业务部门组成:①国家海洋服务局;②国家天气服务局;③国家海洋渔业服务局;④海洋与大气研究局;⑤国家环境卫星、资料与信息局;⑥规划与综合办公室。

除业务部门外,还有 14 个业务支撑部门:①采购与补助金办公室;②办公厅;③财务办公室;④信息办公室;⑤沟通与对外关系办公室;⑥决策协调与执行秘书处办公室;⑦教育办公室;⑧联邦气象协调员办公室;⑨法律总顾问办公室;⑩国际事务办公室;⑪项目协调办公室;⑫海洋与航空作业办公室;⑬法规与政府间事务办公室;⑭人力资源管理办公室。

(一)国家海洋服务局(NOS——National Ocean Service)

国家海洋服务局下设 8 个机构:①业务化海洋学产品与服务中心;②国家近海科学中心;③国家海洋与大气局近海服务中心;④国家大地测量中心;⑤近海测量办公室;⑥国家海洋保护区办公室;⑦近海与海洋资源管理办公室;⑧应急与恢复办公室。

1. 业务化海洋学产品与服务中心

负责观测、监测、评价和分发潮汐、海流、水位和其他海洋学资料,制作相关产品和开展海洋预报等相关业务,为确保航行安全、提高海岸带管理水平、预防海洋灾害和降低灾害风险与影响、监测气候变化以及提高应对气候变化决策能力和水平等服务。

2. 国家近海科学中心

组织科学研究和监测与观测,为管理和保护近海生态系统和帮助社会合理利用海洋生态资源提供技术支持与服务。主要业务范围包括:赤潮研究与赤潮事件响应;污染与土地利用对沿海水域与资源的影响;气候变化对生态的影响以及岸线管理;近海生态学与生态系统研究;珊瑚礁生态系统与海草研究;海洋与人类健康;水质监测、状况与趋势评价;为管理服务的科学(技术转让与能力建设);概念与手段的研究和开发。

3. 国家海洋与大气局近海服务中心

为国家、各州和地方近海管理部门提供管理技能与资料信息。

该中心的服务对象包括：海洋规划部门、自然资源管理部门、应急管理部门、洪积平原管理部门、保护组织、沿海各州和各县的组织与协会、地区海洋管理机构。

4. 国家大地测量中心

负责建设和维护国家空间参考系统，管理美国的所有定位工作，范围涉及经纬度、海拔高度、岸线信息及其变化，为测绘、航行、防灾减灾、运输、土地利用和生态系统管理服务。

5. 近海测量办公室

负责海道测量与制作海图，包括水道测量、海图制作与服务、航行服务和近海测量。

6. 国家海洋保护区办公室

负责管理美国的海洋保护区系统，保护、养护保护区的生物多样性、生态完整性与文化价值。

7. 近海与海洋资源管理办公室

根据《海岸带管理法》、《海洋保护区总统行政令》和《珊瑚礁保护法》以及《近海与河口土地保护计划》，管理美国海洋与大湖区的资源。

8. 应急与恢复办公室

负责预防、评价和应对海洋环境面临的风险，包括溢油、化学品泄漏、有害废物储存场所的泄漏与排放以及海洋垃圾等造成的危害等。

（二）国家天气服务局（NWS——National Weather Service）

国家天气服务局负责提供气象资料和发布气象、水文和气候预报与警报。国家天气服务局在美国各州均设有分支机构，同时还有 6 个地区分部（阿拉斯加地区、中部地区、东部地区、太平洋地区、南部地区和西部地区），122 个天气预报办公室，13 个河流预报中心和 9 个国家中心，包括飞行天气中心、气候预报中心、环境模拟中心、水文气象预报中心、国家环境预报业务中心、国家飓风中心、海洋预报中心、空间天气预报中心和风暴预报中心。该局每年搜集 760 亿份观测资料,发布约 150 万次预报和 50 000 次警报。

(三)国家海洋渔业服务局(NMFS——National Marine Fishery Service)

国家海洋渔业服务局的职能是管理海洋生物资源及其生境,包括管理、养护与保护美国专属经济区的海洋生物资源,评价和预测渔业资源状况,督促检查渔业法规的执行情况,最大限度减少不科学的浪费型渔业捕捞行为。该局有 6 个地区渔业办事处和 8 个渔业委员会。

(四)海洋与大气研究局(OAR——Office of Oceanic and Atmospheric Research)

海洋与大气研究局负责组织海洋与大气研究,为了解人类赖以生存的地球的复杂系统提供坚实的科学基础。

主要任务:①为社会提供与天气和水有关的信息;②监测与研究气候变异与变化,以便更好地制定应对战略和采取应对措施;③用科学技术帮助社会和各级政府通过基于生态系统的管理,保护、恢复和管理沿海和海洋资源;④依靠科学技术提高美国海洋运输的安全性、效率和减少对环境的影响。

海洋与大气研究局的下设机构主要包括:国家海洋与大气局各研究所;国家海洋补助金学院计划;国家海洋与大气局海洋探测与研究办公室(包括水下研究计划和海洋探测办公室),国家海洋与大气局气候计划办公室(包括全球计划办公室、北极研究计划办公室)和国家海洋与大气局无人飞机计划等。

(五)国家环境卫星、资料与信息服务局(NESDIS——National Environmental Satellite, Data and Information Service)

国家环境卫星、资料与信息服务局负责运行国家海洋与大气局业务环境卫星系统,并负责处理和分发这些卫星收集的大量卫星数据。这些卫星既有地球同步业务环境卫星,也有极轨环境卫星。

该局下设:①卫星与产品业务办公室;②卫星应用与研究中心;③系统开发办公室;④地球同步业务环境卫星计划办公室;⑤联合极轨卫星办公室;⑥国家气候资料中心;⑦国家海洋资料中心;⑧国家地球物理资料中心。

(六)规划与综合办公室(PPI——Office of Program Planning and Integration)

规划与综合办公室成立于 2002 年 6 月,主要任务是负责管理和协调各业务部门和业务支撑部门的工作,确保经费的使用与采取的行动符合国家海洋与大气局战略计划,根据社会和经济分析结果推进各部门工作,整合与利用国家海洋大气局的各类资源,以更好地履行国家海洋与大气局肩负的服务职能。

(七)业务支撑部门中的海洋与航空作业办公室(OMAO——Office of Marine and Aviation Operations)

海洋与航空作业办公室负责管理国家海洋与大气局的专用飞机和调查船,担负海洋环境与科研方面的外业任务。海洋与航空作业办公室还负责管理和实施国家海洋与大气局潜水计划。

三、其他主要涉海部门

(一)内政部

美国内政部参与众多的涉海事务,包括研究、管理和保护:

(1)35 000 英里海岸线;

(2)面积达 3 400 万公顷的 84 个海洋公园(管理部门为国家公园服务局);

(3)180 个国家野生生物庇护区(管理部门为美国鱼类与野生生物服务局);

(4)17 亿公顷外大陆架(管理部门为海洋能源管理局和安全与环境执法局);

(5)加州国家海洋纪念地 1 100 英里的海岸线(管理部门为土地管理局);

(6)夏威夷国家海洋纪念地(管理部门为美国鱼类与野生生物服务局、美国海洋与大气局以及夏威夷州);

(7)马里亚纳海沟国家纪念地(管理部门为美国鱼类与野生生物服务局);

(8)太平洋偏远岛屿国家纪念地(管理部门为美国鱼类与野生生物服务局)。

内政部在海洋领域的主要工作包括:地质、生物、测绘与水文以及海洋学各分支的研究与应用;保护海洋生境;保护生命财产免受海洋自然灾害影响;协助建立海洋综合观测系统;收集、管理和分发资料;管理美国外大陆架的矿物资源等。

2011 年 10 月 1 日,美国在内政部下成立海洋能源管理局和安全与环境执法局,以取代原海洋能源管理、调控与执法局(该局的前身是矿产管理局)。海洋能源管理局的职能是:从环境和经济角度负责任地开发国家海洋能源,包括海上区块租赁、资源评价、审议和管理油气勘探开发计划、可再生能源开发,针对国家环境政策和法规开展分析与环境研究。安全与环境执法局负责监管海洋油气作业的安全与环境问题,包括围绕安全与环境问题开展执法、审批和管理海洋勘探许可证、制定和实施海洋油气等资源管理计划和检查督促环境法规落实情况等。

(二)国防部

美国陆军、海军、空军和海军陆战队,均需要依靠海洋来完成它们的使命。美国国防部设有"海洋政策事务代表",负责跟踪海洋政策与海洋法的发展趋势,包括《联合国海洋法公约》的发展情况,跟踪、督促检查和协调海军航行自由计划,搜集、了解和整理与外国海洋权益主张有关的情报以及可能影响美国军事活动的外国海洋法规与政策发展情况,并对这些信息进行编目和提供给有关部门。美国海军在世界各大洋进行航行与飞行以及开展训练。美国海军研究局负责协调、实施和促进美国海军和海军陆战队的科学技术计划。美国海军海洋局负责为舰队提供世界范围的全面、综合的天气与海洋情况,包括气象学、海洋学、地理空间方面的信息与服务以及精密时间与天文观测服务。陆军工程兵司令部负责计划、设计、建造和运营与航行、防洪、环境保护和减灾防灾有关的水资源与其他土木工程项目。美国陆军工程兵司令部根据《河流与港口法》、《洁净水法》、《海洋保护、研究与保护区法》,负责管理、维护、保护和利用美国可航行水道和湿地。根据《海洋保护、研究与保护区法》,陆军工程兵司令部负责海洋倾废许可证审批管理工作。

(三)能源部

能源部依靠其下属科学与化石能源办公室推进与海洋有关的科学技术研究。在科学办公室下的生物与环境研究所制订并实施了诸多环境计划,目的之一是了解陆地、大气和海洋的物理、化学和生物过程以及这些过程通过能量生产与利用而发生的相互作用。生物与环境研究所目前主要支持两方面的海洋科学基础研究:①用生物技术确定海洋环境中碳与氮的循环;②海洋在吸收大气中二氧化碳方面的作用。能源部化石能源办公室负责组织与天然气水合物、石油、天然气技术和碳的吸收有关的研究。

(四)环境保护署

环境保护署肩负两大职能：①环境保护研究；②通过研究、监测、制定标准和执法，预防、控制和治理环境污染。在海洋领域，其任务是确保海洋水域得到有效的管理、保护和恢复，从而保护沿海和海洋资源，维护生物群落的健康和人类健康。环境保护署的工作重点是生境保护、为应对陆源污染和海洋污染而建立伙伴关系和制订并实施相关计划、组织水质监测和评价。环境保护署采用流域管理方法开展环境保护工作，统一考虑大气、陆地、海洋和生态系统间的关系。环境保护署是诸多涉及海洋管理的法规(包括《洁净水法》、《海洋保护、研究与保护区法》、《海岸带管理法》和《联邦杀虫剂、杀菌剂、灭鼠剂法》等)的主管与执法部门或参与管理与执法。根据《海洋倾废法》，环境保护署负责选划海洋倾废场和管理海洋非点源污染。

(五)农业部

农业部负责土地与水及其资源管理，与海洋管理有关的机构是自然资源保护局。该局为农户、农场主和各州与地方政府提供自然资源保护所需的技术与经费支持，以减少土壤侵蚀，预防洪灾，保护水资源与水质，降低能源需求与消耗，确保农业产量。自然资源保护局在流域管理中发挥积极作用。该局主要涉海工作是保护缓冲区、治理与恢复湿地、控制和减少营养盐和杀虫剂的使用，预防和控制潜在点源污染物质进入邻近河流和包括海洋在内的其他纳污水体，改善流域水质，以减少对流域下游和近海与海洋资源的不利影响。农业部是美国珊瑚礁保护特别工作组的主要成员单位。

(六)运输部

运输部主要有两个肩负涉海职能的部门，一是海事管理局，另一个是圣劳伦斯海道发展公司。这两个部门的工作都与实现美国的全球目标有关，包括航行安全、航行机动性以及环境管理与环境安全。海事管理局的任务是通过促进海运产业的发展来确保美国的安全与繁荣。圣劳伦斯海道发展公司是运输部下的公司，负责运营和维护圣劳伦斯海道的美国段。大湖区圣劳伦斯海道被称为美国的"第四海岸"，是美国重要的商业运输通道。

(七)国土安全部

国土安全部下属的美国海岸警卫队是美国主要的海上执法机构，其中包括涉及美国管辖水域和公海的联邦法、条约与国际协定等的执法工作。

(八)国务院

国务院负责制定并协调美国与国际海洋事务有关的政策,并通过各种场合和渠道执行美国的国际海洋政策,以维护美国在国际海洋事务中的利益,这些渠道和场所包括与其他国家、非政府组织、区域组织和联合国建立的双边关系以及多边会议与论坛等。国务院海洋和国际环境与科学局有两个办公室负责海洋事务,即海洋保护办公室和海洋与极地事务办公室。海洋保护办公室主要负责国际渔业事务与相关问题;海洋与极地事务办公室主要负责制定和实施与海洋、北极和南极有关的政策。另外国务院驻外使团通过与驻在国的沟通,处理与海洋有关的问题。与美国调查船到外国管辖水域进行测量调查有关的管理事宜,也是美国国务院的职责。

第三节 美国海洋管理工作的主要依据:《国家海洋政策》和《国家海洋政策实施计划》

2010 年 7 月 19 日,美国总统发布"关于海洋、我们的海岸与大湖区管理的行政令",批准美国海洋政策特别工作组提出的"关于加强美国海洋工作的最终建议",即美国国家海洋政策。该政策是美国开展海洋管理工作的基本和重要政策框架。

2013 年 4 月 16 日,美国国家海洋委员会发布《国家海洋政策实施计划》。该实施计划的重点是强化联邦政府涉海部门间的协调,完善决策程序,改进涉海审批流程,更好地管理海洋、海岸带和五大湖的资源,以促进经济发展,为决策部门、地方社会、产业界和公众提供丰富的科学知识与信息,并促进联邦政府与各州、部落、地区和地方政府的协调与合作。

一、《国家海洋政策》

该政策共分 5 部分:①关于管理海洋、海岸与大湖区的国家政策;②政策协调框架;③实施战略;④有效地开展沿海与海洋空间规划的框架;⑤结束语。

(一)《国家海洋政策》的内容

《国家海洋政策》的主要内容有：

(1)保护和恢复海洋、海岸与大湖区的健康与生物多样性；

(2)提高海洋、海岸与大湖区的生态系统和社会与经济对环境变化的适应与应对能力；

(3)采用有利于增进海洋、海岸与大湖区健康的方式，加强对土地的保护和在陆地开展活动时坚持可持续利用原则；

(4)以最佳的科学知识作为海洋、海岸与大湖区事务决策的基础，加深对全球环境变化的认识，提高应对全球环境变化的能力；

(5)支持对海洋、海岸和大湖区进行可持续、安全和高生产力的开发与利用；

(6)珍惜和保护海洋遗产，包括珍惜和保护它们的社会、文化、娱乐与历史价值；

(7)根据适用国际法行使权利与管辖权并履行各种义务，包括尊重和维护对全球经济发展和维护国际和平与安全至关重要的航行权利与自由；

(8)海洋、海岸与大湖区生态系统，是由大气、陆地、冰和水等组成的并相互联系的全球系统的组成部分。不断增进对这些生态系统的科学认识，包括对它们与人类及它们与人类活动之间的关系的认识；

(9)增进对不断变化的环境条件及其趋势与根源以及人类在海洋、海岸和大湖区水域所进行的各类活动的认识和了解；

(10)提高公众对海洋、海岸和大湖区的价值的认识，为更好地开展管理奠定基础。

(二)《国家海洋政策》提出的九大重点目标

1. 基于生态系的管理

把采用基于生态系的管理方法作为海洋、海岸与大湖区管理的基本原则。

2. 近海与海洋空间规划

在美国开展全面、综合和基于生态系的近海与海洋空间规划与管理。

3. 科学决策，加深对海洋的认识

提高知识水平，为管理和决策连续地提供更多的信息，进而提高管理与

13

决策水平和提高应对各种变化及迎接挑战的能力。通过正式和非正式的宣传教育计划，加强对公众进行海洋、海岸和大湖区教育。

4. 协调与支持

更好地协调和支持联邦、各州、部落、地方和地区的海洋、海岸和大湖区管理工作。加强联邦政府各部门间的协调与整合，加强与国际社会的沟通。

5. 应对气候变化与海洋酸化

提高沿海社会和海洋与大湖区环境对气候变化和海洋酸化的适应与应对能力。

6. 地区性生态系统的保护与恢复

制订并实施综合的生态系统保护与恢复战略，该战略必须以科学为依据，并与联邦、州、部落、地方和地区层面的保护与恢复战略保持一致。

7. 水质保护与陆地上的可持续利用活动

在各类陆地活动中坚持可持续发展原则，以改善海洋、近海和大湖区的水质。

8. 北极地区不断变化的环境条件

解决北极海域和附近沿海地区因气候变化和其他环境变化而引起的各类环境管理问题。

9. 海洋、近海与大湖区的观测、测绘与基础设施

加强联邦政府和非联邦政府的海洋观测系统建设，加强传感器研制，加强资料搜集平台建设与资料管理工作和提高测绘能力，对它们进行整合，使它们联合成国家系统，并纳入国际观测系统。

二、《国家海洋政策实施计划》

2013年4月16日，美国国家海洋委员会发布《国家海洋政策实施计划》。白宫在发布《国家海洋政策实施计划》时指出，《国家海洋政策实施计划》的重点是强化联邦政府涉海部门间的协调，完善决策程序，改进涉海审批流程，更好地管理海洋、海岸带和五大湖的资源，以促进经济发展，为决策部门、地方社会、产业界和公众提供丰富的科学知识与信息，并促进联邦政府与各州、部落、地区和地方政府的协调与合作。白宫还指出，《国家海洋政策实施

计划》的落实，将使政府诸多涉海部门携手合作，减少重复劳动与职能交叉，减少文牍主义和官僚主义，提高政府工作效率，使纳税人的钱能有效地用到真正需要的地方。

(一)《实施计划》的主要内容

该实施计划由两大部分组成：正文部分和附件部分。正文内容分七章，包括：引言、海洋经济、安全与安保、海洋(对外界变化)的适应能力、各地的选择、科学与信息、结束语。附件的章节与正文对应，列出了各领域需要采取的主要行动、时间表和具体负责部门。

1.　海洋经济

《实施计划》提出，要在不变更现有职能分工和预算分配的前提下，将联邦政府各部门的工作统一到重点领域上来，加强相互间协调，为促进海洋经济的可持续增长提供所需手段。

在海洋经济方面，《实施计划》提出的具体行动包括：

(1)促进经济增长：①提高测绘与制图能力和开发更多的相关产品，支持众多经济活动的发展；②提高资料与信息搜集、加工和服务能力，为商业捕捞、海运、水产养殖和海洋能源开发等海洋经济活动服务；③加强观测系统建设，为海上贸易等海洋产业提供支撑。

(2)促进就业：①改革审批程序，更好地协调联邦各部门的规划与审批工作，提高决策效率；②保护和恢复滨海湿地、珊瑚礁和其他自然生态系统，创造更多的就业机会和更高的经济价值；③防止就业机会的减少与避免经济的损失，遏制环境退化。

(3)培养和造就高素质的海洋人才队伍：①加强政府各部门间的协调，确保教育计划涵盖各类学生团体，培养更多的高素质人才，特别是从弱势群体中培养更多的本科生和研究生，鼓励他们毕业后进入海洋、海岸带和五大湖的科学研究与管理领域；②利用现有教育与培训资源，建立奖学金、助学金和提供实习机会，充分利用联邦的现有资源，提供更多的教育与培训机会；③帮助中学生参加涉海科学竞赛，激励他们在未来选择涉海职业。

2.　安全与安保

《实施计划》提出的主要行动有：

(1)加深对海上情况与活动的了解与认识：①加强海洋遥感观测系统建

设，加深对海上情况与活动的了解与认识；②加强国际合作，交流海洋政策领域的信息、专业知识与科学。

（2）维护不断变化的北极地区的海上安全与安保：①加强北极地区的通信系统建设；②提高预防和应对北极环境事件的能力，确保各机构采取协调行动，最大限度地减少发生灾害性事件的可能性，一旦发生灾害事件，能尽快做出响应；③提高北极海冰预报水平，确保海上安全；④改进北极测绘与制图工作，为航行安全和定位服务。

（3）提高港口和航道的安全与安保水平：①开展航道分析与管理系统评估和港口进出路线研究，为航道管理决策和其他航行优先事项决策服务；②评估美国港口和航道在海平面上升、极端天气事件或其他自然灾害面前的脆弱性，确保采取的行动能有效地降低风险和不利影响；③加强海洋观测系统建设，为港口和航道的搜救活动和溢油应对行动服务。

3. 海洋和海岸带对外界影响的适应能力和恢复能力

《实施计划》提出的具体行动包括：

（1）减少不利条件：①减少沿海湿地的消失；②保护、养护和恢复沿海和海洋栖息地；③发现、控制、预防和消除外来入侵物种种群；④改善和保护沿海和河口水质，为航道、生物群落和生态系统提供洁净的水并确保它们的健康。

（2）对各种不利变化做好准备：①强化和整合观测工作，将各类观测系统整合为协调一致的监测前哨网络，提高国家对各种不利影响的早期预警、风险评估和预测能力；②确定各种外来因素给生态系统、经济和社会造成的影响；③评估沿海地区和海洋在气候变化和海洋酸化面前的脆弱性，并与各部落、沿海社会和各州一道，制定和实施旨在降低脆弱性的应对战略。

（3）恢复和保持海洋的健康：①建立旨在促进基于生态系管理的框架，使有关各方能更好地合作，并树立共同的目标；②通过更好地开展监测和加强协调与规划，加大沿海和河口的恢复力度；③提高预报水平，加强综合监测，做好防备工作，提高国家预防和应对环境灾害的能力；④保护海洋和五大湖地区具有重要自然与文化价值的区域以及有助于维护生态系统运行的重要栖息地。

4. 各地的选择

《实施计划》指出，美国各地、各部落、各州、各地区和各地方，均开展了多种多样的工作，目的在于推动海洋经济的发展，并保护和养护有助于提高生活质量的海洋环境以及保护独特的社会与文化特征。但侧重点因地而异，解决问题的方式方法也不同。联邦政府将协调一致地采取行动，帮助各地解决存在的问题。《实施计划》确定的行动，将为各地、各州、各部落、各地区和各地方的行动提供支撑与服务，强化各级政府间的伙伴关系，并促进与各地区和各地方的利益相关者和社会的合作。该实施计划提出的具体行动有：

（1）为各地区的行动提供所需支撑：①实施基于生态系的海洋资源管理示范项目；②评估社会和海洋在气候变化和海洋酸化面前的脆弱性，制定和实施适应战略，促进科学决策；③进一步开放非保密性联邦资料与决策工具（包括海洋测绘产品），支持地方、部落和各州决策。

（2）加强区域合作：①支持各地区的优先任务，加强区域合作，以解决具有地区意义的重要问题；②支持有关部落政府的参与，有效地利用部落掌握的知识与信息。联邦机构将与有关部落政府一道，确定优先任务和制定地区规划，鼓励和支持部落参与其中，包括整合和利用土著群体掌握的传统生态知识和科学数据。

（3）支持各区域的优先任务。

5. 科学与信息

《实施计划》提出了以下具体行动：

（1）加深对海洋和沿海生态系统的了解：①加强探索与研究，发展基础科学知识；②发展用以从全球尺度更好地探索和认识陆地、海洋、大气、冰川、生物及其与社会的相互作用的技术；③加强海洋教育，提高海洋文化素质。

（2）增强获取并提供资料与信息的能力。

（3）评估联邦海洋科学船队的状况，为未来（船队发展）规划和确保各部门对海洋科学船队进行有效管理提供信息。

（4）发展海洋、海岸带和五大湖观测系统基础设施，为各类用户服务。

（5）建设综合的海洋资料与信息管理系统，为实时观测服务。

（6）在北极建设分布式生物观测站系统，监测各种变化，以增进对各种变化给社会与经济和生态系统造成的影响的认识。

（7）提高建立在科学基础上的产品制作与服务水平，为决策服务：①完善为决策服务的科学框架；②为科学决策和开展基于生态系管理提供高质量的数据和必要的工具；③开发和共享决策支持工具，以确定沿海地区的土地保护与恢复优先领域。

第四节　海洋执法体制

美国海洋执法体系由两大部分组成，一是美国海岸警卫队；二是担负相关海洋执法职能的其他政府部门，其中主要有：①国家海洋与大气局：该局的国家海洋渔业服务局下属渔业执法办公室有 6 个地区渔业执法办公室，包括东北地区、东南地区、西南地区、西北地区、阿拉斯加地区、太平洋岛屿地区。国家海洋渔业服务局渔业执法办公室与各州建立了渔业执法伙伴关系，其中包括 27 个州。该部门的执法法律主要包括《Magnuson‐Stevens 渔业养护与管理法》、《可持续渔业法》、《公海流网管理法》、《濒危物种法》、《海洋哺乳动物保护法》和《海洋保护区法》等 30 多部法律法规；②内政部：设有执法司，负责制定和实施执法政策，协调该部的执法行动。该部主要涉海执法部门有美国鱼类与野生生物管理局、国家公园管理局、海洋能源管理局、安全与环境执法局。其中安全与环境执法局的主要职能是制定美国外大陆架油气资源勘探与开发的安全国家标准；制定海洋溢油应对计划标准与指南；督促检查海洋油气作业者遵守环境与安全法规；审批海洋油气勘探与开发许可证。根据执法检查情况，该局可以终止海洋勘探与开发作业，取消区块租赁，提出补偿与惩罚措施，如果违法严重，该局可以将违法案件提交司法部；③环境保护署：环境保护署的涉海执法工作涉及的法规有《海滩法》、《洁净划艇运动法》、《海洋保护、研究与保护区法》、《海岸带保护法》、《海洋倾废管理规定》等。根据《洁净水法》、《安全饮用水法》等，该机构通过实施许可证制度，控制水域污染问题，包括废水污染、动物粪便污染、暴雨径流污染，保护切萨皮克湾的水质保护执法就是环境保护署的重点任务之一。在废弃物管理执法方面，涉及范围包括采矿与矿物加工、危险废物、泄漏事故污染等。

海岸警卫队是主要的海上执法力量。美国是世界上最早组建海岸警卫队的国家。美国海岸警卫队是美国海洋综合执法机构，担负着最主要的海洋执法任务。美国海岸警卫队是目前世界上规模最大、装备最完善的海上执法队伍，为美国五大军种之一（其他四支队伍是陆军、海军、空军和海军陆战队），也是当今美国联邦政府最大的部——国土安全部的组成部分。

一、海岸警卫队的发展沿革

美国海岸警卫队的前身是成立于 1790 年的"海洋缉私局"，迄今已有 223 年历史。

1915 年 1 月 28 日，威尔逊总统签署《海岸警卫队成立法案》，由美国救生局和缉私巡逻艇局合并，成立美国海岸警卫队，隶属于美国财政部。该法案规定："海岸警卫队在任何时候都是一个武装部门，在需要时，转入美国海军，为海军提供服务。"美国灯塔局和海上航行与检查局也先后于 1939 年和 1946 年并入海岸警卫队。两次世界大战期间，美国海岸警卫队转归海军，大战结束后，又转回财政部。1967 年 4 月 1 日，海岸警卫队转到新组建的运输部。2003 年 3 月 1 日，海岸警卫队从运输部转入于 2001 年组建的国土安全部。

二、海岸警卫队的职能

美国海岸警卫队主要职责是保护美国在其内陆水域、港口与码头、海岸线、领海和专属经济区的公共安全秩序，维护美国在这些区域的环境、经济及安全利益，保护美国在国际水域及美国认为重要的其他海域的利益。

2002 年，美国《国土安全法》为海岸警卫队规定了以下 11 项职能：

（1）维护海上人员与财产安全；

（2）搜索与救护；

（3）管理导航设施；

（4）保护海洋生物资源（渔业执法）；

（5）保护海洋环境；

（6）破冰作业；

（7）维护港口、水道与海洋安全；

（8）打击毒品走私；

（9）打击人员偷渡；

（10）海洋防务；

（11）其他执法任务。

2011 年，美国海岸警卫队根据上述 11 项职能开展的主要工作有：

（1）处理了 20 510 次搜救事件，救护了 3 800 人；

（2）搜缴了准备进入美国的可卡因 166 000 磅；

（3）派遣了 6 艘巡逻舰和 400 人赴伊拉克保护海洋石油基础设施和培训伊拉克海军；

（4）配合"新黎明行动"和"持久自由行动"，为 230 次军事运输任务提供安全保卫服务；

（5）检查了驶往美国的高度可疑船舶，登临检查次数 10 400 次；

（6）拦截了 2 500 个企图非法移民美国的人；

（7）对悬挂美国旗帜的船舶进行了 10 400 次检查；

（8）根据港口国控制措施，对进入美国港口的外国船舶进行了 9 500 次安全与环境检查；

（9）开展了 6 200 次海上丧亡调查和 1 200 次船舶污染调查；

（10）登临检查娱乐游艇 46 000 次，发出传票 8 000 张，走访了 1 150 个游艇制造厂，开展了执法教育；

（11）为保护渔业资源，登临检查渔船 5 500 次；

（12）调查和处理了 3 000 次污染事件；

（13）核实认证了 70 760 份运输工人资格证书；

（14）检查了 472 000 艘即将进入美国港口的船只，包括 122 000 艘商船和 2 870 万船员和乘客。

三、海岸警卫队的装备

1. 船舶（2012 年）：2 020 艘

长度 65 英尺＊以下的船 1 776 艘。

长度 65 英尺以上的船 244 艘，包括：

长度 420 英尺破冰船 1 艘（排水量 16 000 吨）；

长度 418 英尺的舰 3 艘；

＊注：1 英尺＝0.304 8 米。

长度 399 英尺破冰船 2 艘(排水量 13 194 吨);

长度 378 英尺舰艇 9 艘,可在世界各大洋航行(排水量 3 300 吨);

长度 320 ~ 360 英尺舰艇(情况不详);

长度 295 英尺训练舰艇 1 艘(全球仅 5 艘,可载 12 名军官、38 名船员和 150 名学员);

长度 282 英尺中程巡航舰 1 艘(排水量 3 000 吨);

长度 270 英尺中程巡航舰 13 艘(排水量 1 825 吨);

长度 240 英尺浮标布放与破冰船 1 艘(排水量 3 350 吨);

长度 225 英尺浮标布放船 16 艘(排水量 2 000 吨)。

其他长度在 65 英尺以上的舰船还有:210 英尺长的中程巡航舰,175 英尺长的近海浮标布放船,160 英尺长的内陆建造服务船,120 ~ 160 英尺长的快速响应舰,140 英尺长的破冰拖船,110 英尺长的巡逻舰,100 英尺长的浮标布放船,87 英尺长的近海巡逻舰,75 英尺长的河流浮标布放船,75 英尺长的内陆建造服务船和 65 英尺长的河流浮标布放船等。

2. 飞机(2012 年):211 架

C37A 远程飞机:2 架,飞行高度 54 000 英尺;续航力 5 500 英里[*];

HC – 144A 海洋警戒飞机:数量不详,续航力 2 000 海里;

HC – 130J 超大力士型运输机:6 架,另订购了 3 架,飞行速度 374 英里,飞行高度 33 000 英尺,续航力 5 000 英里;

HC – 130H 型大力士型运输机:5 架;

HC – 130H – 7 型运输机:22 架;

HU – 25 中程巡航飞机:(架数不详);

HH – 65 直升机:101 架。最大巡航速度 148 海里,续航力 290 海里;

MH – 60 全天候中程直升机:42 架。最大速度 180 节,续航力 700 海里。

还有中高度与超高度无人机和垂直起降无人机(数量和性能不详)。

四、海岸警卫队的人员与经费

1. 人员

美国海岸警卫队主要由现役、文职、后备役和自愿辅助队等四部分人员

---

[*]注:1 英里≈1.609 公里。

组成。2012 年，现役军人 42 190 人；文职人员 8 722 人，后备役 7 899 人，辅助队员 32 156 人。

2. 经费

2012 年经费 106 亿美元。

五、海岸警卫队的机构设置与力量部署

海岸警卫队总部设在美国首都华盛顿。

1. 区域设置

总部下辖 2 个大区(大西洋区、太平洋区)，9 个分区，35 个防区，23 个航空基地，2 支后勤保障部队。

2. 总部主要机构设置

司令/副司令

(1)政府与公共关系部

(2)总检察长和首席法律顾问部

　　法律与辩护办公室

　　海洋/国际法办公室

　　环境法办公室

　　管理与行政法办公室

　　通用法办公室

　　赔偿与起诉办公室

　　军事法庭办公室

　　立法办公室

　　采购法办公室

(3)海岸警卫队战略管理与原则部

　　战略分析办公室

　　变化管理办公室

　　原则监督办公室

　　业绩管理办公室

(4)情报与刑事犯罪调查部

　　情报资源管理办公室

情报安全管理办公室

情报计划与政策办公室

情报、监视与侦察系统与技术办公室

反情报办公室

海洋警觉意识与信息共享办公室

(5)规划、资源与采购部

负责支撑使命的副司令

(6)后勤部

(7)人事部

(8)工程与物流部

(9)指挥、控制、通信与计算机部

(10)采购部

负责海上行动的副司令

(11)行动政策与能力部

下设有全球海洋行动威胁应对协调中心、行动资源管理司等。

(12)响应政策部

执法、海洋安全与防务行动政策司(包括:执法政策办公室;海上安全响应办公室;反恐与防务行动办公室);

事件管理与准备政策司(包括:事件管理与应对办公室;搜救办公室;紧急演习办公室)。

(13)预防政策部

商业管理与标准司

监察与履约司

海洋运输系统司

(14)能力部

航空部队办公室

特别能力办公室

小型舰艇部队办公室

岸基部队办公室

大型舰艇部队办公室

指挥、控制、通信与计算机传感器与能力办公室

要求与分析办公室

3. 总部直属机构

（1）海岸警卫队学院

（2）航空后勤中心

（3）华盛顿航空站

（4）资产项目办公室

（5）控制、指挥、通信、计算机与信息系统服务中心

（6）可部署行动大队

（7）财务中心

（8）健康安全与工作－生命服务中心

（9）听证办公室

（10）情报协调中心

（11）调查服务中心

（12）法律服务司令部

（13）海洋安全中心

（14）海洋安全研究所

（15）国家浮标中心

（16）国家海事中心

（17）国家污染基金中心

（18）航行中心

（19）国家船舶登记文献中心

（20）人事服务中心

（21）研究与发展中心

（22）海面部队后勤中心

（23）岸上基础设施后勤中心

（24）服装配送中心

第二章　加拿大

加拿大位于北美洲北部，三面环海，东临大西洋，西濒太平洋，南面与美国接壤的是大湖区，北靠北冰洋达北极圈。加拿大海域面积约 710 万平方公里，相当于其陆地面积的 70%。加拿大有着世界最长的海岸线，长达 243 797 公里，其中 2/3 在北冰洋沿岸；200 海里专属经济区面积约 370 多万平方公里；淡水系统面积 75.5 万平方公里，内水水道长 3 700 多公里。此外，加拿大在北极有着众多的岛屿，面积约 140 万平方公里。

加拿大的经济、环境和社会发展与海洋及其资源密切相关。加拿大人口约 3 500 万（2012 年），其中约 700 万人居住在沿海地带，主要靠海洋资源维持生计。涉海企业 11 000 多个，包括渔业、水产养殖、海洋油气勘探开发、海洋运输、海洋旅游、海洋技术、水道测量与工程、海洋建筑、海洋服务等。海洋产业提供就业岗位约 315 000 个。加拿大 GDP 为 1.821 万亿美元（2012 年），海洋产业中，海洋油气产业对加拿大的国内生产总值贡献最大（2011 年石油日产量达 370 万桶），其次是海洋渔业、海洋运输、海洋旅游业、海洋制造与服务业、海洋建筑业。加拿大约有 10 万人直接从事渔业活动。加拿大水产养殖自 20 世纪末以来一直持续增长，2011 年产值约 10 亿加元，为 15 000 加拿大人提供了就业岗位。

进入 21 世纪以来，为适应新的经济与社会发展需要和推进海洋可持续发展，加拿大积极推进海洋综合管理，加大海洋管理体制改革力度，实施新的海洋发展战略和政策，不断完善海洋立法，加强海洋生态环境保护，确保海洋与海洋资源的健康发展与可持续利用。

加拿大建立了比较完善的海洋管理体系，有高效的海洋管理职能机构以及健全的海洋法律法规和海洋政策，有以加拿大部际间海洋安全工作组为协调核心和由加拿大海岸警卫队等部门承担具体任务的海洋执法体系，为加拿大海洋可持续发展提供了有力的保障。

第一节　海洋工作概况

为了推进海洋事业，加拿大于 1978 年颁布了《海洋法》，使加拿大成为世界上第一个制定海洋法的国家。《海洋法》为加拿大海洋综合管理提供了法律依据，其中最重要的是以法律形式确立了加拿大渔业与海洋部在实施海洋综合管理方面的领导地位。《海洋法》明确规定，加拿大渔业与海洋部是加拿大主管海洋与渔业事务的政府职能机构。同时该法授权加拿大渔业与海洋部负责组织领导并督促《加拿大海洋战略》的制订。

此外，加拿大还制订了一系列涉海法规、政策和战略，主要有：《加拿大海洋战略》(2002 年)、《加拿大海洋行动计划》(2005 年)、《海洋健康计划》(2007 年)和《我们的海洋、我们的未来、联邦计划与活动》(2009 年)。

2002 年 7 月《加拿大海洋战略》的问世，受到了世界各国普遍关注。该《战略》提出的海洋管理工作要点是：坚持一个方法，即在海洋综合管理中坚持生态系方法；重视两种知识，即现代科学知识和传统生态知识；坚持三项原则，即综合管理原则、可持续发展原则和谨慎与预防原则；实现三个目标，即了解和保护海洋环境、促进经济可持续发展和确保加拿大在海洋事务中的国际领先地位；加强四种合作与协调，即政府各部门间的合作与协调，各级政府间的合作与协调，政府与产业界的合作与协调以及政府、产业界和公众的合作与协调。

2005 年，为了推进《加拿大海洋战略》的实施，加拿大政府制订了《加拿大海洋行动计划》，针对海洋综合管理做出了具体行动安排。运用海洋生态系统评估、生态敏感区确定、生态系统目标选择、经济评估分析及高端咨询等程序，与各级地方机构合作，制订具体的海洋综合管理规划，促进海洋综合管理工作的有效发展。《海洋行动计划》为推进海洋综合管理建立了一套完整的框架，并提出了在保护脆弱的海洋生态系统的同时可持续地开发利用海洋和有效地保护海洋资源方面政府将采取的行动措施。

《加拿大海洋行动计划》提出的优先领域包括：

1. 保持国际领先地位，维护主权与安全

维护加拿大的经济利益以及在大陆架和北极的权利，打击过度捕捞，保护公海生物多样性。

2. 推进综合管理，实现可持续发展

通过透明、公开和协调的综合管理，实现发展经济与海洋及其资源保护之间的平衡。

3. 维护海洋健康

制订并实施海洋保护区战略，保护脆弱海洋环境，采取更有效措施（包括加大巡航监视力度）应对来自海洋的各种污染。制订新的法规以预防和治理船舶污染以及应对外来水生物种入侵。

4. 发展海洋科学技术

创造良好的科研氛围，发展海洋技术，保持加拿大海洋技术的世界领先地位。努力发展海底测绘科学和生态系统科学，建立海洋高新技术示范区，为推进海洋综合管理提供技术支撑。

2007年，为了改善海洋健康状况，加拿大政府制定了一个为期5年的资助计划，即《海洋健康计划》。该计划是《加拿大国家水战略》的组成部分。《海洋健康计划》为保护加拿大脆弱的海洋环境提供资金援助。该计划完善了2005年《海洋行动计划》中关于海洋健康的内容，其宗旨是了解并保护海洋中最脆弱、最易遭受影响的区域，以实现"为加拿大当代人和子孙后代的利益确保海洋健康与繁荣"这一目标。

该计划指出，加拿大海洋环境健康与质量正处于危险状态，主要问题与挑战包括：

（1）渔业资源储量下降；

（2）海洋生态系统结构退化（特别是食物链中上层）；

（3）污染物的带入（如压舱水）和外来物种入侵；

（4）濒危海洋物种数量增加，栖息地生境退化；

（5）生物多样性和生产力衰退等。

为此，《海洋健康计划》提出以下措施：

（1）从源头上加强污染预防；

（2）提高污染整治能力；

（3）建立海洋保护区，加强对具有重要生态意义的海洋区域的保护；

（4）加大海洋科技投入，进一步认识和了解海洋；

（5）加强国内与国际合作，促进海洋综合管理。

《海洋健康计划》的政策目标是：

（1）了解和保护海洋环境。全民动员，共同参与，支持建立全国海洋保护区网络和制定海洋环境质量指南；

（2）支持经济可持续发展。联邦政府与地方政府、土著民、产业界及利益相关组织合作，评估经济发展潜力，促进经济发展；

（3）保持加拿大在海洋领域的国际领先地位。加强海洋决策和海洋管理机制等建设，确保加拿大海洋主权与安全以及海洋资源的可持续利用。

《海洋健康计划》主要由加拿大渔业与海洋部、运输部、环境部、加拿大公园管理局和印第安与北方事务部5个联邦部门负责实施。其中，加拿大渔业与海洋部作为海洋与水资源管理的领导者，负责政策和计划的制订与实施；运输部在负责海上安全的同时保护海洋环境；环境部负责保持并改善海洋环境质量、保护重要的野生动物栖息地、保护水资源等；加拿大公园管理局依据加拿大《国家海洋保护区法》，创建和管理加拿大国家海洋保护区体系，并依据加拿大《公园法》，对陆地国家公园中的海洋部分进行海洋环境保护；印第安与北方事务部负责管理加拿大北部地区的水资源。

根据《国家水资源战略》，联邦政府与省和地方政府、土著民组织和国际合作伙伴密切合作，共同管理好海洋环境。

2009年，加拿大颁布了《我们的海洋、我们的未来、联邦计划与活动》，这是加拿大实施海洋综合管理的重要政策指南。《我们的海洋、我们的未来、联邦计划与活动》的主要内容包括：加深对加拿大与海洋的关系的了解与认识、促进加拿大海洋经济的发展以及拟定和实施新时期加拿大的海洋战略与海洋管理政策等。《我们的海洋、我们的未来、联邦计划与活动》再次重申，加拿大海洋是加拿大领土不可分割的组成部分，海洋是加拿大人最基本的生活资源之一，加拿大政府将与合作伙伴一道，共同努力确保加拿大的子孙后代继承健康的海洋和海洋资源，确保加拿大民众可持续地共享这些资源。《我们的海洋、我们的未来、联邦计划与活动》指出，加拿大的经济发展离不开海洋，海洋对加拿大经济有着不可估量的影响。

为了保护海洋环境和生态系统，加拿大建立了国家海洋保护区和海洋野生生物保护区制度，并于2012年建立了国家海洋保护区网络。2011年11月，加拿大渔业与水产养殖部长委员会原则上通过了由中央、省和地方共同起草的"加拿大海洋保护区国家框架"。该"框架"为海洋保护区网络的建立提供了战略指导。

此外，加拿大还出台了《渔业恢复计划》、《加拿大海岸警卫队振兴计划》、《加拿大北方战略：我们的北方，我们的遗产，我们的未来》（2009年）、《北极水域污染防止法修正案》（2009年）等一系列海洋规划和计划。

第二节　海洋管理体制

加拿大是世界上最先实行海洋综合管理的国家之一。为了统筹协调海洋管理，加拿大建立了综合管理体系，1997年出台的《海洋法》明确规定，加拿大渔业与海洋部是联邦政府的海洋主管部门，并授予其他联邦政府有关部门及地方政府相应的协调职能，共同管理好海洋。虽然加拿大通过法律确定了加拿大渔业与海洋部为国家海洋管理的专职政府机构，但根据加拿大的相关立法，其他联邦政府部门和机构，如环境部、运输部、自然资源部及国防部，也都具有一定的海洋管理权限，通过政策、规划的制订和实施或通过提供服务的方式参与海洋管理。因此，加拿大的海洋管理体制采用的是集中管理、分工负责和部门间协调相结合的模式。集中管理的负责部门是加拿大渔业与海洋部，分工负责部门包括各涉海部门，部门间协调机制是加拿大副部级部际间海洋委员会。

一、政府主管海洋事务的职能部门——加拿大渔业与海洋部

渔业与海洋部组建于1867年，当时名称为海洋与渔业部（Department of Marine and Fishery），几经变革易名，于1978年由加拿大《海洋法》宣布正式组建，命名为渔业与海洋部。《海洋法》授予它负责制定与实施加拿大海洋及内陆水域的经济、生态和科技等相关政策与计划，保护并可持续地利用加拿大的海洋资源，以满足加拿大人民的需求。渔业与海洋部的宗旨是"为加拿大人民提供优质的服务，确保加拿大水域的可持续发展与安全使用"。

加拿大渔业与海洋部的使命是：

(1)通过制订并实施与海洋和渔业有关的政策与计划，促进加拿大海洋经济、生态和科学的发展；

(2)为加拿大当代和后代的利益，确保海洋和淡水水域的环境安全与健康并保持高水平生产力，保护和可持续利用加拿大海洋与渔业资源；

(3)通过提供可靠、安全、有效、有益于环境和高水平的海洋服务，提高加拿大经济在全球经济中的地位。

为了完成上述使命，加拿大渔业与海洋部在履行其职能过程中遵循三大原则，即可持续发展原则；爱护、珍惜和管理好海洋环境的原则；公众安全第一原则。

为了更好地履行职能，加拿大渔业与海洋部在全国设立了六个地区分部：中部与北极地区分部；加拿大海湾地区分部；滨海地区分部；纽芬兰与拉布拉多地区分部；太平洋地区分部和魁北克地区分部。另外还有海洋与渔业科学研究机构和海岸警卫队基地。加拿大海岸警卫队归渔业与海洋部管理。

渔业与海洋部总部设在渥太华。该部在编人员 10 000 人(仅包括在渥太华总部、6 个地区分部和船队工作的人员)。

加拿大渔业与海洋部的职能包括：海洋政策与计划的协调；海洋与内陆渔业管理；捕捞渔港与休闲渔港管理；水道测量与海洋科学。此外，渔业和海洋部还是负责渔业、鱼类生态环境养护与保护，水产养殖、水道测量服务及海上安全(船舶安全工作由加拿大运输部负责)等工作的联邦牵头部门。通过加拿大海岸警卫队，该部参与提供海上导航服务(如浮标、通信)、破冰业务以及有关的海洋执法工作。

加拿大渔业与海洋部在海洋科学技术、研究及开发方面与大学和产业界有着广泛密切的合作关系。

(一)组织结构

加拿大渔业与海洋部组织框架主要分部级领导(部长、副部长、准副部长)、机关各部门(设有 8 个业务局或司)、设在全国的六个分部和海岸警卫队等几大部分。此外，在渥太华总部还设有渔业资源养护委员会、法律服务委员会和审计局等机构。组织框架如下：

（1）部长

（2）副部长

（3）准副部长

（4）业务局（司）

　　　　　渔业与水产养殖管理局（助理副部长任局长）

　　　　　水产养殖管理司

　　　　　人力资源与机构局（助理副部长任局长）

　　　　　海洋与生境局（助理副部长任局长）

　　　　　科学局（助理副部长任局长）

　　　　　政策局（助理副部长任局长）

　　　　　信息管理与技术局

　　　　　秘书司

（5）地区分部（司级）

　　　　　中部与北极地区

　　　　　加拿大海湾地区

　　　　　滨海地区

　　　　　纽芬兰与拉布拉多地区

　　　　　太平洋地区

　　　　　魁北克地区

（6）加拿大海岸警卫队

（7）渔业资源养护委员会

（8）审计与评价局

（9）法律委员会

（10）人事冲突处理办公室

（二）加拿大渔业与海洋部的机构分工

渔业资源养护委员会：向部长提供渔业管理方面的建议，直接向部长报告工作。

法律事务委员会：为加拿大司法部设在渔业与海洋部的派出机构，负责为渔业与海洋部提供法律咨询与服务。

渔业与水产养殖管理局：职能包括①制定渔业政策；②渔业保护与保全；

③许可证审批；④管理大西洋与太平洋区域渔业许可证申诉理事会；⑤土著民政策与管理：⑥国际渔业事务；⑦制定和实施负责任渔业计划。

水产养殖管理司：负责在水产养殖方面提供战略性指导，建立良性管理环境，确保养殖产业的可持续发展。

人力资源与机构局：职责包括①人事管理；②人力资源规划、战略与计划；③机构设置与分类；④人员招聘；⑤劳动关系；⑥赔偿；⑦学习与培训；⑧就业平等事务；⑨官方语言问题；⑩职业咨询指导；⑪人力资源管理系统建设与管理。

海洋与生境局：负责以综合方法履行渔业与海洋部在海洋与淡水领域的职能。具体任务为①生境管理；②实施《加拿大海洋战略》和《海洋行动计划》。

科学局：为制订海洋与渔业政策与法规提供可靠的科学依据。主要职责包括①渔业研究；②海洋学研究；③水产养殖研究；④水道测量。

政策局：职能是①经济与政策分析；②管理；③政策、协调与联络；④战略优先领域与规划。

信息管理与技术局：主要职能是在应用开发、信息与资料管理（包括图书馆管理）、计算机处理与电讯等方面提供咨询与服务。

秘书司：为部长办公室、副部长办公室和准副部长办公室提供服务。

地区分部：职能是根据副部长、准副部长和助理副部长的指示，在各地区履行加拿大渔业与海洋部的职能。

（三）加拿大渔业与海洋部主要职能

加拿大渔业与海洋部的主要职能：开展海洋综合管理；确保海上活动与航行的安全；组织海洋与渔业科学研究；保护海洋环境与渔业生境；水产养殖与休闲渔业管理以及近海油气勘探开发的管理。

1. 海洋综合管理

加拿大政府认为，必须树立海洋综合管理理念和推行综合管理方法，全面考虑每个行业和部门的涉海活动对其他行业与部门以及对整个海洋的影响。加拿大海洋综合管理的原则包括可持续发展、综合管理和预防与谨慎三大原则。可持续发展原则就是既考虑当代人的利益也不影响后代的利益；综合管理原则就是对加拿大享有主权的河口、近海与海洋的所有活动进行综合管理；预防与谨慎原则就是小心谨慎地对待海洋问题，不要在缺乏可靠的科学依据的情况下匆忙决策。

加拿大1997年出台的《海洋法》，对加拿大渔业与海洋部在海洋综合管理中的职责做出了明确规定：①制订并实施有关政策和计划；②组织制订海洋管理规划和计划，并为制订综合管理计划提供所需的专门信息、科学技术、知识和研究成果；③组织其他政府部门、各省和领地政府、沿海社区和其他有关私营企业与机构，采取有效措施，对河口、近海和海洋的所有活动进行综合管理，促进海洋与海岸带综合管理计划的实施，协调有关政策与计划；④动员所有利益相关者参与海洋管理；⑤建立海洋保护区体系并协调相关工作；⑥与有关机构和利益相关者一道，组织海洋宣传教育，制作和发放海洋综合管理与海洋科学技术知识宣教材料。

2. 确保海上活动与航行的安全

帮助航行人员和其他海上作业者安全通过狭窄水道和应对海上恶劣天气，确保航行和生命财产安全，并使海洋环境免受污染，是加拿大渔业与海洋部的重要任务之一，其中包括为用户提供海图、海流与潮汐资料。

根据加拿大法律规定，加拿大渔业与海洋部负责管理加拿大海岸警卫队和加拿大水道服务局，这两个机构是维护海上航行与生命财产安全的主要部门。

加拿大海道服务局隶属于渔业与海洋部科学局，总部设在渥太华，在全国有5个分支机构，负责为所有在加拿大水域航行的船舶提供水道资料，以确保其航行安全与效率。水道资料与产品还为国家维护主权与安全服务，该局代表加拿大参与国际海道组织的活动。

3. 海洋与渔业科学研究

加拿大在渔业研究、水道学、海洋学以及水产环境科学方面居世界领先地位。加拿大渔业与海洋部有13个研究机构，2 000多名科学家、工程师和技术人员。加拿大渔业与海洋部同大学、外国政府、私营伙伴组织保持密切的合作关系。

加拿大渔业与海洋部的科学研究主要涉及五个领域：水产与水产养殖科学；渔业科学；海洋科学；环境科学；水道测量与研究。

(1)水产与水产养殖科学：针对迅速发展的水产养殖业的需求开展相关研究，并向水产养殖产业转让最新研究成果；

（2）渔业科学：为保护和可持续开发利用加拿大海洋与渔业资源提供科学依据；

（3）海洋科学：主要研究海洋和海岸带的物理与生物特性，包括物理与生物海洋学研究、与海洋生态系统有关的海洋—气候研究。全球气候变化对加拿大有着巨大影响，尤其是北极地区。因此加拿大渔业与海洋部制订了专门的气候变化研究计划，为资源管理者和决策机构提供科学依据，分析和预测全球气候变化对加拿大资源、设施以及其他方面的影响并制订应对计划与措施；

（4）环境科学：主要涉及水生环境的保护与保全，特别是对可影响水生环境的化学、物理与生物要素的监测与研究；

（5）水道测量与研究：为商船、娱乐艇、渔船和其他用户提供海图。同时提供水位与潮汐资料。

4. 保护海洋环境，应对污染事件

加拿大渔业与海洋部在保护海洋环境方面的主要任务是应对在加拿大水域发生的溢油事故。加拿大法律规定，船东和石油运输与加工处理设施的所有者有责任处理污染问题，要随时作好应对污染事故的准备，并承担污染清除与赔偿责任。船东和石油运输与加工处理设施的所有者与污染事故应急私营机构签订合同，由这些合同承包机构承担溢油清理任务。加拿大渔业与海洋部下属海岸警卫队对这些私营公司进行资格认证，并负责对它们进行督促检查，以确保这些私营机构具有必备的能力和随时处于待命状态。加拿大海岸警卫队拥有全套海洋污染应对与处理设施，这些设施科学地部署在全国各地。如果私营公司因故无法应对溢油事故，加拿大海岸警卫队则介入溢油应对工作。加拿大海岸警卫队还为其他各有关政府部门提供应对海洋污染事故的咨询以及提供应急响应能力支持。

5. 水产养殖和休闲渔业管理

加拿大水产养殖业对加拿大经济具有重要意义。2011年产值约10亿加元，为15 000加拿大人提供了就业岗位。由于加拿大和国际上对海产品的需求与日俱增，水产养殖在加拿大经济发展中发挥着越来越重要的作用。

垂钓是加拿大国民重要的休闲娱乐活动。据统计，加拿大参与休闲娱乐垂钓活动的成年人达36万多人，休闲娱乐艇200多万艘。加拿大每年花在休闲垂钓的时间约为 4 800 万人天，垂钓渔获量 2.33 亿吨。加拿大有 2 100 多个渔港和娱乐港口。

6. 近海油气勘探开发管理

加拿大渔业与海洋部对海洋油气勘探开发肩负着直接管理责任。在该领域的主要职责是：保护海洋环境；负责制订综合海洋管理计划；提供海洋生态系统专业科学咨询；海洋评估与管理；依靠加拿大海岸警卫队提供海洋运输安全和环境溢油响应服务。

二、其他主要涉海职能部门

(一)环境部

加拿大环境部是加拿大环境事务方面的主管部门，同时也是海洋环境管理方面的重要部门。在海洋环境管理方面，环境部的职责是促进海洋环境与资源的保护，防止污染，提高自然环境质量。环境部下属的加拿大公园管理局负责国家公园和国家海洋保护区等的规划、建立与运行。

(二)运输部

运输部在海洋管理方面的职责包括水域事故的反应与调查、相关海洋法律法规执法、制定和实施海上与海事安全等规章制度。运输部还负责海上溢油等应急反应。

此外，直接或间接具有涉海职能的其他联邦政府部门和机构还有外交与国际贸易部、国防部、司法部、工业部、国家发展研究中心(负责国际渔业战略等研究)以及皇家加拿大骑警等。

加拿大海洋管理工作除依靠政府主管职能部门外，还动员所有涉海部门、机构、行业、民间团体与个人广泛参与海洋管理，使海洋管理成为全社会和全民性工作。

三、部门间协调机制

与其他国家的海洋事务高层协调机制不同，加拿大的海洋事务协调机制不是最高层的协调机制，而是由副部级部际间海洋委员会、助理副部长级部际间海洋委员会和司局级部际间海洋委员会组成，主要负责协调加拿大海洋行动计划的实施工作。上述海洋委员会的工作均由设在加拿大渔业与海洋部的加拿大海洋行动计划秘书处提供业务支撑。该秘书处的职能是：①为上述三个委员会提供所需支撑；②牵头协调各有关部门实施加拿大海洋行动计划第一阶段任务；③为加拿大海洋行动计划今后各阶段拟定方案。该秘书处还是有关涉海部门的联络点。

副部级部际间海洋委员会的任务是通过部际间协调，确保加拿大海洋行动计划在政府层面的落实，负责为加拿大海洋行动计划的实施确定长期方向和提供指导，确保各有关部委之间的优先任务与行动保持一致和高度协调。该委员会主席由加拿大渔业与海洋部副部长担任。

助理副部长级部际间海洋委员会是副部长级部际间海洋委员会下面的二级委员会，负责围绕加拿大海洋行动计划的实施与完善问题，组织相关部委开展讨论和拟定共同行动计划，具体工作是根据加拿大海洋行动计划确定的海洋综合管理任务，审议和督促检查国家在完成这一任务方面存在的问题，并提出指导意见。此外，该委员会为副部级部际间海洋委员会提供建议与意见，并为有关业务部门提供业务指导。委员会主席由加拿大渔业与海洋部负责海洋与生境事务的助理副部长担任。

司局级部际间海洋委员会，原名为加拿大海洋行动计划国家委员会，由各有关部和局的代表组成，凡是与涉海立法、政策和计划有关的部和局，均可派代表参加，目前有约 20 个部门参与该委员会。该委员会的任务是，针对加拿大海洋行动计划第一阶段的实施工作以及以后各阶段的实施工作，为助理副部长级部际间海洋委员会提供建议和支撑。此外，该委员会还负责监督指导加拿大 5 个地区实施委员会的工作，促进这些地区委员会之间的协调与一致。

四、地区协调机制

除了上述三个委员会外，加拿大在 5 个海洋综合管理规划优先区或大海洋生态系统区设立了地区海洋委员会，这些地区是：

布雷森莎湾/大岸滩地区；

斯科舍砂洲地区；

圣劳伦斯湾地区；

波弗特海地区；

太平洋沿岸北部地区。

上述地区协调机构的负责人由加拿大渔业与海洋部在各地区分部的负责人担任，成员为所在地区涉海部门的负责人。

第三节　海洋立法情况与执法体制

一、海洋立法

1997 年制定的《加拿大海洋法》是加拿大联邦海洋法律体系中最重要的一部法典，它将《联合国海洋法公约》赋予沿海国的权利以国内立法的形式加以具体化，使加拿大最大限度地分享《联合国海洋法公约》赐予的沿海国的利益。

《加拿大海洋法》赋予加拿大渔业与海洋部管理与协调联邦海洋事务的职责，负责加拿大海洋综合管理工作，并授权渔业与海洋部组织、领导并监督《加拿大海洋战略》的制定工作。该法明确了联邦政府和沿海地方政府在海洋管理方面的权限及联邦政府中的有关职能部门的管理职责。该法内容翔实，权职明确，是指导加拿大海洋管理工作的基本大法。

《加拿大海洋法》共分三章：第一章论述的是海洋区域，规定了加拿大的领海制度、毗连区制度、专属经济区制度、渔区制度和大陆架制度等。其中规定，加拿大的领海范围是领海基线向外 12 海里的区域，确定领海基线的标准是正常基线辅以直线基线；加拿大的毗连区是指毗邻领海，从测算领海宽度的基线量起不超过 24 海里的区域，在毗连区，加拿大政府享有海关、财政、移民和卫生领域的管辖权；加拿大专属经济区是指领海以外并邻接领海的一个区域，其宽度从测算领海基线量起不超过 200 海里，在专属经济区内，加拿大对其自然资源的开发、利用、养护和管理享有专属权利，对专属经济区内的人工岛屿、设施和构造的建筑与使用、海洋科学研究、海洋环境保护与保全享有管辖权；加拿大的大陆架是加拿大领海以外依其本国领土的自然延伸，扩展到大陆外边缘的海底区域的海床和底土，加拿大对其大陆架上海床和底土上的矿物和其他非生物资源，以及定居的生物资源享有主权权利。第二章是关于加拿大的海洋管理战略。《海洋法》在这一部分确立了加拿大管理海洋的三大原则，即可持续发展原则、综合管理原则和谨慎与预防原则。第三章对渔业与海洋部部长的权利与职责、海岸警卫队的职责范围以及海洋科研和经费使用程序等做了明确规定。

加拿大其他主要涉海法规有：《渔业法》、《渔业与海洋部法》、《加拿大渔业保护法》、《加拿大船舶运输法》、《濒危物种法》、《导航设施保护条例》、《近海渔业保护管理规定》、《加拿大捕捞区令》、《外国渔船管理规定》、《沿海省渔业管理规定》、《海洋保护区管理规定》和《渔业开发法》等。

二、执法体制

加拿大海洋执法体制属于高层协调与分工负责相结合的模式，高层协调机构是加拿大部际间海洋安全工作组，各有关涉海部门承担相关任务，其中加拿大渔业与海洋部下属的加拿大海岸警卫队主要发挥海上执法平台作用，并代表有关部门监视海上活动和提供装备、技术支撑与服务。目前，加拿大已有几个机构发布报告，建议强化加拿大海岸警卫队的海上执法功能，使其发展成为主要的海上执法机构。

（一）加拿大部际间海洋安全工作组

加拿大部际间海洋安全工作组成立于2001年，由17个涉海部门组成，负责协调加拿大海洋安全工作，为高层决策提供建议与意见，促进各有关部门的协调与沟通。

加拿大部际间海洋安全工作组下设的委员会有：政策委员会、业务委员会、法律委员会和助理副部长级海洋安全委员会。助理副部长级海洋安全委员会由各成员单位的助理副部长组成，主要负责针对加拿大的海洋安全问题，向国家提出政策与法律方面的建议。

加拿大部际间海洋安全委员会的成员单位：

（1）边防局

（2）食品检验局

（3）安全情报局

（4）空间局

（5）国防研究与发展局

（6）渔业与海洋部、加拿大海岸警卫队

（7）司法部

（8）国防部

（9）环境部

（10）财政部

（11）外交事务与国际贸易部

（12）政府运作中心

（13）枢密院办公室

（14）公安部

（15）皇家加拿大骑警

（16）运输部

（17）财政委员会秘书处

加拿大设有三个海洋安全业务中心，东部业务中心设在哈利法克斯，西部中心设在维多利亚，大湖区和圣劳伦斯水道中心设在尼亚加拉。这些业务中心是根据 2004 年《加拿大国家安全政策》成立的，任务是为国家应对来自海上的威胁作出响应提供支撑，国家安全包括海上人员与财产安全，国防安全，环境安全与经济安全。加拿大海岸警卫队、边防局、皇家加拿大骑警、国防部以及运输部是这些中心的主要成员单位。

（二）加拿大海岸警卫队

加拿大海岸警卫队是完全的非军事机构，拥有船舶和飞机，可以为军事行动提供支撑。加拿大海岸警卫队统管除海军以外的政府船只，肩负渔业执法和维护北极主权等任务，并为其他海洋执法和海洋安保工作中提供业务支撑，即为其他相关执法部门提供船舶与飞机、人员和服务支撑。加拿大海岸警卫队是加拿大部际间海洋安全工作组的重要成员单位，包括代表渔业与海洋部渔业管理机构进行渔业执法和代表运输部进行部分海上交通运输执法，并与皇家加拿大骑警和加拿大海军等合作开展相关执法等诸多任务。

加拿大海岸警卫队隶属于加拿大渔业与海洋部，2011 年在编人员 4 778 人，年经费约 3 亿加元。

1. 发展沿革

加拿大海岸警卫队组建于 1962 年 1 月 26 日，其前身是成立于 1867 年的加拿大巡防船队，是当时的加拿大海洋与渔业部（Department of Marine and Fishery）的下属分支机构。1930 年，加拿大海洋与渔业部分成两个部，1936 年加拿大巡防船队划归加拿大运输部海洋服务局管辖。为了保障在加拿大水域活动的人员安全，在众多机构和民众的长期呼吁下，加拿大于 1962 年 1 月 26 日正式成立"加拿大海岸警卫队"。1995 年 4 月，加拿大海岸警卫队并入加拿大渔业与海洋部。

由于加拿大海岸警卫队任务的特殊性，尽管它是加拿大渔业与海洋部的一个下属机构，但具有相当大的自治权与独立性。例如，海岸警卫队警监对其所有下属基地、船舶和飞机、导航设施以及人事管理有完全的权力，并有单独的预算，因此被加拿大渔业与海洋部认定为"特殊的业务机构"。

2. 管区设置

加拿大海岸警卫队总部设在首都渥太华，下设 5 个管区，分别为中部和北极管区、东南三省管区、纽芬兰和拉布拉多管区、太平洋管区及魁北克管区，各管区均设有指挥部。加拿大海岸警卫队共有 11 个战略基地和 5 个分基地。

3. 主要职能

加拿大海岸警卫队的主要职能：

(1)代表渔业与海洋部渔业管理部门开展海洋渔政执法。

(2)海上航行服务：管理、运行和维护加拿大导航设施并提供有关服务，督促检查私营导航设施，为公众提供航道安全信息，开展水道管理。

(3)破冰与维护北极主权：管理、使用、维护破冰船与设施，并提供相关服务，包括提供航线信息、冰情管理、船舶护航、港口破冰，帮助其他政府部门和机构的设施安全通过冰封水域、为其他政府部门的相关海洋活动提供支持，负责维护加拿大在北极地区的主权利益。

(4)海上通信与交通服务：为海洋界和公众提供海上通信与交通服务；根据国际协定，提供遇险与安全无线电服务，确保海上人员安全；在沿岸、近海、河口和港口水域开展交通管理，保护海洋环境和提高船舶运输效率；为企业、其他政府部门和国家提供海洋信息管理方面的服务，为私营企业和船队提供船舶对岸无线电通信服务。

(5)综合技术支援：负责设计、采购与管理海岸警卫队的有形资产并提供有效的服务，这些资产包括为海岸警卫队、渔业与海洋部和为其他部外用户服务的船舶、导航设施、通信设施、巡航与信息系统等；管理海岸警卫队技术计划和采购工作，制订和实施工程标准与规范。

（6）搜索救护与应对环境应急事件：根据国际海事组织有关协议，在加拿大水域提供海上搜救服务，维护公众的海上安全，减少人员与财产损失；制订因船舶事故而引起的油污应急计划，进行油污应急处理，但费用由肇事方负责；督促检查产业界与政府建立的油污事故应对伙伴关系及其工作。

（7）海洋安保与船舶管理：监视在加拿大海域和内水航行的各类船舶，要求各国船只在到达加拿大海域之前96小时提前进行通报，并就有关工作与相关部门进行协调；管理海岸警卫队船舶和飞机，制订有关的政策和规划，选配专业人员，组织安全管理，为渔业与海洋部和其他政府部门的海上活动提供服务，维护加拿大安全与主权。

此外，加拿大海岸警卫队还为其他涉海部门的海洋管理和执法提供技术支持和服务。

加拿大海岸警卫队有一支后备队伍，有5 000多名自愿者和1 500余艘船舶。一旦发生海上事故，这支队伍可及时提供应急支援。

4. 经费与装备

由于加拿大政府认识到海洋产业对于国家经济具有重要的推动作用，并认识到海岸警卫队在渔业保全与保护和维持海岸和水道安全方面的重大作用，因此，近几年来不断强化对海岸警卫队船舶建造的经费支撑。根据2009年年初加拿大政府批准的《加拿大经济行动计划》，在以后的2年，加拿大政府为渔业与海洋部提供了3.43亿加元的经费，用于增添加拿大海岸警卫队的船舶、近岸渔场科考船以及小型海港的建造、维护与改进，以及用于联邦实验室和科学设备的建设等。其中1.75亿加元用于海岸警卫队的船舶维修与改造及新船建造，以加快海岸警卫队的船舶能力建设。

加拿大海岸警卫队的装备如下：

（1）纽芬兰与拉布拉多地区：10艘大型船舶；2艘小型船舶；4艘搜救船；4架直升机。

（2）魁北克地区：8艘大型船舶；5艘小型船舶；2艘气垫船；7艘搜救船；6架直升机。

（3）东南三省地区：6艘大型船舶；8艘小型船舶；10艘搜救船；4架直升机。

（4）中部与北极地区：5艘大型船舶；9艘小型船舶；11艘搜救船；4架

直升机。

（5）太平洋地区：7 艘大型船舶；9 艘小型船舶；2 艘气垫船；13 艘搜救船；6 架直升机。

2012 年，加拿大政府宣布购买 22 架新直升机，以更新现有直升机队伍。

5. 未来发展方向

目前，围绕加拿大海岸警卫队的职能问题，加拿大各界正开展讨论，倾向性意见是强化加拿大海岸警卫队，使它成为比较全面的海洋执法队伍。2010 年，加拿大国际理事会（The Canadian International Council）发表题为《开放的加拿大：网络时代的全球地位战略》的报告，建议"加拿大海岸警卫队全面负责加拿大（除军事安全以外）的海洋安全事务，在这方面，加拿大国际理事会与加拿大国际安全与防务常设委员会的意见一致，尤其是在北极安全问题方面"。因此，加拿大海岸警卫队今后有可能发展成为职能比较全面的海洋执法队伍。

（三）皇家加拿大骑警

皇家加拿大骑警拥有包括海上执法在内的加拿大联邦政府相关法律法规的执法权力，设有海洋与港口司，主要负责预防、发现和打击包括人员偷渡与货物走私在内的非法活动，维护海上安全。

皇家加拿大骑警主要通过以下机制开展海上执法工作：①国家港口执法队；②海洋安全业务中心；③海洋安全执法队；④国家水上安全合作计划。皇家加拿大骑警与加拿大海岸警卫队有密切的合作关系。

（四）皇家加拿大海军

加拿大海军组建于 1910 年，主要任务是维护加拿大的海上国防安全，同时肩负部分海洋执法任务，是加拿大海洋执法队伍的组成部分，在海洋执法方面的主要职能有：

（1）通过执法，维护加拿大海洋权益；

（2）保护海洋环境和保护加拿大渔业与能源资源；

（3）通过北大西洋公约组织、联合国以及其他联盟性组织，维护加拿大的海洋权益。

第三章 英 国

英国位于欧洲大陆西北岸外的大西洋，是历史悠久的海洋国家，陆地面积 24.4 万平方公里，人口 6 323 万（2012年），海岸线长 19 717 公里，专属经济区面积 681 万平方公里（含英国本土、英国海外领地和皇家属地的专属经济区），专属经济区面积居世界第五位。

英国本土由四个部分组成：英格兰、苏格兰、威尔士和北爱尔兰。苏格兰、北爱尔兰和威尔士议会及其行政机构全面负责地方事务，但中央政府仍控制外交、国防、总体经济和货币政策、就业政策以及社会保障等。

英国 GDP 为 2.435 万亿美元，人均 GDP 为 38 514 美元（2012年）。海洋在英国的社会与经济发展中起着十分重要的作用。据英国海洋管理组织介绍，英国海洋产业产值约 470 亿英镑（2012年），海洋产业直接提供的就业岗位约 100 万个（英国不同部门使用不同的海洋产业概念，因此统计数字差别很大）。海洋产业中产值最高的是海洋油气业，其次是船舶运输与港口产业（包括造船）、海洋休闲与娱乐产业。

尽管英国是历史悠久的海洋国家，但长期以来一直采用分散的海洋管理体制。近 10 多年来，英国海洋事业迅速发展，旧有体制已无法适应形势发展的需要，因此英国政府开始认真研究海洋管理与体制问题，组织开展了全国性的磋商与讨论。在此基础上，2007 年 3 月发布了《英国海洋法案白皮书》，该白皮书指出，英国政府决心改革现有海洋管理体制，成立统管海洋事务的机构"英国海洋管理组织"。2009 年，《英国海洋法》（*Marine and Coastal Access Bill*，即《英国海岸与海洋使用与管理法》）出台，该法第一部分就专门围绕成立英国海洋管理组织问题做出了详细规定，其他各部分也主要论及海洋管理问题。根据该法，英国海洋管理组织（Marine Management Organization）于2010年4月1日正式成立。在英国海洋管理组织正式运行之前，英国政府又专门发布了《女王陛下政府与英国海洋管理组织框架文件》，就英国海洋管理组织的宗旨、使命、运行原则、职能以及与其他部门的关系等做出了详细规定。2011年，英国颁布《英国海洋政策》，阐述了与英国海洋可持续发展事业有关的一系列方针政策。由于采取了上述诸多措施，英国海洋事业迈上了新台阶，摈弃了旧有的分散海洋管理体制，采用了以集中管理为主和分工管理为辅的海洋管理模式，使英国成为世界上海洋综合管理的后起之秀。

在海洋执法方面，2010年后，英国也改革了过去的分散执法体系，采用了相对集中和分工负责相结合的模式。

第一节 海洋管理体制

英国海洋管理组织于2010年4月1日成立，本部设在纽卡斯尔，截至2013年3月在编人员321名。

英国海洋管理组织是根据英国2009年《英国海洋法》的规定成立的，并根据该法和《英国海洋政策》以及《英国女王陛下政府与英国海洋管理组织框架文件》等行使职能。英国海洋管理组织的性质是依法成立的肩负管理职能的公立机构（Statutory Executive Non-Departmental Body）。

英国海洋管理组织的基础是原英国海洋与渔业局，除继承原英国海洋与渔业局的职能外，还新增加了一些新的重要任务，其中主要是海洋规划任务以及原来属于能源与气候变化部的一些职能以及运输部的一些职能，包括维护港口秩序和与海洋能源设施有关的涉海工程的管理等。

英国海洋管理组织的成立极大地推进了英国海洋事业的发展，为英国政府实现其建设洁净、健康、安全、富有生产力和生物多样性海洋的宏伟目标奠定了重要基础。

一、英国海洋管理组的使命

英国海洋管理组织主要承担以下十大任务。

(一)有效管理海洋资源

英国海洋管理组织负责牵头制订英格兰地区的海洋规划,并与苏格兰、威尔士和北爱尔兰地方政府一道,制订这些地区的海洋规划,根据海洋规划强化海洋许可证制度与执法。

从 2011 年 4 月 1 日起,英国海洋管理组织正式审批和发放海洋许可证,领域涉及海洋矿产、疏浚、海洋可再生能源和其他海洋工程。

目标:

(1)通过有效和合理的规划并认真实行海洋许可证制度,促进海洋的可持续发展;

(2)针对海洋开发利用活动产生的风险,及时开展合理的执法;

(3)制订海洋规划和履行许可证审批与管理职能时,鼓励有关各方创新和共享先进的实践经验。

(二)让公众与相关部门积极参与海洋决策工作并了解海洋决策将产生的影响

为了确保海洋管理决策工作的透明与公开,制订英国海洋规划时,采取有效措施确保涉海各界,包括海洋产业界和其他组织与团体积极参与规划制订工作。

在审批海洋许可证过程中认真征求各方意见,以便在批准许可证时,充分考虑到各方对审批涉及的海洋活动对海洋产生的潜在影响的意见。

目标:

(1)让地方各界参与海洋决策和规划的编制;

(2)根据《英国海洋法》、《英国海洋政策》以及《公众参与规定》提出的要求编制海洋工作计划;

(3)让地方各界了解许可证申请与决策程序;

(4)与各类海洋用户建立有效的合作关系。

(三)有效保护海洋生物多样性

在保护和养护海洋栖息地与物种以及在相关执法工作方面,英国海洋管理组织将合理和有的放矢地坚持海洋许可证规定的用海条件，包括海洋保护区的建设条件。英国海洋管理组织还负责对新的海洋保护区进行管理执法，以保护对国家具有重要意义的自然特征。新的海洋保护区必须与现有和今后建立的保护区保持衔接，以建设在生态上具有重要意义的海洋保护区网络。

英国海洋管理组织还向近岸渔业与保护机构派遣志愿者，确保每个近岸渔业与保护组织拥有所需的各类专业人才，确保对近岸海域开展符合可持续发展原则的海洋管理。从 2011 年 4 月起，英国海洋管理组织还帮助近岸渔业与保护组织制订相关保护法规并加以落实，包括以保护近岸海域的当地特征为目的的法规。

目标：

(1)与伙伴机构和地方组织一道，拟订英国海洋管理组织的管理措施；

(2)根据法规要求，对海洋保护区和其他海洋区域开展有效和及时的执法；

(3)根据经济、社会与环境情况和相关法律规定进行决策。

(四)对鱼类和贝类资源进行可持续管理

英国海洋管理组织的重要任务之一是渔业管理，主要是从欧盟层面和国家层面提出政策建议并为渔业产业提供信息。英国海洋管理组织负责落实《欧盟共同渔业政策》，对渔业资源进行可持续管理。

目标：

(1)通过管理与执法，落实英国和欧盟渔业法规；

(2)与有关部门一道，根据欧盟渔业政策的改革措施改革渔业管理工作；

(3)与有关伙伴和渔业产业一道，有效地推行英国渔业管理改革提出的渔业管理措施。

(五)有效利用欧盟资金，为渔业产业和沿海社会创造效益

英国海洋管理组织负责管理欧盟渔业基金在英国的使用，确保根据欧盟理事会和欧盟委员会的要求管理欧盟渔业基金。在英格兰，英国海洋管理组织向各类渔业项目提供欧盟渔业基金，支持渔业的可持续发展，内容包括推销渔产品、试验减少废弃捕获物的方法以及支持地方渔业群体的发展等。

目标：

(1)制订和实施以支持海洋渔业可持续发展为目标的补助金计划；

（2）努力争取欧盟渔业基金，最大限度提高争取欧盟渔业基金的成功率。

（六）协调一致地对海洋污染应急事件做出及时响应

英国海洋管理组织负责协调海洋污染事件处理工作，一旦发生海洋污染事故，负责审批溢油污染清理仪器与装备的使用。同时，英国海洋管理组织负责组织制订溢油应急响应计划，并与包括英国海事与海岸警卫局、港口应急部门和海上设施应急机构等各伙伴单位一道，共同实施溢油应急计划。英国海洋管理组织还负责牵头建立海洋污染事故信息门户网站，将有关信息传送到网站，供有关各方使用。

目标：

（1）通过实施海洋污染应急计划，有效地应对海洋环境污染损害；

（2）与地方各界一道，拟订应对海洋环境损害的预防、执法与治理措施，并组织对措施进行审议和修订。

（七）发展科学决策所需的科学知识与人才队伍

英国海洋管理组织的决策工作既涉及法定职能的履行，也涉及为政府和主要伙伴单位提供咨询意见等工作。为了科学和正确的决策，英国海洋管理组织将依靠可靠的证据，并与其他伙伴单位一道，共同搜集所需资料与信息，组织相关研究，以填补资料与证据的不足。

目标：

（1）拟订年度战略证据计划，提出今后工作中需要优先提供的证据；

（2）建立专门人才与知识队伍，建设扎实的海洋证据库；

（3）培养和建设战略人才与知识队伍，为政府拟订新政策服务，使决策工作建立在风险评估的基础之上，并做到公开和透明；

（4）与有关政府部门和伙伴机构一道，突出并实施好重点证据搜集计划，对相关工作进行有效协调和整合。

（八）有效和合理地管理资料与信息，并将资料与信息及时传送到各使用部门

英国海洋管理组织进行决策时，需要依靠大量和可靠的资料、证据与知识。英国海洋管理组织将严格按照标准与规范，对海洋资料、证据与信息进行有效管理，并与有关合作单位一道建立海洋证据库，推进证据与资料信息

的共享。

目标：

（1）及时发布准确的反馈信息、报告和统计资料；

（2）建立并认真落实资料质量与知识管理措施与程序；

（3）制订并实施信息保护计划，确保资料信息的机密性、完整性和可提供性。

（九）在提供服务和开展管理过程中有效使用各类资源

英国海洋管理组织属于肩负管理职能的公立机构，按照内阁办公室制订的公立机构运行规定开展工作，根据政府制订的财政指南管理公共财政经费。

目标：

（1）制订和公布战略规划，建立和落实业绩与风险管理框架；

（2）对英国海洋管理组织进行严格管理与控制，确保管理成效和经费使用程序严格、规范和合理。

（十）帮助员工具备为促进海洋可持续发展事业所需的能力与素质

不断提高工作能力，以随时准备迎接新的挑战，是英国传统文化特征之一。英国海洋管理组织将为员工提供机遇，让他们参与改进工作环境和提高工作效率等方面的决策，制订并实施公平竞争机制，确保就业与工作平等和公平。

目标：

（1）充分发挥全体员工和管理委员会成员的潜力；

（2）帮助英国海洋管理组织主席和管理委员会具备管理工作所需能力，并使其管理工作发挥最大效率；

（3）有效地实施装备采购和人员招聘计划，使英国海洋管理组织能够得到所需的专门人才、知识与服务；

（4）在健康与安全方面，建立并落实有效的督促检查制度。

二、英国海洋管理组织的具体职能与任务

（一）职能

英国海洋管理组织的职能是：

（1）建设英国新海洋规划体系，组织和实施海洋规划；

（2）建设和落实海洋许可证审批与发放制度；

（3）管理英国捕捞船队和英国渔业捕捞配额；

（4）与英国自然保护联合委员会一道，建设和保护英国海洋保护区网络（包括英国海洋保护区和欧盟海洋保护地），以保护和养护英国管辖海域的脆弱生境和物种；

（5）与相关部门一道，对海上（污染）应急事件做出迅速和有效的应对；

（6）建设国际水平的海洋信息中心，为海洋决策提供依据。

（二）具体任务

英国海洋管理组织的具体任务是：

1．海洋规划

海洋规划是海洋管理的新手段，目的是对各类海洋开发利用活动、海洋资源和资产进行有效管理和平衡，从而确保海岸带与海洋的可持续发展。

2．海洋许可证制度

根据2009年《英国海洋法》的规定，在海上开展的各类活动，绝大部分都需要申请许可证，其中包括向平均高潮面以深海域倾倒物质或进行挖掘，或在潮汐河口进行可能会对潮汐运动产生影响的倾倒与挖掘作业，或疏浚河道以及在海底铺设电缆等。但也有少数海上活动属于例外，例如，飞行事故调查、海事与海岸警卫局开展的以海事安全为目的的活动与训练等，可以不需要申请许可证。

英国新的海洋许可证制度从2011年4月6日生效，新制度的目的在于让许可证申请和审批程序更透明、明了和简捷，使决策更有效和迅速。

3．渔业管理

英国所有的商业性渔船捕捞作业均需要申请许可证，英国海洋管理组织是负责渔船许可证审批与管理的职能部门。另外，所有英国渔船还需要向航运与海员注册处进行备案登记，该处隶属于设在卡迪夫的运输部海事与海岸警卫局。

为了保护和养护渔业资源和更好地落实欧盟《共同渔业政策》确定的目标，英国海洋管理组织负责确定英国的渔业捕捞配额。英国的渔业捕捞配额发放对象包括23个渔业生产行业组织、近岸捕捞船队（10米以下的渔船）以及那些没有参加渔业生产行业组织的渔船。对于 10 米以下的渔船和没有参加渔业生产行业组织的渔船，英国海洋管理组织每月发放一次捕捞配额。英国通过发放捕捞许可证的办法实行禁渔。

4. 渔政监督与执法

英国海洋管理组织负责组织和协调对英国渔业捕捞活动进行监督、控制与执法工作，其中包括对违反规定的渔船实行经济惩处、实施禁渔、进行电子登记管理、渔业案件起诉、管理买方与卖方注册制度、组织卫星监视和打击非法、未管制和未报告的捕捞活动等。

5. 保护海洋环境与海洋自然资源

英国海洋管理组织负责对溢油处理设施与产品进行审批，并负责组织处理海洋污染事故，负责制订并组织实施英国海洋污染应急计划。

此外，英国海洋管理组织制订了一套管理措施，以进一步落实欧盟的海洋保护区保护目标，包括根据《欧盟生境保护令》和《鸟类保护令》进行保护的特别养护区和特别保护区的保护目标。

三、组织框架

英国海洋管理组织的构成为：

(一)领导班子

英国海洋管理组织领导班子由主席、首席执行官和首席科学顾问组成。

(二)内设机构

（1）办公厅

（2）支撑与管理司

        业绩与风险管理处

        财务与商业关系处

        人力资源处

        信息处

（3）用户与伙伴关系司

        公关与沟通处

        法律处

利益攸关者关系与战略发展处

(4)业务与法规执行司

近海业务处

海洋法规执行与渔业管理处

统计与分析处

(5)规划与调控司

证据、资料与知识管理处

海洋许可证处

海洋规划处

(三)分支机构

英国海洋管理组织共设4个分支机构,此外还有隶属于威尔士政府的威尔士海区分部。这5个分支机构分别是:

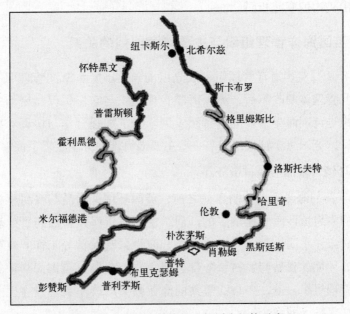

图3-1 英国海洋管理组织派出机构示意

1. 北部海区分部

北部海区范围从伯威克到东海岸的斯基普西(包括斯基普西),从康纳湾到苏格兰西海岸。海区管理机构设在北希尔兹。

2. 东部海区分部

范围从斯基普西到格雷夫森德，海区管理机构设在洛斯托夫特。

3. 东南海区分部

范围从格雷夫森德到莱姆里吉斯(包括莱姆里吉斯)，海区管理机构设在黑斯廷斯。

4. 西南海区分部

范围从莱姆里吉斯(不包括莱姆里吉斯)到切普斯托(包括西西里岛)，海区管理机构设在普利茅斯。

5. 威尔士海区分部

范围为威尔士海域，海区管理机构设在米尔福德港。威尔士海区管理组织隶属于威尔士政府，不属于英国海洋管理组织系列，但职能与英国海洋管理组织派出机构的职能相同。

四、英国海洋管理组织与主要涉海部门的关系

2010 年 4 月英国海洋管理组织成立以前，英国肩负海洋管理职能的涉海部门甚多。管理体制改革后，英国海洋管理组织与它们仍保持密切的合作关系，共同推进英国海洋事业的可持续发展。为了加强合作与协调和减少职能重叠与交叉，英国海洋管理组织与一些主要涉海部门分别签署了谅解备忘录。

(一)环境、食品与乡村事务部

2010 年新的海洋管理体制建立之前，英国环境、食品与乡村事务部是英国政府部门中肩负涉海职能最多的部门，主要负责海洋自然与野生动植物保护、渔业、海洋水质、潮灾与海岸防护和海岸景观保护等工作。改革海洋管理体制后，环境、食品与乡村事务部主要负责牵头制订英国海洋政策，并与英国海洋管理组织一道，参与欧盟共同渔业政策的改革和建设在生态上相互关联的海洋保护区网络。

(二)环境署

根据 2010 年 11 月英国海洋管理组织与英国环境署签订的谅解备忘录，在海洋领域，英国环境署是负责河口与近岸海域的环境保护的主要牵头机构，包括控制陆源污染物排放，从战略上研究洪灾风险管理和海岸侵蚀问题，管

理英国近海迁移性鱼类和参与生物多样性保护工作，并负责实施《英国水框架令》。在海洋规划、海洋许可证审批、渔业监督和管理与执法等方面，双方将密切合作，谅解备忘录详细列出了各自的职能范围。

（三）运输部

英国运输部海事与海岸警卫局是英国海洋管理组织的重要合作伙伴。海事与海岸警卫局的职能是实施英国政府制订的海事安全政策，包括协调英国搜救区内的所有搜索救护活动，确保英国船舶符合国际船舶标准，负责敦促在英国海域航行的船舶落实环境保护法规。英国海事与海岸警卫局是负责应对由英国污染控制区内的船舶与海上设施引起的重大污染事故的牵头机构，是负责船舶运输事务的主管部门。

海事与海岸警卫局下设的皇家海岸警卫队（Her Majesty Coastguard），负责协调海上搜救活动，并负责船检工作，督促检查各类船舶执行英国和国际船舶安全规定。

（四）国防部

英国国防部的任务是负责英国的军事防务以及保护英国公民与海外领地的安全。英国海域是国防部及其军队完成上述使命的重要场所。谅解备忘录明确指出，各类海上活动不应妨碍国防与国家安全利益。

国防部在英国沿海地区拥有 220 多处设施，包括海军基地、皇家空军场站、炮火射击场、轰炸试验场以及军火武器储存库等，占用海岸线 230 多公里。根据授权，国防部可以因国防原因而制订相关法规。由于沿海地带和海洋开发利用情况在不断发生变化，因此国防部越来越多地介入海岸带和海洋立法与管理工作，有权根据 1892 年和 1900 年《军事土地法》和 1958 年《土地权利国防法》出台相关管理规定，管理有关海域，暂时或永久限制其他部门对某些海域的使用。英国海洋管理组织编制海洋规划时，须认真听取国防部的意见，充分考虑国家安全利益。

（五）文化、媒体与体育部

文化、媒体与体育部主要负责管理与沿海及海洋旅游、遗产（包括水下沉船等历史遗迹）保护和其他形式的与涉海娱乐活动有关的工作。该部负责管理根据英国《1973 年遗迹法》划定的 48 处历史遗迹。

(六)英国税务与海关总署

负责查禁濒危海洋物种非法贸易。

(七)皇家地产委员会（Crown Estate）

皇家地产委员会是根据《1961 年皇家地产法》成立的机构，不属于政府部门，而是肩负管理职能的公立机构。

2011 年 2 月 8 日，英国海洋管理组织与英国皇家地产委员会签署备忘录，明确了双方的责任与义务。根据该备忘录，皇家地产委员会对 12 海里以内的领海海底和英国低潮线与高潮线之间的滩地（前滩）中的一半以上拥有管理权，并根据皇家授权，可以对从英国海岸量起的 200 海里内的大陆架上的自然资源拥有勘探和开发使用权，包括根据《2004 年能源法》对可再生能源区内大陆架上的可再生能源的开发权，以及根据《2008 年能源法》租赁海底用于天然气储存和二氧化碳封存的权利。

(八)能源与气候变化部

英国海洋管理组织与该部和可再生能源产业界一道，积极管理海洋可再生能源开发活动，以实现英国的可再生能源目标。英国海洋管理组织负责为海洋油气勘探开发活动、天然气储存和二氧化碳封存等工作提供咨询和指导。

(九)社区与地方政府

英国海洋管理组织与社区和地方政府一道，让海洋规划更好地与陆地规划相互衔接和整合，采取措施积极鼓励地方社区参与涉海决策工作，公开决策依据和有关信息，让公众了解涉海决策将产生的影响。

第二节　海洋管理工作的法律与政策依据

英国海洋管理组织履行海洋管理职能和开展海洋管理工作的法律依据主要是 2009 年《英国海洋法》，政策依据主要是 2011 年《英国海洋政策》。其他法律与政策依据有 2010 年 3 月颁布的《女王陛下政府与英国海洋管理组织框架文件》等。

一、2009 年《英国海洋法》

2008 年，英国政府发布《英国海洋管理、保护与使用法》(草案)，2009 年 11 月 12 日，英国王室批准《英国海洋法》，标志着这一受到英国各界广泛关注的综合性海洋法律正式进入英国法规体系。《英国海洋法》为英国建立新的海洋工作体系和进一步发展海洋事业奠定了坚实的法律基础。新的海洋工作体系主要涉及海洋综合管理、海洋规划、海洋使用许可证审批与管理、海洋自然保护、近海渔业与海洋渔业管理以及海岸休闲娱乐管理等多方面的工作。《英国海洋法》是设立英国海洋管理组织和开展海洋综合管理工作的主要法律依据。

《英国海洋法》由 11 部分组成：①海洋管理组织；②专属经济区、其他海洋区域与威尔士渔业区域；③海洋规划；④海洋许可证；⑤海洋自然保护；⑥近海渔业管理；⑦其他海洋渔业事务与管理；⑧海洋执法；⑨海岸休闲与娱乐；⑩其他；⑪补充条款。

(一)海洋管理组织

《英国海洋法》第一部分就英国海洋管理组织的设置、性质与职能等做了明确规定。依据该法，英国政府成立全面负责海洋管理工作的英国海洋管理组织，以实现可持续发展等海洋领域的诸多目标。该组织将采用综合、统一和连贯的管理方法，减少管理层次，提高管理效率，促进信息资源共享，实现科学化、规模化与现代化的海洋管理。

《英国海洋法》规定了英国海洋管理组织的主要职能，阐述了其性质与归属，指出英国海洋管理组织是肩负管理职能的公立机构，受主管海洋事务的大臣领导，通过大臣向英国议会报告工作。

(二)与海洋管理工作有关的规定

《英国海洋法》涉及海洋管理的内容主要有：

1. 英国的海洋区域

过去，英国按用途把海洋分为渔业区、海洋污染区、可再生能源区、二氧化碳储存区等。《英国海洋法》颁布后，按照 1982 年《联合国海洋法公约》规定，将英国海域划分为领海、毗连区、专属经济区和大陆架，改变了英国长期以来与国际不接轨的海洋区域划分方法。《英国海洋法》第二部分宣布设立英国专属经济区，并指出，英国专属经济区的设立，可以使英国根据《联合国海洋法公约》提出自己的权利主张并承担相关义务。《英国海洋法》还规定了威尔士海洋渔业区域划分方法。英国专属经济区界限的确定有待于与周边国家的谈判。

2. 海洋规划

为了扭转英国分散海洋管理的局面，《英国海洋法》为英国建立了战略性的海洋规划体系。该体系的第一阶段工作是编制海洋政策，确立海洋综合管理方法，确定海洋保护与利用的短期与长期目标；第二阶段将制订一系列海洋规划与计划，以帮助各涉海领域落实海洋政策。

《英国海洋法》规定，英国政府负责规划的海域范围为 200 海里内的海域和 200 海里以外大陆架区域，但不包括苏格兰、威尔士和北爱尔兰的近海区域，这些近海区域归三个地区行政机构管理。英国中央政府管辖海域的规划职能由英国海洋管理组织承担，因此英国海洋管理组织也被称为"海洋规划与计划主管部门"。

3. 海洋许可证审批与发放

海洋许可证审批与发放的目的在于促进经济、社会与环境的协调发展，以实现海洋可持续发展目标。

《英国海洋法》对原有的海洋许可证审批发放法规进行了整合与简化，建立了新的海洋许可证制度。经过修改后的许可证制度将更合理，审批更为系统与统一。

4. 海洋自然保护

《英国海洋法》为保护海洋野生动植物增加了一些新的条款，以便提高英国的海洋自然保护水平。具体目标为：扭转英国海洋生物多样性的下降趋势，促进海洋生物多样性的恢复；提高海洋生态系统的运行功能和对环境变化的应变能力；在决策过程中更多地考虑海洋自然保护问题；更好地履行英国在欧盟和国际上做出的海洋自然保护承诺。

5. 近海渔业管理

渔业与海洋环境管理是《英国海洋法》的重点领域之一。该法提出了更有效的管理与保护措施，以实现海洋环境与生态系统的有效管理和促进近海渔业的可持续发展，提高生产效益与管理效率。为了提高近海渔业管理的现代化水平，英格兰将成立近海渔业保护与管理局，以替代原来的海洋渔业委员会。

6. 其他海洋渔业事务与淡水渔业管理

这一部分由四方面内容组成：①洄游性鱼类与淡水鱼类；②贝类；③娱乐性垂钓和对 1967 年《海洋渔业法》的修改；④对过时和重复的渔业法规的处理。

《英国海洋法》规定了对商业性捕捞许可证的收费标准，但同时提出，收费时应考虑英国捕捞业的国际竞争力和不同捕捞业之间的公平性问题。

7. 海洋执法

《英国海洋法》指出，为了公正和认真落实涉海法规，必须大力加强海洋执法工作。为了建立合理而强有力的海洋执法体系，将由新成立的"海洋管理组织"统一负责和协调海洋执法工作。在许可证发放与海洋自然保护的执法方面，按照 2008 年《英国管理执法与惩处法》的规定，引入经济惩处措施。在海洋渔业执法方面，将仿照欧盟的办法，针对英国国内的渔业违法行为，引入行政惩罚制度。

在执法区域和分工方面，《英国海洋法》规定，英格兰的海洋渔业与自然保护执法范围为近海海域和河口区域，主要负责部门是英国海洋管理组织，环境保护部门和近海渔业保护机构也承担相关任务。环境部门主要负责淡水渔业和迁移性鱼类的管理执法，近海渔业管理部门主要负责地方渔业管理执法和在捕捞活动对海洋环境产生不利影响时的执法，如果涉及国家渔业管理问题，执法牵头部门仍为英国海洋管理组织。威尔士有关涉海部门和环境部门负责的执法区域也是近海和河口。《英国海洋法》对其他海域的执法工作也做了相关规定。

8. 进入海岸区、利用海岸和在海岸休闲娱乐

英国研究报告称，在英国，不允许人们靠近或因道路问题而无法靠近的海岸区约占 30%。英国人有到海边活动和娱乐休闲的传统习惯，《英国海洋法》第九部分专门就海岸地区的开放与利用问题做了明确规定，其中包括海岸附近道路的建设与管理问题。

二、2011 年《英国海洋政策》

2011 年，英国政府、北爱尔兰行政当局、苏格兰政府和威尔士议会政府发布《英国海洋政策》，共分四部分：第一部分论述海洋规划；第二部分介绍英国的海洋愿景、规划与决策；第三部分涉及海洋保护区、国防安全、能源开发、港口与航运、海洋挖掘与疏浚、海底电缆、渔业、水产养殖、废水处理与倾倒、海洋旅游与娱乐等；第四部分为结束语。该海洋政策是英国海洋管理组织履行职能和开展海洋管理工作的主要政策依据，主要内容包括：

(一)海洋规划

1. 目的

英国开展海洋规划工作的目的，是使各种海洋活动按计划、有序地进行，加强政策的协调与统一，强化对海洋及其资源的管理和对各类海上活动以及这些活动之间的相互作用的管理，使管理工作更具有前瞻性，更主动和进一步发挥海洋空间规划的作用。

2. 主管官员和负责机构

根据 2009 年《英国海洋法》，海洋规划管理部门有责任确保为英国海洋政策涵盖的海洋规划区内所有海域制订相应的海洋计划。负责制订海洋计划的官员和管理部门，英格兰是负责英格兰近岸和海洋事务的大臣，苏格兰是负责苏格兰海洋事务的有关各部部长，威尔士是负责威尔士近岸和海洋事务的各部部长，北爱尔兰是负责北爱尔兰海洋事务的北爱尔兰环境部。

3. 跨边界规划

英格兰、苏格兰、威尔士和北爱尔兰政府有责任协调跨边界范围的海洋规划工作，协调内容包括：跨管辖地域或跨海洋计划涵盖区域的涉海活动的规划；计划管理部门之间的资料共享；各地区制订海洋计划的时间等。

根据《英国海洋监测与评价战略》制订的海洋监测计划搜集的海洋资料及其关于英国海洋状况的报告，是推进跨边界规划工作的重要依据。

除加强英国各组成部分之间的协调与合作外，还应加强与那些同英国有着共同海洋边界的国家的协调。

4. 与陆地规划制度的衔接

英国新的海洋规划体系将与英国现有的规划制度相辅相成，这些现有的制度包括每个大地区的城市和乡村规划法规和其他规划法、指南和发展计划。

2009 年《英国海洋法》和 2010 年《苏格兰海洋法》，要求海洋规划管理部门将自己打算制订海洋规划的意图，通知拟纳入规划的海域范围内或附近的地方规划部门。由于海洋规划的边界一般扩展到平均大潮的高潮线，而陆地规划的边界一般延伸到平均大潮的低潮线，因此两者会产生重叠。由于这种重叠，海洋规划和陆地规划都会分别注意海洋和陆地的整个环境问题，不应人为地局限在海岸边界。海洋规划与现有规划之间也存在重叠现象，这种重叠有助于有关部门协同工作，有助于促进这些规划之间的和谐统一。

无论是在陆地还是在海洋进行的活动，都会给陆地和海洋环境造成影响。海岸和河口是具有重要价值的地区，也是重要的社会和经济财富地区。英国政府决心根据海岸带综合管理原则，用综合和全方位方法对海岸带地区以及在这一区域进行的各类活动进行管理。

5. 通过海洋规划促进海洋愿景的实现

英国的海洋规划和计划将明确规定如何合理管理海洋资源，进而促进海洋政策的落实和海洋计划确定的产出效果和目标的实现。通过海洋规划和计划，使各种不同和相互冲突的涉海活动能够得到有效管理，促进各种用海部门和谐用海，减少用海冲突，共同为实现可持续发展目标服务。

6. 海洋规划的原则与方法

在制订海洋规划和计划时，应：

(1)符合英国和欧盟法规，并与根据国际法做出的承诺相一致；

(2)为实现英国各地区确定的涉海政策目标服务，进而为国家的总体目标和促进可持续发展服务；

(3)兼顾其他项目、计划、规划、国家政策和指导方针；

(4)采用生态系统方法；

(5)简便、合理和高效，例如，有效地利用现有资料，尽可能发挥现有管理体系的作用；

(6)当决策和规划依据不完备和无法满足需求时，应根据英国各大地区制订的可持续发展政策，考虑所有可能出现的风险，坚持谨慎和预防原则；

(7)海洋规划和计划应有前瞻性，特别是要开展经常性的跟踪和审议，以确保计划的灵活性，应提前考虑到今后可能出现的新需求和新情况，包括出

现的新证据和发展的新技术;

(8)重视与有关部门的合作与协调。制订和实施海洋规划与计划时,管理部门应与其他有关的规划和管理机构加强协调配合,让它们直接或间接参与海洋规划工作,这些机构包括国家机构和海洋计划涉及地区的相关机构,还应利用陆地规划部门的工作成果,特别是这些部门在海岸带综合管理方面的工作成果。

(二)高层决策

英国海洋政策要求,进行任何涉海决策时,必须以相关的涉海政策文件为依据,权衡各种方案的利弊,考虑到各项方案产生的影响。决策时应遵循以下原则:

(1)以详细的信息和所在地区行政管理机构的海洋政策文件为依据。

(2)符合英国和欧盟法律,与根据国际法做出的承诺相一致。

(3)考虑到所在地区行政管理机构所确定的涉海政策目标。

(4)考虑到其他相关项目、规划、计划和国家政策、指南。

(5)决策前应与陆地规划部门和其他管理机构沟通,并征求法定咨询机构和其他咨询机构的意见。

(6)尽可能地简便、合理、有效利用现有资料。

(7)考虑到各种风险,以减少不确定性。按照国家确定的目标提出的要求,负责任地使用科学知识。

(8)高度重视对具有特殊意义的场所产生的潜在影响,包括:根据环境法律划设的保护区或文化遗址和具有特殊社会或经济价值的场所。

(9)考虑到具体实施政策时对气候变化应对工作的潜在影响,确保兼顾适宜的适应和减灾措施。

(10)合理设计(包括有效地利用技术成果与创新),以确保效益。

(11)避免和消除涉海活动在各个不同阶段所产生的负面影响,提出的条件应不违背法律义务,提出的项目建议产生的潜在影响应控制在合理范围之内。如果可以采用其他备选场所或设计方案来减少负面影响,应予以积极考虑。

(三)海洋保护区

英国政府承诺到2012年完成具有生态意义的海洋保护区网络建设,并将此任务作为英国自然保护总体工作的有机组成部分。该网络既有国家保护区（特别是海洋养护区）、根据苏格兰涉海法规建立的海洋保护区和具有特殊科学意义的区域，也有欧盟指定的特别养护区和特别保护区（根据欧盟《野生鸟类保护令》建立的保护区），还有具有国际意义的区域（如"拉姆萨"保护区）。

（四）国防与国家安全

根据 1892 年和 1900 年《军事土地法》和 1958 年《土地权利国防法》，英国国防部有权制定相关法规，对海域进行管理和对海洋的临时或长期使用活动加以限制。

海上活动不应妨碍国防和国家安全利益，因此，在决定进行海洋开发利用活动之前，应同国防部磋商。国防部参与海洋规划制订工作，努力确保海上活动的人员财产安全、国防安全，提高海洋适应外来影响的能力与恢复能力，有利于促进海洋资源的有效利用及和谐用海。有关各方与国防部保持密切磋商，可以减少对国家安全和国防事业的不利影响。

在维护英国本土和海外领地安全的过程中，英国国防部为涉海部门提供测量和调查资料，担负巡航、监视与执法任务。

各类国防活动，都会对海洋环境带来不利影响，英国国防部重视保护自然和具有历史价值的环境，遵守各项环境法规。如果为了保持国防能力必须开展相关活动，国防部将尽可能地采取管理措施和其他应对措施，以减少对环境产生的不利影响。

管理部门制订海洋政策和规划时，应考虑到国防事业为国家创造的社会与经济效益，特别是就业方面的效益。在某些地区，国防部是提供就业机会的主要部门。

国防和国家安全活动，既可带来许多环境效益，也伴随着许多环境风险。这些风险包括靶场和试验场造成的影响，海底受到的影响以及海上军事活动产生的噪音和扰动等影响。国防部一向重视建设所需体系，以便对军事活动带来的风险加以合理管理。

（五）能源生产与能源基础设施建设

在英国能源供应与配送方面，海洋发挥着越来越重要的作用。在保护环境的同时实现英国的能源目标，是英国海洋规划工作的优先任务之一。

确保英国低碳能源供应的可靠性和将能源价格保持在适当水平，是英国面临的重要任务。2008年《英国气候变化法》规定，到2050年，英国温室气体排放量要在1990年的排放水平上降低至少80%。欧盟提出的目标是到2020年，消耗的能源中15%必须来自可再生能源。为了实现上述目标，必须让很大一部分可再生能源来自于海洋。到2020年，英国可再生能源电力相当一部分将来自于海洋风能。从中、长期看，波浪能和潮汐能也将具有相当大的潜力。英国某些近岸区域，是核电站和其他电站的理想位置，也将在英国向低碳能源供应的转轨过程中发挥重要作用。

（六）港口与航运

港口和航运是英国经济的重要组成部分，是英国进出口的重要渠道。按体积计算，英国95%的国际贸易依靠港口。港口还在英国国内货物近海运输以及与北爱尔兰来往中发挥着重要作用，还为旅客提供国际服务。英国的港口，是岛屿居民的重要基础设施，起到了为偏远和脆弱地区服务的作用。

港口还支撑着可再生能源等新兴产业的发展，通过增加海运来减少公路运输，也起到了减少气候变化影响的作用。

港口和码头的运营，需要建造、维护和发展航道、泊位和船坞。这就需要疏浚和倾倒疏浚后的海洋沉积物。为了避免疏浚作业和倾倒疏浚物质引起的污染，就必须采取预防、减少和消除污染的措施。

（七）海砂

英国海砂资源十分丰富。海砂可以满足国家建设事业对砂石材料的大部分需求。用于应对气候变化的沿海防护工程的维护所需的砂，也只能依靠海洋。海砂还在维护能源安全和发展经济方面发挥着重要作用，例如，港口建设、可再生能源项目和核能项目，都需要用海砂。开采海砂，应符合可持续发展原则，应认识到海砂资源有限，开采应遵循有关指南和法规。

（八）海洋疏浚与疏浚物倾倒

海上疏浚和倾倒活动，大部分是为了航行目的和扩大现有港口或建设新港口。自1998年以来，英国政府严格履行国际义务，严格限制疏浚和倾倒作业。

（九）通信电缆

海底电缆对英国具有重要的社会和经济意义。电讯和电力电缆是英国和全球经济的重要基础设施，制订海洋计划和统筹研究跨边界海洋计划时，应重视海底电缆问题。其中应注意的是电缆的维护和使用问题、对英国经济的运行与繁荣问题和对全球电讯事业（如互联网）产生的影响等，还应考虑使用海底的其他部门给电缆所有者维修受损电缆工作产生的不利影响。

（十）渔业

鱼类是重要的蛋白质来源，为人类提供健康的食物，在维护食品供应安全方面也有重要意义。目前，欧盟正在对《共同渔业政策》进行审议，准备修订《共同渔业政策》。英国政府的立场是，修订后的《共同渔业政策》应该在确保海洋渔业资源创造最大财富和长远发展的前提下，维护生态的可持续性。

从中期看，英国将不断推进旨在改善渔业资源状况的更符合可持续发展原则的渔业管理，避免大幅度削减捕捞配额，使渔业产业获得更好的利润和使海洋环境更加健康，这将有助于维护渔业产业的稳定。

（十一）水产养殖

英国政府的目标之一是确保食品供应安全，水产养殖可为这一目标的实现作出重要贡献。英国各级政府支持和鼓励发展管理良好和采取保护措施的高效、具有竞争力和可持续的水产养殖业。

《欧盟关于水产养殖中的外来物种管理条令》（2007年第708号令）要求各成员国建立相关机制，在批准引入外来物种之前，对水产养殖引入的外来物种造成的风险进行认真评估。在考虑发展水产养殖活动和保护本土物种时，认真落实这一管理规定，并将它们贯穿到海洋规划的全过程。

（十二）地表水管理和废水处理与处置

制订和实施有效的政策并建立相关管理制度，确保采用现代方法高质量地管理地表水和处理废水，从而保护人们的健康，提高社会福祉和更好地保护环境，进而促进可持续发展，是英国政府追求的目标。合理收集和处理来自住宅和工业的废水，让雨水和径流有效地排入海洋，提高管理水平和改进下水道系统设计，从而减少来自城市和农业的扩散性污染，是落实上述目标的重要措施。其中重要目标之一是根据欧盟法规要求，建设和维护好废水处理和处置基础设施。污水基础设施和下水道系统建设，对于经济和社会发展具有重要意义，也有助于降低城镇地区发生洪涝风险。

土地利用规划应与海洋规划相衔接，例如，应为污水处理设施的未来发展留出足够空间。制订海洋计划或审批新的海洋活动申请时，海洋计划管理部门应权衡新的用海活动带来的效益和最终代价。

(十三)旅游与娱乐

英国政府为旅游业确定的目标是，在承认旅游业在推动国家经济发展中的作用的同时，采取措施提高旅游产业的竞争力，鼓励在不破坏环境的情况下发展旅游业。旅游业是英国三大经济增长点之一，因此，制订海洋计划时，应重视与旅游业相关的经济、社会和环境因素。

海洋可以为旅游和休闲娱乐创造多种机遇。这些机遇随地区的不同而异，但一般包括休闲划艇活动、帆船运动、休闲潜水(包括船舶等遗址和残骸区潜水)、海上垂钓、独木舟划艇和冲浪以及探索水下和近海遗址等。

三、《女王陛下政府与英国海洋管理组织框架文件》

2010 年 3 月颁布的《女王陛下政府与英国海洋管理组织框架文件》，是英国海洋管理组织开展管理工作的重要依据之一。该文件共分 11 部分：①引言；②地位与法律框架；③战略背景与方向；④与国务大臣、有关各部长和上级部门的关系；⑤与其他政府部门和机构的关系；⑥公众意见与投诉；⑦财务、审计、监督与报告机制；⑧一旦英国海洋管理组织不存在时的财务安排；⑨招聘、工资与人事管理；⑩资产；⑪改变本框架文件的安排。该框架文件还有 7 个附件，分别是：①相关上级部门提出的与英国海洋管理组织有关的战略目标；②成立的法律依据；③英国海洋管理组织的任务与职能表；④倡导成立英国海洋管理组织的机构的职能与权限；⑤跨政府部门倡导机构的作用；⑥授权清单：经费开支；损耗；注销；特殊支付和意外收入；⑦需要遵守的政府部门指南清单。

第三节 海洋执法体制

2010 年 4 月英国海洋管理组织成立之前，英国海洋执法工作采用的是分散模式，海上执法体系十分复杂，众多部门参与海上执法工作，职能分散，而且各部门均无法拥有全面的海上执法权和具备海上执法所需的整套装备与能力，导致执法工作效率低下。2010年4月，根据《英国海洋法》成立英国海洋管理组织后，英国的海洋执法工作转为相对集中和分工负责相结合的模式，英国海洋管理组织主要负责渔业执法和主要海洋管理领域的执法，英国海事与海岸警卫局负责船舶与人员安全和船舶航运污染方面的执法，海关和边防局等其他相关部门分别肩负各自领域的执法任务，海军代表英国海洋管理组织保护英国渔业，为有关部门提供海上执法所需部分装备和人员支撑等。采用新的海洋执法模式后，增强了执法工作的连贯性和协调性，提高了执法透明度和可预测性，执法工作更合理和有效。

一、英国海洋管理组织的海洋执法

（一）海洋执法范围

1. 针对许可证审批与发放的执法

进行许可证审批时，必须向申请者提出明确要求，即他们在组织实施获得批准的海上活动时，应定期向管理部门进行报告，并接受监督检查。海洋管理组织及其下属各级审批部门有权根据不同的海上活动、不同的地点和不同的活动实施单位的具体情况，视情况修改许可证条款。许可证通常都规定了监督检查方面的条款，以确保在许可证有效期内，甚至在有效期过后，还能：①许可证规定的条件得到切实遵守；②对海洋环境造成的影响以及对其他用海活动的影响，均能保持在许可证规定的限度之内。

2. 渔业执法

在近海与河口区域，英国海洋管理组织拥有渔业执法和自然保护执法的双重权利。海洋管理组织的执法人员及海洋管理组织授权的执法人员（如军队执法人员）在渔业与海洋自然保护方面享有统一的执法权力。

3. 自然保护执法

对某些违反野生动物保护法规的行为的执法权不属于海洋管理组织（如用船舶非法运输陆上野生动物）。遇到这类情况时，海洋管理组织执法人员可以开展检查，但应与警察、海关或野生动物管理部门保持密切联系。某些情况下，例如，要拘捕违法人员时，海洋管理组织应请当地警察部门协助。

（二）执法方式

英国海洋管理组织要求，应尽量通过教育、劝告和提供指导等方式让被执法对象遵守国家法规法令，执法力度应恰如其分。英国海洋管理组织规定的执法方式分：

1. 口头劝告

告诉执法对象应如何做或如何改变做法才符合法规要求。

2. 书面劝告

如果有人违反法规，应向执法对象发送劝告信，提醒他们注意遵守法规。如果违规严重，发送劝告信不影响民事赔偿责任。

3. 正式书面警告

如果确实证明违反法规，但又不适于进行正式起诉时，应向执法对象发出正式警告书，告诉违法者触犯了哪些法规和违法时间，并指出，如果今后再出现类似问题，将被起诉。正式书面警告也不影响其他民事赔偿责任。

4. 根据2009年《英国海洋法》发送法定通知书

从2011年4月起，英国海洋管理组织可以针对许可证问题发出法定通知书，包括：停止许可证通知、紧急安全通知、修复或治理通知、变更通知、废止通知和暂时终止通知等。

5. 经济处罚

英国海洋管理组织有权实施经济处罚，最高处罚限额1万英镑，经济处罚是针对某些违法行为采取的除追究刑事责任外的另一处罚措施。如果违法者不在要求的时间范围内（28天）缴纳罚款，英国海洋管理组织可以向法庭起诉。

6. 英国海洋管理组织的其他执法权力

其他执法权力包括以下几方面：

（1）扣押没收违法物品和鱼类，例如，使用在渔网上拖带的不符合法规要求的装置或捕获不符合规定尺寸的鱼类。

（2）强制落实许可证规定的作业条件。

（3）要求对破坏的资源和环境进行修复或恢复，并要求破坏方承担恢复费用。

（4）撤销许可证。

7. 起诉

英国海洋管理组织可以根据《高级检察官法典》对违法行为提出起诉，按照民事罪犯法规规定的犯罪类型，指控违法行为。

刑事起诉这一执法方式虽然不经常使用，但它是促进法规落实的重要手段，目的是对违法行为进行定罪，让违法者受到法律惩处，教育违法者和其他有可能违法的人员，避免今后发生类似违法行为。

8. 制裁非法、未报告和无管制的捕捞活动

适用于非法捕捞问题的英国法规是 2009 年的《海洋捕捞令》。英国海洋管理组织与欧盟委员会、其他欧盟成员国和第三国一道，共同处理非法、未报告和无管制的捕捞活动，包括将违法船只列入非法捕捞船舶黑名单。

（三）执法区域划分

英国海洋管理组织的执法区域与其分支机构的区域划分相同，共分 5 个区域，即英格兰北部区域、英格兰东部区域、英格兰东南部区域、英格兰西南部区域和威尔士区域。在渔业执法方面，英国共设 7 个渔业区和 15 个办事处。

二、英国海事与海岸警卫局的海上执法

英国海事与海岸警卫局成立于 1998 年 4 月 1 日，隶属于英国运输部。主要职能是：组织海上搜索与救护；检查船舶标准和开展相关执法；船舶与海员注册登记；航运污染预防与治理。该局负责落实有关国际公约与法规，主要包括：1974 年《海上人命安全公约》、1972 年《国际海上避碰规则公约》、1978 年《海员培训、发证和值班标准国际公约》、1979 年《国际海上搜寻和救助公约》、1973 年《国际防止船舶污染公约》和 1978 年议定书。

英国海事与海岸警卫局在编 1 200 人，局本部设在南安普顿，在英国许多地方设有海事搜救协调中心和海事办公室。

三、英国皇家海岸警卫队

英国皇家海岸警卫队是运输部海事与海岸警卫局的下设部门，任务是负责海上搜索与救护。

四、英国皇家海军

英国皇家海军的主要任务是维护英国本土和海外领地的海上国防安全，同时为政府有关部门提供执法支撑，例如，代表英国海洋管理组织保护英国渔业活动和促进依法用海，代表有关各部门（英国海洋管理组织、英国海事与海岸警卫局、国防部、英国边防局、有关执法与安全机构和英国外交部等）管理英国海洋信息中心，为海上执法提供所需信息，为英国海洋执法与搜救活动提供所需装备等。

五、英国自然保护组织

英国联合自然保护委员会是英国负责自然保护（包括海洋自然保护）的法定公立机构，由威尔士乡村委员会、北爱尔兰自然保护与乡村委员会、英格兰自然保护委员会和苏格兰自然遗产委员会组成。由于该组织最初是根据1990年《英国环境保护法》成立的，后来又根据2006年《自然环境与乡村社区法》进行了重组，早于2010年4月成立的英国海洋管理组织，因此，原来该组织担负的在选划和建设海洋自然保护区方面的管理与执法职能维持不变。目前，该组织在海洋自然保护方面的管理与执法职能主要涉及海洋保护区的选址、建设与监视，并针对海洋产业涉海活动对海洋自然资源的影响问题为政府和海洋产业提供咨询意见。在海洋自然保护方面原来存在空缺的领域，管理与执法工作由英国海洋管理组织负责。

第四节　苏格兰、北爱尔兰和威尔士的海洋管理

由于英国政治与行政体制的特殊性，从1999年起，英国议会将许多权力下放到苏格兰、威尔士和北爱尔兰地方政府，其中包括海洋管理方面的部分权力。英国各组成部分尽管在海洋事务的总体目标方面是一致的，但在海洋管理政策与战略、管理机制和具体管理方法上，又存在着区别。例如，2006年，北爱尔兰颁布了《北爱尔兰海岸带综合管理战略》；威尔士于2007年颁布了《威尔士海洋与海岸带综合管理战略》（*Making the Most of Wales' Coast*），此后还出台了《威尔士海域使用规划》等；苏格兰于2009年成立了苏格兰海洋

署，2010 年出台了《苏格兰海洋法》（*Scotland Marine Act* 2010）。2009 年英国出台的《海洋保护与利用法》（即《英国海洋法》），尽管其总体指导原则和海洋规划方面的条款均适用于英格兰、威尔士、苏格兰和北爱尔兰，但很多具体条款仅适用于英格兰和威尔士。

一、苏格兰

苏格兰是大不列颠及北爱尔兰联合王国（简称英国）下属的地区之一，位于大不列颠岛北部，英格兰之北，面积 78 782 平方公里，人口 526 万（2012年）。虽然在外交、军事、金融和宏观经济政策等事务上，苏格兰受英国议会管辖，但在内部的立法和行政管理上，拥有很大的自治空间，是英国国内规模仅次于英格兰的地区。2012 年 10 月 15 日，英国首相签署了苏格兰独立公投协议。根据协议，苏格兰将在 2014 年秋季就其是否脱离英国独立举行公投。苏格兰政府负责苏格兰境内教育、国民健康服务、司法、乡郊、环境、运输和海洋与渔业等事务，其余事务（保留权力）仍属于英国议会。苏格兰政府由首席大臣领导。苏格兰首席大臣向苏格兰议会提名众内阁大臣及次官，其中负责海洋事务的是乡村事务与环境内阁大臣。

苏格兰海域面积占英国海域面积的 61%，渔业和水产养殖产值超过 10 亿英镑，海洋产业为 5 万人提供了就业岗位，海洋潮汐和海洋风能资源丰富，潮汐和海洋风能发电量占欧洲潮汐与海洋风力发电总量的 25%，波浪发电占欧洲波能发电总量的 10%。为了推进苏格兰的海洋管理，2009 年，苏格兰成立了苏格兰海洋署，2010 年出台了《苏格兰海洋法》。

（一）苏格兰海洋署

1. 发展沿革

苏格兰海洋署成立于 2009 年 4 月 1 日，是苏格兰政府的组成部分，由原苏格兰渔业研究局、苏格兰渔业保护局和苏格兰政府海洋局合并而成，负责苏格兰海域的科学研究、规划、政策制定、管理、监督与执法。除海洋外，苏格兰海洋署还负责淡水渔业管理与研究。

2. 宗旨与主要职能

宗旨：综合管理苏格兰海域，促进苏格兰的繁荣和可持续发展。

主要职能有以下几方面：

（1）通过海洋规划、实施许可证制度和其他措施，确保海洋环境保持良好状态，保持海洋的健康和实现可持续发展。

（2）促进海洋可再生能源产业和其他海洋产业的发展。

（3）加强对苏格兰渔业和水产养殖业的合理管理，促进渔业与水产养殖业的可持续发展并提高其利润。

（4）可持续地管理淡水鱼类和渔业资源。

（5）为制定和实施科学的海洋政策、开展海洋规划和公益服务提供信息和依据。

（6）确保有效地执行有关法律法规，有效开展执法。

（7）有效地整合职能和人、财、物资源，建设人才队伍，提高人才素质与技能，为有效开展海洋管理与执法提供保障。

3. 人员配置、经费与装备

苏格兰海洋署目前在编人员约700人，大部分工作在苏格兰首府爱丁堡和位于阿伯丁的海洋研究所，其他人员工作在位于皮特洛赫里的淡水渔业研究所、苏格兰海洋署驻各地办事处和海洋调查船上。

2010至2011财政年度，苏格兰海洋署的预算为7 900万英镑，另外还有600万英镑用于建造阿伯丁水族馆。

苏格兰海洋署有3艘远洋海洋保护船（"Minna"号718吨，2003年下水；"Jura"号2181吨，2005年下水；"Hirta"号2181吨，2008年下水），3艘海洋研究船（"Scotia"号、"Alba na Mara"号、"Temora"号），其中1艘（"Temora"号）主要从事为长期气候变化监测计划服务的取样工作；2架巡航监视飞机（型号为F-406）和用于监视船只活动情况的船载卫星监视系统。

4. 内设机构

苏格兰海洋署内设以下5个司：

（1）海洋执法司：其前身是苏格兰渔业保护局，负责海域执法，主要是渔业执法，向苏格兰检察部门报告苏格兰海域的船只和其他海上活动者的违法情况以及提供渔业方面的情报。

（2）海洋科技司：组织海洋科学研究，为苏格兰政府提供海洋科技咨询与信息，并向英国政府和欧盟提供海洋科技咨询与信息。主要领域是苏格兰海域海洋渔业科研，包括水产养殖和渔业健康、海洋和淡水渔业研究，以及海洋生态系统研究。

（3）海洋规划与政策司：负责拟定苏格兰国家海洋规划与计划、划设苏格兰海洋区、拟定海洋可再生能源行业规划以及根据英国和欧盟要求制定其他政策、规划和计划；负责实施欧盟《海洋战略框架指令》，组织苏格兰海洋论坛。

（4）海洋渔业司。

（5）行政综合管理、人事、水产养殖与休闲渔业司。

（二）管理与执法的法律依据

1. 2011 年《英国海洋政策》

2011 年，英国政府、北爱尔兰行政当局、苏格兰政府和威尔士议会政府发布了《英国海洋政策》，该海洋政策是苏格兰开展海洋管理工作的主要政策依据。

2. 2010 年《苏格兰海洋法》

2010 年 3 月 10 日，苏格兰政府出台的《苏格兰海洋法》，为苏格兰海洋署开展海洋综合管理与执法提供了可靠的法律依据。该法旨在协调和平衡苏格兰各方相互矛盾和相互冲突的海洋利用活动，以保护海洋环境与资源，促进苏格兰经济的发展和海洋的可持续发展。

《苏格兰海洋法》提出的主要措施有：

（1）海域规划：建立新的海洋规划体系，对不断增加的用海需求进行综合管理，合理调节各种相互冲突的用海活动；

（2）海洋许可证制度：实行合理和简便的许可证制度，最大限度地减少海洋开发利用许可证的数量，在许可证审批过程中减少官僚主义，鼓励经济投资；

（3）海洋保护与养护：更好地保护海洋自然环境与历史，保护重要的海洋野生动植物栖息区、生境和历史遗址，有效保护海豹。通过实施新的全面的许可证制度，提高管理水平与效率；

（4）执法：通过执法来强化海洋管理与保护，更好地落实许可证制度。

3.《英国海洋法》

2009 年颁布的《英国海洋法》大部分条款适用于苏格兰，因此该法也是苏格兰海洋与海岸带综合管理的重要法律依据。

二、北爱尔兰

北爱尔兰首都贝尔法斯特，西部、南部与爱尔兰接界，北濒大西洋，东南临爱尔兰海。面积1.4万平方公里，人口181万(2011年)，海岸线650公里。北爱尔兰政府管理的海域为北爱尔兰12海里内领海海域。

(一)管理部门

北爱尔兰负责海洋综合管理的部门是北爱尔兰环境部，该部下设三个局：环境与海洋局、规划与地方政府局、道路安全与机构服务局。海洋事务主要归环境与海洋局管理。

北爱尔兰环境部环境与海洋局的职能是：

(1)提高公众的环境意识，包括陆地环境意识和海洋环境意识，并促进公众采取保护陆地与海洋环境的行动；

(2)加强对人类活动的管理，最大限度地减少人类活动对陆地和海洋的不利影响；

(3)与所有相关部门和人士一道，努力保护陆地和海洋环境；

(4)为其他各界提供保护环境所需要的财政支持；

(5)提高管理水平，让环境更好地为公众服务；

(6)为北爱尔兰政府提供环境方面的咨询建议。

环境与海洋局海洋司成立于2012年10月。成立的背景：①2009年英国颁布《英国海洋法》，该法改变和强化了海洋许可证制度，建立了海洋规划和保护区建设与管理框架；②《欧盟海洋战略框架指令》要求从根本上改变海洋环境管理模式；③《北爱尔兰海洋法》规定了制订海洋规划和建设海洋保护区网络的权力；④英国皇家地产委员会于2011年11月发出了在北爱尔兰海域开发海洋可再生能源的招标书。

环境与海洋局海洋司的主要职能：负责制订和实施北爱尔兰管辖海域保护与可持续利用战略与政策；组织开展北爱尔兰海洋综合管理；组织制订和实施北爱尔兰海洋规划与计划；实施北爱尔兰海洋许可证制度；落实国际、区域、欧盟和英国的相关政策和法规。

环境与海洋局海洋司下设6个处：①海洋保护与报告处；②海洋战略与

许可证处；③海洋监测与评价处；④海洋政策处；⑤海洋计划处；⑥海洋产业支持处。

(二)协调机制和磋商机制

1. 海岸带综合管理战略协调机制

该协调机制由北爱尔兰政府涉海部门、立法与管理机构和产业界共同组成，负责协调和整合《北爱尔兰海岸带综合管理战略》实施工作。该协调机制由北爱尔兰政府高级官员任主席。

2. 磋商机制——海岸带与海洋论坛

目的在于为政府、利益相关者、公众和科研与教育等各界人士推进海洋工作提供磋商与交流平台。该论坛负责督促检查北爱尔兰海岸带管理战略的实施进展。

(三)有关的战略与政策

1.《英国海洋政策》

2011 年，英国政府、北爱尔兰行政当局、苏格兰政府和威尔士议会政府发布《英国海洋政策》，该海洋政策是北爱尔兰开展海洋管理工作的主要政策依据。

2.《北爱尔兰海洋带管理战略》(2006—2026 年)

该战略于 2006 年制定，共分 6 部分：①北爱尔兰海岸带可持续发展管理的愿景；②海岸带综合管理的原则；③涉及海岸带事务的主要机构与政策；④需要关注的主要问题；⑤海岸带综合管理的目标；⑥实施与审议程序。

该战略第四部分提出的主要关注问题有：①海洋空间规划；②商业渔业；③气候变化与海岸侵蚀；④水质；⑤旅游与娱乐；⑥可再生能源；⑦港口与海运；⑧挖掘产业；⑨自然与人为建设的遗产；⑩资料、信息与测绘。

该战略第五部分提出的北爱尔兰海洋战略愿景：

(1)用基于生态系的方法，对海洋资源进行可持续管理，使北爱尔兰全体公民焕发活力、充满生机和信息灵通，促进海洋的可持续发展，进而促进北爱尔兰经济的发展；

(2)进行海洋和海岸带开发与保护决策时，及时掌握准确的科学知识，坚持谨慎与预防原则，鼓励有关各方积极参与决策，促进科学决策和负责任的决策；

（3）通过正确立法、合理管理和公众、政府与产业的积极参与，有效地保护、维护和恢复海洋环境及其资源。

该战略确定的总体目标：

（1）建设可持续的海岸带社区；

（2）保护和改善海洋环境；

（3）发展海岸带地区经济；

（4）整合海洋规划与涉海工作。

3.《北爱尔兰海洋法》

北爱尔兰目前已颁布《海洋法》草案，经北爱尔兰议会审批通过后生效。该法共分5部分：①北爱尔兰的海域；②海域规划；③海洋保护；④海洋许可证制度；⑤补充条款。

4.《英国海洋法》

2009年颁布的《英国海洋法》大部分条款适用于北爱尔兰，因此该法是北爱尔兰海洋与海岸带综合管理的重要法律依据之一。

三、威尔士

威尔士，位于大不列颠岛西南部，东靠英格兰，西临圣乔治海峡，南面布里斯托尔海峡，北靠爱尔兰海。威尔士的全称为威尔士亲王国，面积2.1万平方公里，人口306万（2011年）。

威尔士海岸线长约1 600公里，60%的人口居住在海岸带地区，海岸带地区对威尔士GDP的贡献约为25亿英镑（2012年），海洋和沿海地区创造的就业岗位近10万个。

（一）海洋事务管理部门

1. 威尔士政府

根据英国政府的授权，威尔士政府在海洋方面拥有下述职能：①威尔士渔船许可证发放和渔业捕捞配额管理；②海上倾废许可证管理；③水质管理；④防洪和海岸保护政策制定与实施；⑤海洋自然保护区的划设；⑥砂石疏浚挖掘审批；⑦制订海洋规划政策与实施海洋规划。

威尔士政府中肩负海洋管理职能的部门主要有负责环境与乡村事务、可持续发展事务的部门。

2. 威尔士乡村委员会

在特别保护区建设方面，根据欧盟和国际的相关规定，为执法提出保护区选址和划设咨询建议，并代表威尔士议会政府，研究各种促进公众接近和使用海岸的方案。

3. 国家信托基金

该基金拥有 230 公里的海岸，代表国家管理这些海岸。

4. 地方政府

各地政府对当地的海岸带地区拥有适当的管理权，包括规划与开发控制；旅游和休闲；环境的保护；废物管理；海岸保护与防洪管理。地方政府的管理范围一般为低潮线向陆一侧的区域。

5. 渔业委员会

管理和保护近岸渔业。

6. 港务部门

港口设施管理与保护。

(二)威尔士海洋与海岸带综合管理的目标

威尔士海洋与海岸带综合管理的目标是：

(1)将海洋和海岸带综合管理作为可持续发展事业的重要组成部分，并为实现海洋和海岸带综合管理匹配所需资源，鼓励利益相关者积极参与海洋和海岸带的综合管理工作；

(2)确保所有领域和行业将海洋和海岸带综合管理原则同各自的政策有机地结合在一起，确保海洋和海岸带资源的可持续利用；

(3)加强协调，更好地规划与管理威尔士海洋与海岸带，提高涉海决策工作的透明度；

(4)发展海洋与海岸带科学技术，包括经济、社会、环境等方面的科学技术，更好地为决策服务；

(5)提高公众的海洋意识，帮助他们更好地了解海洋和海岸带，使他们积极为海洋与海岸带管理作贡献；

（6）加强与邻近国家和欧盟的合作。

（三）磋商与协调机制——威尔士海岸带与海洋伙伴关系组织

威尔士海岸带与海洋伙伴关系组织成立于 2002 年，是没有管理职能的海洋事务磋商与协调机制，但它在威尔士海洋事务协调方面发挥着重要作用。

该伙伴机制的成员为来自公立机构、私营部门和自愿者队伍的代表，主要职能是协调和整合威尔士与海洋可持续发展有关的各项工作，为政府决策和采取行动提供建议。

（四）有关法规和战略

1. 威尔士《海岸带管理战略》

2007 年 3 月，威尔士颁布《海岸带管理战略》，该战略共分 7 部分：①威尔士海岸带可持续管理战略；②威尔士海岸带综合管理的理论与实践；③威尔士海岸带资源，主要趋势和压力；④管理海洋资源：主要的参与者和计划；⑤信息管理与能力建设；⑥推进威尔士的海岸带综合管理；⑦下一步工作。

2.《英国海洋法》

2009 年颁布的《英国海洋法》大部分条款适用于威尔士，因此该法也是威尔士海洋与海岸带综合管理的重要法律依据之一。

3.《英国海洋政策》

2011 年由英国政府、北爱尔兰等行政当局、苏格兰政府和威尔士议会政府发布的《英国海洋政策》，是威尔士开展海洋管理工作的主要政策依据之一。

第四章 法　国

　　法国地处欧洲西部，与比利时、卢森堡、德国、瑞士、意大利、摩纳哥、安道尔和西班牙等国接壤，与英国隔海相望，总面积约 55 万平方公里，是欧洲面积第三大国，全国人口6 570 万(2012 年)。除本土外，法国在其他洲和太平洋及大西洋拥有 4 个海外省份、4 个海外领地和 2 个地方行政区。

　　法国濒临英吉利海峡、地中海和大西洋，海岸线长 8 245 公里，法国专属经济区约 1 100 万平方公里(其中 96% 在海外属地周围)，居世界第二，仅次于美国。

　　法国 GDP 为 2.613 万亿美元(2012 年)，为世界第六大经济体，是仅次于美国的世界第二大农产品出口国。主要工业有矿业、冶金、汽车制造、造船、机械制造、纺织和化学等。核能、石油化工、海洋开发、航空和宇航等新兴工业近年来发展较快，在工业产值中所占比重不断提高。

　　法国管辖海域辽阔，海岸线较长，滨海地区良港众多，生物资源丰富，在开发海洋资源、发展海洋产业方面具有良好优势。法国海洋研究水平先进，在海运、造船、油气、渔业捕捞等领域实力较强，滨海旅游业在经济中所占比重较大。

第一节　海洋工作基本情况

　　早在 1960 年，法国总统戴高乐就提出了"法兰西向海洋进军"的口号。1967 年，法国成立了国家海洋开发中心。该中心作为具有工业和商业特色的公共研究机构，在国有企业、私人企业和各部之间发挥着桥梁作用，任务是发展海洋科学技术和研究海洋资源开发。1968 年，法国制订了第一个海洋开发计划。

1978 年 3 月 9 日，法国颁布第 78 – 272 号法令，建立"政府海上行动体系"，对巡航、执法、观测和监测工作进行部际间协调，其基础力量是政府指派的海洋事务官和海外领地高级专员，法令同时明确了海上行动的组织机构和各部门职能分工。同年 8 月，法国颁布第 78 – 815 号法令，成立了海洋部和部际间海洋委员会。海洋部作为主管海洋开发的一元化领导机构，下设海洋渔业和水产养殖管理局、海洋油气及其他矿物资源管理局和海洋再生能源管理局。海洋部成立后，首先制订了学科间海洋研究计划，进一步推进了法国海洋科学事业的发展。

1984 年，法国将国家海洋开发中心和海洋渔业科学技术研究所合并，成立了法国海洋开发研究院。法国海洋开发研究院是法国最重要的海洋研究机构之一，受法国工业科研部和当时的海洋部双重领导，主要从事海洋研究与开发，下设环境与海洋整治部、生物资源部、海洋研究部、海洋技术与信息系统部、海洋研究船和水下潜水器部等，在全国设有 5 个海洋学研究中心。

为进一步协调涉海部门的工作，法国于 1995 年 11 月 22 日颁布了第 95 – 1232 号法令，成立海洋国务秘书总局，以取代原有的海洋部。新法令赋予海洋国务秘书总局代表法国政府统一管理和协调海洋工作，直接受法国总理领导。

2006 年，法国政府颁布了由海洋国务秘书总局和法国战略分析研究中心编写的题为《法国的海洋抱负》的海洋政策报告。2009 年 7 月 16 日，时任总统萨科齐在法国港口勒阿弗尔发表了关于法国海洋事业与政策的演讲，提出"法国必须再次走向海洋"，要求拟定法国海洋政策，出台海洋与海岸带国家总体战略。同年 12 月，《法国海洋政策蓝皮书》(简称《蓝皮书》)获得法国部际间海洋委员会通过，由总理颁布。该政策也称为法国海洋战略，为法国推进海洋管理和整个海洋事业建立了全面的政策框架。

第二节　海洋管理体制

法国海洋管理采用高层决策、统一协调与管理和分工负责相结合的模式，高层决策机制是部际间海洋委员会，政府的统一协调与管理部门是海洋国务秘书总局,直接受法国总理领导,代表法国政府统一管理和协调海洋工作,是国家一级的管理机构。

2009年6月,法国对海洋管理体制进行了改革,成立了四个海洋大区,涵盖法国本土的所有海域。这四个大区是:①东部管区(北海);②卢瓦尔河管区(布列塔尼);③大西洋管区;④地中海管区。管区的职能是负责维护海上秩序,确保海上船舶安全,预防污染,建设和管理根据欧盟《NATURA2000令》确定的海洋自然保护区等。各海洋大区设有海洋事务秘书局,大区下属各省、市设立海洋事务管理处。海洋国务秘书总局、海洋事务秘书局和海洋事务管理处三级部门之间为垂直管理关系。

法国除本土设有海洋事务官外,各海外领地设有高级专员,作为法国政府的代表管理海外领地的海洋事务。

表4-1　法国海洋大区海洋事务官/高级专员辖区及所在地情况一览表

序号	辖区	所在地
法国本土海洋大区海洋事务官		
1	大西洋地区	布雷斯特
2	地中海地区	土伦
3	北海地区	瑟堡
4	卢瓦尔河地区	布列塔尼
海外领地高级海洋专员		
5	法属圣皮埃尔和密克隆	圣皮埃尔
6	法属波利尼西亚	帕皮提
7	法属马提尼克岛	法兰西堡
8	法属圭亚那	卡宴
9	法属留尼汪	圣丹尼斯
10	法属新喀里多尼亚	努美阿

表4-2　与体制有关的主要法令

颁布时间	法 令	
1978年3月9日	第78-272号	关于海上行动体系的法令
1978年8月2日	第78-815号	关于法国部际间海洋委员会和海洋部的法令

颁布时间	法　令	
1995 年 11 月 22 日	第 95 – 1232 号	关于法国部际间海洋委员会和海洋国务秘书总局的法令
2004 年 2 月 6 日	第 2004 – 113 号	关于修正第 95 – 1232 号关于法国部际间海洋委员会和海洋国务秘书总局的法令的修正法令
2010 年 7 月 22 日	第 2010 – 837 号	关于成立海岸警卫队的法令
2011 年 6 月 9 日	第 2011 – 637 号	关于国家海洋与海岸带委员会的组成与职能的法令

一、高层决策机制——部际间海洋委员会

1978 年 8 月 2 日，法国总统颁布第 78 – 815 号令，宣布成立部际间海洋委员会。

(一)任务

部际间海洋委员会负责根据国际与国内海洋形势，讨论和制订法国海洋战略、政策及涉海行动指导方针，涵盖范围包括：海洋空间利用；海洋环境保护；海洋、海底及其底土资源可持续管理以及海岸线管理等。

(二)组成

主席：由总理担任

成员：

　　经济部部长

　　外交部部长

　　国防部部长

　　工业部部长

　　环境部部长

　　海外事务部部长

　　预算部部长

　　生态、可持续发展与海洋部部长

　　地方政府部部长

渔业部部长

旅游部部长

规划部部长

研究部部长

必要时可吸纳政府其他成员。

部际间海洋委员会秘书处设在法国政府秘书总局。

二、管理与协调机制——海洋国务秘书总局

根据 1995 年 11 月 22 日颁布的第 95 - 1232 号法令(《关于法国部际间海洋委员会和海洋国务秘书总局的法令》),法国成立海洋国务秘书总局。

海洋国务秘书总局是法国政府负责集中统一管理和协调海洋事务的部门,直接受法国总理领导。

海洋国务秘书总局负责人是秘书长,由国防部长提名,总理任命。现任秘书长为米歇尔·艾默里克(Michel Aymeric),自 2012 年 1 月 28 日上任至今。秘书长下设副秘书长,为其提供协助。

(一)职能

海洋国务秘书总局的任务是综合协调法国海洋事务,参加政府内阁会议,负责草拟并实施法国海洋政策,负责管理法国本土管辖海域、海岸带和海外领地管辖海域,保护海洋环境,防治海洋污染,推进海洋领域国际合作,保障海上作业人员安全等,目前其职能范围已扩展到海洋经济、生态、生物多样性和海洋科学技术研究等各个方面,重点任务是确定海洋事务发展方向,草拟法国海洋战略与政策,加强与国际组织(包括联合国、国际海事组织、地区渔业组织等)的合作与协调,为促进欧盟和法国海洋政策服务。

1995 年第 95 - 1232 号令为海洋国务秘书总局规定的职能是:

(1)为部际间海洋委员会草拟海洋战略与政策,并确保战略与政策的落实;

(2)督促、检查法国海洋战略与政策执行情况,并研究海洋战略与政策的未来发展方向;

(3)参与制订涉及海洋与海岸带的公共政策;

(4)与相关部门一道,组织和协调与海洋政策有关的研究;

(5)在总理直接领导下,与其他相关部门一道,督促、检查和协调涉海工

作和行动，提出改进海洋工作的措施；

（6）指导和协调各地区和地方的海洋工作，帮助地区和地方政府更好地履行职责；

（7）向总理提交海洋政策年度报告和海洋工作协调年度报告。

2013 年法国政府公布的海洋国务秘书总局的职能是：

（1）开展部际间涉海事务的日常协调，召集有关涉海部门讨论和解决各类复杂的涉海问题。参与协调会议的是涉及下述领域的部门：内务、国防、经济、生态、可持续发展、运输与住房、外交、海外、研究、司法、农业和渔业。

（2）组织开展国家层面的海上行动，包括海上警察治安、海洋安全与海事安全、反恐、海上搜救、打击毒品走私、打击海上偷渡、打击非法捕捞、预防和处理海洋污染事故。

（3）保护和管理海洋环境和资源，发展海洋经济，涉及范围包括：商业船队、港口、海洋旅游、娱乐、海洋科研、技术与产业环境、污染预防、海洋资源保护、生物多样性、海洋矿物资源、海洋安全以及海洋与海岸带规划和综合管理。

（4）推进欧盟海洋政策和法国海洋政策。

（5）加强国际合作和组织参加国际海洋事务。

（二）组成

海洋国务秘书总局工作人员来自有关涉海部门或海洋领域公共机构，均衡代表国防、财政、生态与可持续发展（包括海洋、运输）、工业、内政与海外领地、地方和法国海洋开发研究院等各涉海部门。

有关部门的主要代表有：海军参谋长；国防部长；负责欧盟经济合作事务的法国部际间委员会秘书长；规划与地区行动部长；海外事务部长；生态与可持续发展部长（包括海洋）；公共机构，包括研究机构的代表。

三、海洋事务高层协调机制——部际间海洋委员会

法国第 78 - 815 号法令规定成立部际间海洋委员会。法国第 95 - 1232 号法令进一步明确其职责。该法令于 2010 年 7 月修订。

根据上述法令，部际间海洋委员会的职能是负责制定国家海洋政策，制定涉海指南，包括海域空间利用、海洋环境保护、海洋资源的保护与可持续

利用。此外，部际间海洋委员会还负责确定海岸警卫队的职能和优先领域，并协调各部门的涉海联合行动，包括协调人力与装备。

部际间海洋委员会由法国总理任主席，成员包括：经济部长，外交部长，国防部长，产业部长，环境部长，海外事务部长，预算部长，基础设施与运输部长，地方政府部长，渔业部长，旅游部长，规划部长。必要时可请负责研究的部长和其他部长参加。秘书处设在法国政府秘书总局。

四、高层海洋事务咨询机构——国家海洋与海岸带委员会

2011 年，法国政府发布第 2011－637 号令，就国家海洋与海岸带委员会的组成与职能做出了具体规定。国家海洋与海岸带委员会的宗旨是围绕海洋与海岸带保护、开发利用与管理，向政府提出目标与行动建议。

（一）组成

主席：由总理担任。

日常管理：由负责海洋事务的部长负责。

成员：由政府负责海洋事务的部长和负责规划的部长任命，任期 3 年。成员包括：议会代表，政府代表，地方政府代表，公共利益的代表，社会团体代表，民间组织代表和研究机构的代表等。

（二）秘书处

由海洋国务秘书总局、部际间可持续发展委员会、部际间国土规划委员会和地区委员会等机构派出的代表组成。

（三）任务

（1）组织召开各类海洋论坛和研讨会；

（2）围绕海洋事务提出有关意见与建议，并参与协调地方海洋政策与国家海洋政策；

（3）跟踪、分析和研究全球、欧盟、国家和地区的海洋事务；

（4）组织由商业贸易团体和国家各方代表组成的专家组，讨论和研究涉海问题；

（5）在广泛征求意见的基础上，参与草拟有关法规、政策或文件。

五、主要涉海部门

(一)生态、可持续发展与能源部

该部曾经历多次变更，2011 年之前是生态、可持续发展、能源与海洋部，范围涉及生态、能源、可持续发展、海洋、城市与乡村发展、国土空间规划、运输与环境等。

生态、可持续发展与能源部职能包括：

(1) 环境与环境政策(保护生物多样性，气候变化，包括《京都议定书》的执行，工业的环境控制与治理)；

(2) 运输(飞机运输、公路运输、铁路运输、海洋运输)；

(3) 海洋；

(4) 住房。

与海洋有关的部门有：①基础设施、运输与海洋总司；②能源与气候变化总司；③规划、住宅与自然总司；④法国海洋保护区局；⑤法国海事局。

基础设施、运输与海洋总司：负责根据可持续发展原则制定包括海洋运输在内的各种运输政策与海事政策，促进经济发展，保护环境和自然资源。

具体职能为：

(1)在考虑环境与经济因素的前提下，制定运输基础设施规划；

(2)对运输领域的公立机构和公司进行综合管理；

(3)执行海洋政策中关于生物多样性保护与发展的规定；

(4)提高运输效率、安全与可靠性。

基础设施、运输与海洋总司下设：运输基础设施司；运输服务司；海洋事务司；管理与战略司。其中海洋事务司的职能是：参与调控海域空间利用；保障海域使用者与海员的安全；参与制定和实施海洋与海事政策；协调与海洋和海事政策有关的事务；应对有关挑战。

气候变化与能源总司：负责制定与实施法国能源政策、应对气候变化和控制大气污染，包括制定与实施海洋可再生能源政策。

生态、海洋可持续发展与能源部在海洋保护方面已经开展的主要工作有：建设了两个海洋自然保护区(马约特；利翁湾)；保护博尼法乔海峡；建立了海洋可再生能源国家平台和发起了两个海洋风能发电项目；建设了珊瑚礁健康观测系统；推进中小学海洋教育。

规划、住宅与自然总司：负责制订、协调和评估与规划、建筑、住宅、景观、生物多样性、水和非能源矿物资源有关的政策。

法国海洋保护区局：为实施海洋保护区政策（包括建设与管理政策）服务；管理分配给海洋保护区的人力与财力资源；为管理海洋保护区提供技术与行政支撑。

法国海事局：负责海洋交通运输安全与海事服务。

（二）农业与渔业部

1．主要职能

（1）确保食品安全与质量；

（2）确保水供应与水质；

（3）保护环境与管理自然区域；

（4）发展水产养殖与渔业。

2．涉海部门

该部设有海洋渔业与水产养殖总司，下设渔业资源司和水产养殖与渔业经济司。主要任务有：

（1）制定和实施海洋渔业与水产养殖政策与法规，例如，管理捕捞船队与捕捞活动的政策与法规；

（2）制定国家渔业资源养护政策，参与制定欧盟和国际渔业资源养护政策，例如，资源管理和削减捕捞能力的政策；

（3）制定海洋渔业捕捞管理政策；

（4）减少渔业捕捞和水产养殖对环境的不利影响；

（5）管理海洋与淡水专业捕捞和海洋与内陆水产养殖。

（三）其他相关部门

法国主要的其他涉海部门有：经济、财政与就业部；外交部；国防部等。

第三节　海洋管理的重要政策依据：
法国《海洋政策蓝皮书》

2006 年，法国政府颁布了由海洋国务秘书总局和法国战略分析研究中心编写的题为《法国的海洋抱负》的海洋政策报告。2009 年 7 月 16 日，时任总统萨科齐在法国港口勒阿弗尔发表了关于法国海洋事业与政策的演讲，提出"法国必须再次走向海洋"，要求拟定法国海洋政策，出台海洋与海岸带国家总体战略。同年12月，《法国海洋政策蓝皮书》(以下简称《蓝皮书》)获得法国部际间海洋委员会通过。

《蓝皮书》提出了法国将实施的海洋政策愿景和主要内容，要求整合涉海力量并发挥优势，提高海上工作能力。

《蓝皮书》指出，法国海洋政策的宗旨是保护海洋环境，促进海洋经济的可持续发展，造福沿海社区，拓展海外领地的海洋工作，维护和提高法国在欧洲和全球的国际地位。《蓝皮书》是各领域、各层面制订行动计划的基础，也为各领域和行业的涉海管理法规与文件的修订提供了依据。

法国海洋政策蓝皮书共分为三部分：

第一部分：法国海洋政策，包括：与海洋政策有关的问题；朝制订和实施海洋综合政策的方向努力。

第二部分：海洋政策的四大优先领域：①加大对未来的投入，包括：为了管理而了解和认识海洋；有效地保护海洋环境；涉海职业教育与培训；鼓励法国国民关爱海洋。②推动经济的可持续发展，包括：可持续利用自然资源在地缘政治中的重要性；可持续渔业与水产养殖；创新型和具有竞争力的船舶制造业；改革海洋运输；建设具有国际影响力的港口；游艇运动与海洋休闲业战略。③拓展海外领地的海洋工作。④提升法国的国际地位，包括：积极参与国际管理；积极推动欧盟海洋综合政策的制定与实施；全面肩负起法国的责任；提高防务与安全能力。

第三部分：以新的方式强化管理，包括：①加强管理，提高规划效率，有效地发展为海洋政策服务的共享手段；②中央政府的责任：为海洋事业加大资源投入；③积极参与国际事务，包括：积极参与国际事务；加强双边与多边合作；保护北极；让地中海变得更洁净和安全。

第四节　海洋执法体制

一、管理模式

法国海上执法队伍的所有海上行动，都由各涉海部门根据职责，自设所需机构和制订行动方案，在参与国家海上活动时统一受大区海洋事务官的领导。因涉及部门众多，法国根据以下两条原则建立了一套协调体系：

（1）日常工作由各部门各司其职；

（2）如需进行协调，则由与事件发生地最近的省区海洋大区海洋事务官对海上任务进行协调。各省区的海洋大区海洋事务官同时也负责管理当地的海军力量。

法国将海上执法活动分为两个层面：

（1）国家层面。由海洋国务秘书总局直接向总理进行汇报。其职责包括：对国家海上行动进行综合协调；领导和协调各省区的海上行动；负责及时更新应急方案，应对紧急事件；参与研究、修改国际和国内涉海法规，特别是涉及海上安全和预防污染的条款。

（2）地区层面。各海洋大区海洋事务官由政府经法律授权，代表总理和其他部长（内阁成员）负责海上执法事务，行使执法权力。主要职能包括：协调政府行动，如有需要，担负相关协调工作，必要时可使用军队力量。海外领地的高级专员同样是法国政府的代表，当地海军指挥部为其工作提供协助。

二、执法任务

法国海上执法行动的主要任务有：

1. 保护海上人身安全

经大区海洋事务官授权，监测搜救中心负责协调海空力量，为公共和私人部门提供公共服务。

2. 保证航行安全

根据有关国际公约和国内法律，在交通特别繁忙的海域建立分航制，防止海上事故，预防环境污染。经大区海洋事务官授权，监测搜救中心跟踪船舶航行轨迹，监视非正常的航行等，为船东提供帮助。同时，鉴定海上违法行为并出具报告。

3. 提供航海信息

水文及海洋服务中心为船舶航行提供所需航海数据，以保证航线安全。监测搜救中心在其网络上公布天气和其他与航海安全有关的信息。

4. 打击非法活动

由海关领导，打击贩毒、非法移民等。借助其他部门的力量，活动范围可延伸至公海。

5. 为渔业活动提供监测服务与支持

农业和渔业部负责保护渔业资源，提供技术帮助，组织渔民活动，促进其海外领地与他国渔民的和谐共处。

6. 保护海洋休闲活动

各大区海洋事务官和沿海城市市长在海洋事务部门的协助下，合作公布近海浮标布放计划，保证海洋监测活动与休闲开发和谐共存。大区海洋事务官负责应对非法活动，沿海城市市长负责监测近海 300 米区域内的潜水活动及沙滩上的活动。

7. 维护海上公共秩序

如有需要，政府可动用军事力量进行执法，维护国家主权与利益（如海上安全和航行自由等）。

三、执法部门及主要装备

法国参与海上执法的主要部门包括：

1. 法国海军

隶属于国防部，是担负海上执法任务的主要部门。在开展海上行动时，所有海军部门，包括舰艇和飞机都有责任参与。行动中可租赁其他专业设备，如护卫舰、公共巡逻船、合同制拖轮、宪兵队巡逻快艇等。法国海军拥有完备的监测和联系网络，可对近岸海域进行密切监控；同时，也负责应对公海污染。法国海军接受国家业务中心的指挥，拥有合同制的应急拖船，常年在瑟堡、布雷斯特和土伦待命，如有船舶遇险，可立刻进行搜救。

2. 法国海关

负责日常监管在领海和毗连区范围内的移民、货物和各类非法交易等。法国海关设有三个业务中心，提供空中和海上服务，拥有 63 艘快艇和 20 架飞机（其中 2 架配有专门监测海洋污染的设备）。

3. 法国海事局

负责搜救、海上交通监测和渔业活动监测。法国海事局拥有五个区域业务中心，负责监测和搜救，拥有 8 艘巡逻船和 26 艘快艇。这些业务中心同时也是根据 1979 年《汉堡海上搜救公约》设立的国际海事搜救协调系统的组成部分。

4. 海上宪兵队

是法国国民警卫队的组成部分，隶属于法国国防部，受法国海军参谋长领导。主要职责是：①维护法国领海和专属经济区的安全；②开展海上犯罪调查；③保卫海军岸上设施；④组织搜索救护。目前编制为 1 100 人，拥有约 40 艘快艇，还有直升机。

5. 民事安全局

隶属于内政部，负责为陆上人口提供综合服务，同时参与保障海上活动人身安全和应对海洋污染。拥有 14 架直升机。

6. 国家海上搜救协会

政府支持的私人志愿性质的救生船协会，拥有 40 艘救生船，120 艘快艇，480 艘小艇，250 个站点和 4 000 余名志愿者。

四、海洋执法协调机制——法国海岸警卫队

2009 年，法国部际间海洋委员会确定了法国海岸警卫队的职能，总理授权海洋国务秘书总局执行相关政策决定。成立海岸警卫队，目的不是取代现有机构对国家涉海活动的组织与管理，而是旨在加强部门间合作与协调，以提高效率。

2010 年 7 月 22 日，法国发布第 2010-834 号令，宣布成立海岸警卫队指导委员会，由包括海军司令在内的相关机构的领导组成，负责确定海岸警卫队的总体政策与方案，制定宗旨并向总理提出建议，应海洋国务秘书总局的要求召开会议讨论涉海问题，第一次会议于 2010 年 2 月召开。同年，根据其工作程序，海洋国务秘书总局在巴黎建立了海岸警卫队职能业务中心，由海军作战指挥部领导，其任务是跟踪监测海上形势、发布海洋信息、提供测绘服务、开展海上形势分析。

第五章 荷 兰

荷兰位于欧洲西北部，东面与德国为邻，南接比利时，西、北濒临北海，面积 41 528 平方公里，人口约 1 677 万 (2012 年)。海岸线长 1 914 公里，管辖海域 57 000 平方公里，其中 200 海里专属经济区 50 309 平方公里。

荷兰国土海拔很低，24% 的面积低于海平面，1/3 的面积仅高出海平面 1 米，因此又称"低地国"。为了生存和发展，荷兰人竭力保护原本就不大的国土，避免在海水涨潮时遭"灭顶之灾"，长期与海搏斗，围海造田。

荷兰经济高度发达，2012 年 GDP 为 7 722 亿美元，人均 GDP 接近 5 万美元，为西方十大经济强国之一。经济属外向型，80% 的原料靠进口，60% 以上的产品供出口。荷兰是世界第三大农产品出口国和世界主要造船国。荷兰自然资源相对贫乏，但天然气储量丰富，自给有余，荷兰是西欧最大的天然气生产国。

荷兰与海洋有着极为密切的关系，其中渔业与海洋油气工业对国民经济贡献甚大。海洋交通运输也十分发达，鹿特丹港货物吞吐量居世界前列，欧洲许多国家的海运都要经过荷兰专属经济区。

由于荷兰及其邻国(比利时、英国、德国、丹麦、挪威等)对北海的高度依赖性，北海用海矛盾十分尖锐，其中包括海洋运输、捕捞、资源开发、军事活动等，北海的海洋环境问题十分严峻。荷兰的国家报告指出，在今后 30 年，北海的矿藏资源开采、海上军事活动、海底电缆和管道的铺设、海上风能开发利用、交通运输、海港建设以及海洋休闲娱乐活动等将进一步发展。因此，北海的海洋综合管理问题显得尤为突出。

荷兰的海洋管理工作经过近 30 年的发展，在欧洲国家中，体制比较完善。荷兰海域分国家管辖和地方政府管辖两部分，其中距海岸线 1 公里以内归地方政府管理，1 公里以外由国家管理。

在国家层面设有北海海洋事务协调委员会，具体工作由各部门按职能分工负责。2010 年 10 月，荷兰对政府机构进行了重组，将原运输、公共工程与水管理部和原住宅、国土规划与环境部合并，成立基础设施与环境部，原来两个部的职能移交给新成立的部，因此海洋管理职能也做了相应的调整，原来主管海洋事务的是运输、公共工程与水管理部，2010 年 10 月后变为基础设施与环境部。

为了加强海洋综合管理，荷兰出台了一系列相关的法规和政策，其中包括《荷兰北海政策文件》、《北海综合管理战略》等，相关的还有《国家水计划》和《国家国土空间规划计划》等。这些政策、战略与计划，为荷兰综合管理北海提供了全面的政策与法律框架。

荷兰于 1987 年成立了海岸警卫队。荷兰海岸警卫队是一个由 5 个部门共建的海上执法机构，这种体制在世界上比较独特。人员、经费与装备由共建单位提供，具体业务活动由海军指挥，但海岸警卫队不属于海军正式建制。该机构自成立以来，在海上执法与服务方面取得了较大成绩。

第一节　海洋管理涉及的主要内容与管理原则

荷兰的领海和专属经济区濒临北海，因此荷兰把国家的海洋事务称为北海事务。

荷兰海洋管理工作有三个特点：第一个特点是涉及诸多区域和国际条约和公约。许多管理政策和工作均须遵循北海的区域法规和许多国际公约。邻国间海洋边界划分、捕捞作业与捕捞配额、交通运输管理以及海洋环境保护等，都涉及多个国家，需要依靠各种地区性条约和国际公约。在欧洲层面，设有负责北海事务的北海高官委员会。第二个特点是设有国家层面的磋商与协调机制，即部际间北海事务协调委员会，其宗旨是协调和解决各部门和行业在涉海政策、战略、立法与工作中的矛盾、解决用海纠纷和管理问题。第三个特点是建立和不断完善为制订与实施涉海政策和战略以及为开展日常海洋管理工作服务的海洋国土综合信息系统。

一、荷兰海洋管理涉及的主要方面

1. 海洋划界与边界管理

过去几十年来，荷兰一直在同比利时、德国、丹麦和英国就领海、大陆架和专属经济区划界问题进行谈判。此项工作主管部门是外交部，技术支撑单位为荷兰海军海道测量局。与德国的大陆架纠纷，1969年由国际法院判决，结果对荷兰不利。

2. 渔业管理

渔业资源开发利用与保护间的冲突在北海由来已久。由于过度捕捞，北海的一些鱼类资源已近枯竭。为此，欧盟于2003年修订了《欧盟共同渔业政策》。另外，欧盟还有权视需要做出保护渔业资源的应急决定，其效力优于现有的各类法令和政策。这些都是荷兰在海洋资源管理中必须考虑的因素。

3. 航运

北海的航线是世界上最繁忙的航线之一，为了确保航行安全，北海实行了航道分航制。该分航制是北海沿岸国家根据国际海事组织成员国签署的《国际海上人命安全公约》建立的，但沿海国可以根据《联合国海洋法公约》确定领海内的航线。荷兰在北海的航行问题是海洋管理的重要内容之一。

4. 海洋自然资源与环境保护

北海的海洋自然资源与环境管理的依据是北海地区各国共同建立的制度。欧盟的许多法规和条令，尤其是与海鸟和生境有关的条令，是北海自然资源与环境保护工作的重要依据。荷兰还是许多欧洲和国际公约的缔约国，如《保护欧洲野生生物与生境公约》、《伯尔尼公约》、《保护迁移野生物种公约》等。

在北海周边国家部长级层面上，荷兰、比利时、丹麦、法国、德国、挪威、瑞典、英国和欧盟的有关部长已召开多次会议，研究北海和流入北海的河流的保护问题。根据会议决定，成立了"北海高官委员会"。会议发表的有关宣言内容已被各国纳入各自的法规中。北海高官委员会的任务是跟踪和督促会议宣言与决定的落实，酝酿和推动新的会议。目前，会议的几个宣言涉及内容甚广，包括旨在减少废物排放的执法与控制、渔业和生境保护、海洋空间规划、物种保护、控制转基因物种引入北海以及富营养化问题等。

瓦登海位于北海靠欧洲大陆一侧，西南端始于荷兰，经德国，北至丹麦，长约 500 公里，面积 10 000 多平方公里。瓦登海的环境管理是荷兰、德国和丹麦三国海洋环境管理的重要议题。2002 年，国际海事组织批准将瓦登海划为特别敏感海区。

5. 污染

北海的繁忙海道和海上采矿区污染问题特别突出。1983 年由比利时、丹麦、法国、德国、荷兰、挪威、瑞典、英国和欧盟签署的《波恩协定》，提出了在预防和治理北海污染问题方面进行合作的各项原则。其主要目的是：①在污染预防与治理方面开展合作，相互支持；②组织巡航监视，以便及时发现污染问题和采取治理措施，制止违反污染预防与治理管理规定的行为。

荷兰还是《保护东北大西洋海洋环境公约》的缔约国，该公约主要是预防陆源污染、倾废、焚烧和海上活动引起的污染问题。为了落实公约，专门设立了"北海区域特别组织"，主要任务是评价北海海洋环境。《保护东北大西洋海洋环境公约》不仅关注污染物的输入及其对北海的影响，还十分重视搜集和分析人类活动对海洋环境的影响，从而达到保护北海物种与生境的目的。

二、荷兰海洋综合管理的原则

荷兰的海洋管理原则有以下几点：

（1）全面与综合的原则。对各类自然系统和人类在海岸带和海洋进行的各类活动的相互依存性和复杂性进行整体考虑，不仅要考虑它们的地理区域，还要考虑它们的性质。

（2）长远原则。兼顾当代和后代的利益，在管理工作中谨慎行事，以预防为主，照顾长远利益。

（3）适应性管理原则。海洋过程是逐渐演变的过程，人们的知识也是逐渐积累的，要依靠不断发展的科学知识和考虑海洋环境的不断变化，及时调整管理策略和方法，根据实际情况有针对性地实施管理。

（4）照顾地区特性的原则。不同地区的海岸带性质不同，问题也不同，应根据各地的不同特点，采取不同的措施。

（5）尊重自然规律的原则。对自然过程要因势利导，尊重生态系统的承载能力，采用对环境友好、对社会负责和在经济上可持续的方式开展各类活动。

（6）鼓励各方广泛参与的原则。创造条件，让所有利益相关者参加海洋决策与管理。

（7）重视地区、国家和地方层面各级管理机构间协调与合作的原则。有效协调各种涉海政策与行动，在地区、国家与地方层面建立合作伙伴关系。

（8）多管齐下原则。为了整合不同的涉海政策，统一各部门和行业的目标和协同土地与海洋规划，必须采用各种行之有效的措施和方法，多管齐下，提高管理效率。

三、海洋区域划分与管理权限

荷兰根据 1982 年《联合国海洋法公约》的规定，将海洋划分为领海和专属经济区。

（一）领海

荷兰的领海范围为从领海基线向外 12 海里。在 12 海里内，沿海省、市管辖范围为距离海岸 1 公里以内的海域，1 公里以外归中央政府管辖。

3 海里区：3 海里线是荷兰以前的领海边界线，主要用于实施采矿法规。1985 年荷兰颁布《领海法》，将领海扩展到 12 海里。后来由于采矿法规的修订，这一区域事实上基本失去了意义，但对于捕捞仍有一定意义。

20 米等深线：20 米等深线是海岸岸基的边界线，荷兰不允许在 20 米等深线向陆一侧挖掘海砂。

（二）专属经济区

1999 年 5 月，荷兰颁布《专属经济区法》，规定专属经济区为从领海向外延伸的区域，由于北海周边国家相互邻近，根据《联合国海洋法公约》，荷兰专属经济区宽度不足 200 海里。

荷兰渔区：荷兰渔区为 12 海里至荷兰大陆架外部界线。悬挂欧盟成员国旗帜和在欧盟注册的船只，原则上可进入该渔区作业。

第二节　海洋管理体制

由于海洋对荷兰的重要性，荷兰政府十分重视海洋综合管理。荷兰政府中涉海部门众多,职能交叉重复,因此以往曾发生过许多矛盾。例如,原来的运输、公共工程与水管理部(2010 年该部与住宅、国土规划与环境部合并成基础设施与环境部)负责对部分采矿活动(如采砂)进行管理,还肩负某些自然资源和环境管理职能。其他一些部也有类似职能,如经济事务部的职能中就包括对石油天然气的勘探与开采发放许可证。农业、自然与食品质量部全盘负责自然环境管理工作。为了解决职能冲突问题,荷兰政府不断加强和改进协调工作。经过几十年的努力,逐渐建立了比较完善的高层协调与部门分工相结合的管理体制。在国家层面,设有部际间北海事务协调委员会,该委员会为常设机构,具体工作由各有关部门按职能分工负责。

一、部际间北海事务协调委员会

1. 部际间北海事务协调委员会的组成

它由来自以下 6 个部的代表组成:

(1)基础设施与环境部(2010 年由运输、公共工程与水管理部和住宅、国土规划与环境部合并而成);

(2)农业、自然与食品质量部;

(3)经济事务部;

(4)国防部;

(5)外交部;

(6)财政部。

2. 部际间北海事务协调委员会的职能

其职能有以下几方面:

(1)制定北海战略和确定北海愿景;

(2)协调各部的北海政策;

(3)参加与北海事务有关的国际和区域组织活动;

(4)指导实施部际间北海政策与项目。

委员会主席由 2010 年新成立的基础设施与环境部部长担任。

为了开展日常工作,荷兰设立了北海办公室,并编制了北海图集,内容包括北海海流资料、北海用途与用海情况、北海政策以及管理工作等。

二、海洋管理具体措施

荷兰政府提出的海洋管理具体措施有以下几方面：

（1）把北海定位为"国家生态基础设施"的组成部分；

（2）国家政策明确规定海上航行区和锚泊区等。根据有关法规，上述区域禁止进行有碍交通运输的一切活动；

（3）海上物体或目标不应对海岸带和海洋造成危害和不利影响；

（4）确保海岸上的视野不受障碍物影响。距海岸 12 海里范围内不许建造有损公共利益的构筑物，建造构筑物时必须采用最佳设计；

（5）海底电缆与管道必须使用特定的路由，两者必须结合在一起，使用同一路由；

（6）废弃海底电缆与管道必须拆除；

（7）国防部根据《国家军事训练场地架构计划》确定在北海的军事训练范围；

（8）为填海造地采砂时，必须在水深超过 20 米的海域。

三、主要涉海部门的海洋管理职能

（一）基础设施与环境部

2010 年，原荷兰运输、公共工程与水管理部和住宅、国土规划与环境部合并成基础设施与环境部，并接管了原来两个部的职能。

1. 原运输、公共工程和水管理部的职能

负责北海海洋事务总体管理、航道管理和航行交通安全管理。为了管理北海事务，设有北海事务办公室，荷兰的北海管理工作大部分通过北海事务办公室实施，内容涉及船舶运输、渔业捕捞、疏浚作业、海砂采掘、海洋环境与海上娱乐活动等。该办公室有一支船队，负责进行水道测量活动（如测定航行危险物）、划定航线与港口出入航道、清除污染物等，还负责组织落实1983 年《波恩公约》，保护北海免受污染。

主要任务包括：

（1）依靠法规、协定、管理计划、管理决定、欧盟指令和国际协议等，对北海用海活动进行管理；

（2）实施许可证制度；

（3）与荷兰海岸警卫队一道，处理北海的海上事故；

（4）维护航道和航行安全；

（5）签署疏浚和救捞合同，指导疏浚和救捞工作；

（6）围绕疏浚和相关环境问题提供咨询指导；

（7）观测、搜集和处理北海海底与水体的资料与信息；管理海洋信息系统和地理信息系统；管理水文气象资料。

2. 原住宅、国土规划与环境部的职能

参与部际间北海事务协调委员会的工作，负责制订海洋空间规划和政策，为具体的规划决策提供依据。

荷兰《国家国土规划政策》提出的北海海域管理目标有以下三项：

（1）保持和提高北海各类自然系统的活力；

（2）避免资源开发活动对北海的自然系统产生不利影响；

（3）有效协调各类经济活动。

（二）国防部

国防部与北海事务协调委员会直接有关的部门是国防局、海军和武警部队。海军在管理工作中主要负责军事演习区的划定以及水道测量等有关活动，其中海军水道测量局负责水道测量、编制和出版海图及其他航行资料。

（三）经济事务部

经济事务部参与北海管理的部门是竞争与能源总司和国家矿藏督察局。该部负责管理北海的海底资源勘探与开采，目前重点是海洋油气资源。

荷兰将大陆架划分成不同的区块，以便审核和发放勘探与开采许可证。许可证审批与发放的依据是荷兰1996年《大陆架采矿法》。如果采矿活动与其他海洋活动发生矛盾，则由部际间北海事务协调委员会协调解决。荷兰皇家法令规定，在某些海域要限制勘探开采活动，而在军事活动区则完全禁止勘探开采活动。如要在靠近航线海域建造勘探与生产平台，则要与基础设施与环境部负责北海管理事务的部门协商。

在荷兰，矿物资源归国家所有，石油与天然气勘探与开采由国家与私营公司合伙进行。获得许可证的单位与经济事务部能源管理局签订合作协议。能源管理局支付40%的勘探与开采费用，同时也分享生产收入的40%。

（四）农业、自然与食品质量部

该部在部际间北海事务协调委员会派有两名成员，一位负责渔业事务，另一位负责自然保护与管理。荷兰的商业性捕捞许可证根据欧盟捕捞配额情况发放。欧盟配额分给荷兰后，由有关渔业组织负责具体分配。

（五）外交部

负责涉外海洋事务，包括海域划界。

表5-1　荷兰主要涉海活动、相关法规和部门分工

活动类型	法规	职能部门
倾废/排放	《表层水污染法》《水管理法》《船舶污染法》	基础设施与环境部
12海里外风力发电设备建造与选址	《公共工程管理法》《环境影响评价报告》	基础设施与环境部
12海里内其他设施建造与选址	《公共工程管理法》《环境管理法》	基础设施与环境部
	《环境影响评价报告》	基础设施与环境部；法定参与审查部门是农业、自然与食品质量部
	《1998年自然保护法》《动植物法》	农业、自然与食品质量部
开采表层矿产资源	《沉积物开采法》	基础设施与环境部
	《环境影响评价报告》	基础设施与环境部；法定参与审核部门是农业、自然与食品质量部
	《1998年自然保护法》《动植物法》	农业、自然与食品质量部

活动类型	法规	职能部门
海底	《海洋污染法》 《环境管理法》 《海底保护法》	基础设施与环境部
渔业	《渔业法》 《1998年自然保护法》	农业、自然与食品质量部
水产养殖	《渔业法》	农业、自然与食品质量部 基础设施与环境部
	《公共工程管理法》 《环境影响评价报告》	基础设施与环境部；法定参与审查部门是农业、自然与食品质量部
军事活动	《表层水污染法》	基础设施与环境部
自然资源	《1998自然保护法》 《动植物法》	农业、自然与食品质量部
土地围垦	《租赁法》	基础设施与环境部
海岸安全	《防洪法》	水务局
12海里内航运和12海里外靠近12海里区的航运	《航运交通法》 《领海航运管理条令》	基础设施与环境部；海岸警卫队；港监局
	《联合国海洋法公约》 《海上人命安全公约》	海岸警卫队
灾难与事故预防	《北海事故控制法》	各有关部门

第三节　主要涉海法规与政策

为了管理好荷兰在北海的管辖海域，荷兰出台了一系列政策、战略与法规，主要有以下几部。

一、《荷兰北海政策》

2009 年 12 月 22 日，荷兰政府发布《荷兰北海政策》，该政策共分 8 部分：

第一部分：引言（北海政策、行政与法律框架、北海政策的实施）；

第二部分：分析（挖砂、能源、航运、渔业捕捞、国防、旅游与休闲活动、电缆与管道、陆地上相关的空间开发、海洋生态系统、结论）；

第三部分：目标与政策方案；

第四部分：均衡发展（海洋生态系统、开发利用）；

第五部分：海砂挖掘空间（表层矿物的开发、分析、修改的海砂挖掘海域空间政策）；

第六部分：风能（海域空间规划任务、海域空间分析、修改后的可再生风能空间政策）；

第七部分：北海海洋活动的决策框架（决策框架的范围、决策框架的内容、阐述、后续行动）；

第八部分：实施与经费支持（2009 年至 2015 年的北海政策、经费支持）。

该政策指出，北海总面积 57.5 万平方公里，荷兰占 5.8 万平方公里，约为北海的 10%。荷兰的北海海域中，距离海岸线 1 公里以内的海域由各市和各省管辖，其余由中央政府管辖。

荷兰的北海政策宗旨是协调不同用海部门间的用海活动，有效利用海洋空间和保护北海海洋环境与海洋生态系统。

该政策提出的目标是：①在保护海洋资源与环境的同时，促进经济的可持续发展；②为海岸防护与保护留出足够的砂源和采砂空间；③大力开发利用可再生能源。

该政策规定，部际间北海事务协调机制负责制定北海战略、政策与确定北海愿景，负责协调政策的实施。主管部门——基础设施与环境部负责协调各部工作以及与用户的关系，包括许可证管理和信息资料管理。荷兰海岸警卫队负责为有关部门开展海洋执法提供服务。

二、《2009—2015 年国家水计划》

2009 年 12 月 22 日，荷兰发布《2009—2015 年国家水计划》。该计划共分 7 章，其中第五章为各地区的水政策，包括海岸带地区和北海的水政策。对于海岸地区，该政策指出，荷兰政府的政策是加强海岸补砂，使海岸能够随海平面的上升而升高。

荷兰政府决心使北海成为更加可持续的海域，确保安全、有效和可持续地利用海洋，同时使海洋开发利用与海洋生态保护协调发展。

荷兰政府确定的北海工作重点是：

（1）采砂和补砂：为保护海岸、对付洪涝灾害和在陆地填砂，必须保留足够的砂源和采砂空间；

（2）可再生能源：到2020年，北海的风力发电能力达到6 000兆瓦，占用海域面积1 000平方公里，2020年后进一步发展北海风力发电；

（3）油气开发：最大限度开发荷兰的北海油气资源，使北海的资源潜力得到充分发挥；

（4）二氧化碳封存：尽量利用废弃的油气田，或在海底油层封存二氧化碳；

（5）海运：加强航运管理，实行分航制，建设无障碍航道和锚泊区；

（6）划出所需的国防用海区域。

三、《至2015年的北海综合管理战略》

2005年7月，荷兰部际间北海事务协调委员会发布了《至2015年的北海综合管理战略》。该战略共分以下8章：

第一章　引言（制定战略的原因、北海政策的主要目标、综合管理的宗旨与任务、关注重点、程序要点、划界）；

第二章　健康的海洋（政策目标、管理任务与手段、水质、生物多样性、发展、结论）；

第三章　安全的海洋（政策目标、管理任务与手段、航行管理、技术管理–疏浚、海岸线保护、安全的浴场水质、发展、结论）；

第四章　创造效益的海洋（政策目标、管理任务与手段、对用海活动的管理、执法、知识与信息、监测与评价、发展、结论）；

第五章　海域空间管理（海域空间愿景、海域空间管理手段、海域空间分析、目前的用海活动、新的用海活动、结论与重点）；

第六章　许可证制度综合评价框架（综合评价框架的目标、范围、北海综合评价框架的5种评价、《鸟类与生境保护令》的综合评价框架、将评价框架

用于评价新的用海活动);

第七章 对具有特殊生态意义的区域的划分(根据国际框架加以保护的区域、为区域选择与划分服务的研究工作、《至2015年北海综合管理战略》划定的4个区域的特征、后续工作);

第八章 优化管理组织体制(中央政府部门内现有的伙伴关系、需要改进的管理任务与领域概述、实施、执法、知识与信息管理、发现问题与评价、新的北海管理网络)。

该战略指出,荷兰的北海管理任务分以下4类:

(1)实施。依靠许可证制度和通过制定并落实各类管理计划,对各类用海活动进行有效管理;

(2)执法。通过监视、调查、监督和起诉等,影响参与北海海洋活动各方的行为,维护北海的用海秩序;

(3)知识与信息。为了确保北海生态、环境与经济的协调发展,必须加强资料与信息工作,加深对北海的科学认识,为实施北海战略提供科学依据。必须将知识和信息向公众、各使用部门和民间社会开放;

(4)总结经验教训与评价。

该战略提出的重点领域是:

(1)健康的海洋:水质——减少废物排放和大气排放,确保水质洁净;生物多样性——保护生物多样性和各区域的特征。

(2)安全的海洋:目前北海的海上安全状况基本良好,北海战略与政策的主要目的是保持现有的安全水平,并在可能情况下尽量加以改善。

(3)创造效益的海洋:北海的主要海洋产业活动包括航运、渔业、表层矿物开发、油气开采、风能利用与休闲娱乐等。目前在北海尚无统一的海洋产业活动管理政策,仍以各国和各产业管理为主。因此,需要认真执行海洋空间规划政策。

四、《国土空间规划战略》

2006年,荷兰政府发布《国家国土空间规划战略》。该战略共分11章:第一章为引言;第二章为政策目标;第三章为管理理念;第四章为手段与实施;第五章为城市化与基础设施;第六章为城市、乡村和其他地区的基本质量标准;第七章为水政策与河流问题;第八章为为提高大自然质量而投资;

第九章为建设高质量的景观；第十章为不同领域的发展前景；第十一章为具体议题。该战略第十章针对沿海地区、瓦登海和北海等地区提出了空间规划战略与措施。

第四节　海洋执法体制

荷兰的海上执法队伍是荷兰海岸警卫队。荷兰海岸警卫队成立于 1987 年 2 月 26 日，是根据荷兰部际间北海事务协调委员会提出的关于加强海上执法工作和有效利用执法手段的建议而设立的。

一、共建单位

根据 2013 年资料，荷兰海岸警卫队由 5 个单位共建：

（1）基础设施与环境部（主要涉及部门：机动与运输总司、公共工程与水管理总司）；

（2）国防部（主要涉及部门：皇家海军、皇家军警、皇家空军）；

（3）安全与司法部（主要涉及部门：公诉局、国家警察部队、国家危机中心）；

（4）财政部（主要涉及部门：海关）；

（5）经济事务部（主要涉及部门：矿产监督局、食品与消费者安全管理局）。

二、协调与合作

荷兰海岸警卫队的协调工作由荷兰基础设施与环境部负责。

荷兰海岸警卫队还有诸多合作单位，主要有：

（1）荷兰海洋救护组织；

（2）公共工程与水管理部海洋与三角洲司下属北海水文气象中心；

（3）国家警察部队海警；

（4）莱瓦顿空军基地搜索救护大队；

（5）荷兰布鲁姆"Stratos"卫星地面站；

（6）荷兰石油天然气公司各作业单位；

(7)荷兰海洋搜救组织无线电医疗服务队;

(8)荷兰皇家生命救援协会;

(9)荷兰安全区组织;

(10)荷兰阿姆斯特丹史基浦机场(民用航空)和新米利根机场(军用航空)的空中交通管制中心;

(11)北海周边各国救援协调中心;

(12)BST 打捞公司;

(13)荷兰皇家气象研究所。

三、领导班子

荷兰海岸警卫队领导班子由四人组成,负责荷兰海岸警卫队的日常管理工作。分别是:基础设施与环境部负责北海事务的官员;北海执法委员会主席;皇家海军负责规划与控制的官员;荷兰海岸警卫队司令。

此外,荷兰海岸警卫队还成立了海岸警卫队委员会(Coast Guard Council),成员为各成员单位的有关司长,是荷兰部长委员会的前沿办事处之一。海岸警卫队委员会负责审核年度工作计划与预算以及核准海岸警卫队年度报告。

四、职能与任务

荷兰海岸警卫队主要肩负 3 大职能:①确保各部门和各行业负责任地利用北海;②确保负责任地提供公益服务和负责执法的海域的安全;③贯彻落实国际、国内法规和履行国际、国内义务。具体任务分两大类,共 15 项。

(一)公益服务

(1)搜索救护;

(2)监听国内和国际遇险、应急和海上安全方面的无线电通信,并处理和协调相关事宜;

(3)减灾及灾害与事故服务;

(4)船舶交通服务;

(5)维护与管理助航设施;

(6)海上交通研究;

（7）清除爆炸品。

（二）海上执法

（1）维护海上治安与法律秩序（警察）；

（2）监视货物进出口与国境货物检查（海关）；

（3）边防管制；

（4）海洋环境执法；

（5）海洋渔业执法；

（6）海上交通执法；

（7）船舶装备执法；

（8）北海用海活动管理执法。

五、人员、经费与装备

经费、人员与装备由各共建单位提供，海岸警卫队人员主要为文职。

荷兰海岸警卫队的装备：

（一）舰船

（1）荷兰基础设施与环境部的船只：荷兰基础设施与环境部管理着一个航运公司，该公司长期派遣 4 艘船舶供荷兰海岸警卫队使用，其中打捞船"Levili Amaranth"号作为海岸警卫队的紧急拖船，负责打捞，同时也负责渔业检查、预防溢油事故的发生和海上交通研究。除 4 艘固定供海岸警卫队使用的船只外，海岸警卫队还可视需要调用 3 艘大型浮标布放船和 4 艘小型浮标布放船，负责浮标布放与维护。还有 2 艘多用途船用于水文气象研究。

（2）国防部的舰艇：海岸警卫队可调用国防部的扫雷作战艇，用于清除爆炸物和开展渔业管制等。必要时，海岸警卫队可调用荷兰海军舰艇，包括护卫舰和水道测量舰等以及其他小型巡逻艇。

（3）安全与司法部的船只：海岸警卫队可从该部调用各类巡航监视船。

（4）荷兰皇家海洋救捞组织的船只：荷兰海洋救捞组织拥有 75 艘救生艇，分布在荷兰沿海和河口的 46 个站，这些艇全天候处于待命状态，多数由自愿者驾驶。

（5）私人打捞公司的船只：荷兰海岸警卫队与 BST 打捞公司签有业务合作协议，海岸警卫队可随时调用该公司 1 艘装备优良的快速救生艇和 3 艘打捞船。

（二）飞机

（1）荷兰空军的两架 Dornier 228 - 212 型飞机归海岸警卫队使用，飞行员由荷兰海军和空军派出，飞机上的巡航监视人员由各部派出，一般配备两名驾驶员和两名巡航监视员。飞机上装有导航、通信、跟踪、照相摄影等装备和视频设备等。飞机的主要任务是：支持搜救行动；污染物识别与跟踪以及寻找污染源；开展海上交通执法；开展海洋交通研究以及掌握北海的交通量等。

（2）国防部直升机司令部设在登海尔德附近的第 860 直升机中队的 NH - 90 型直升机以及莱瓦顿空军基地的 Agusta Bell 412 SP 型直升机。

（3）安全与司法部的飞机：荷兰海岸警卫队可调用安全与司法部的两架 Agusta Westland AW139 型警用直升机，用于常规巡航。

（4）荷兰石油与天然气勘探和生产协会的直升机：荷兰海岸警卫队可调用该协会租用的 Seaking S61N 型直升机用于海上搜救活动。

六、海岸警卫队中心

1987 年 2 月 27 日，荷兰成立了海岸警卫队中心，负责协调荷兰海岸警卫队所有业务部门的活动并负责制订计划，是海岸警卫队的沟通与协调中心，同时肩负荷兰海洋与航空搜救协调中心的职能，日常运作由海军负责。

1995 年，荷兰政府指定荷兰海军负责对荷兰海岸警卫队和海岸警卫队中心的业务指挥任务。但荷兰海岸警卫队不是荷兰海军的正式组成部分。

海岸警卫队中心目前有专职人员 5 名，其中包括 1 名执法官员。

七、海岸警卫队的计划与运作

荷兰海岸警卫队与各部签署业务协议，各部根据协议，为海岸警卫队提供物质、经费和人员。针对海岸警卫队的工作，每年制订两项计划，其中一项是为各部门提供服务的计划，由基础设施与环境部起草；另一项是执法工作计划，由北海执法协调联络组起草。这些计划均明确规定海岸警卫队每年应预期达到的工作指标。

荷兰海岸警卫队对上述计划进行汇总后，订出年度综合业务计划。按照年度计划提出的需求，整合和使用根据协议获得的人、财、物等资源。

第六章　葡萄牙

葡萄牙位于欧洲伊比利亚半岛西南部，东面和北面与西班牙毗邻，西南濒临大西洋。葡萄牙是欧洲古国之一，长期受罗马人、日耳曼人和摩尔人统治，1143 年成为独立王国。15 和 16 世纪开始向海外扩张，先后在非洲、亚洲和美洲建立大量殖民地，成为海上强国。

葡萄牙面积 9.19 万平方公里，海岸线长 1 187 公里，专属经济区面积约 170 万平方公里，比其陆地领土大 18 倍，是欧盟各国中专属经济区面积最大的国家。葡萄牙人口 1 053 万(2012 年)，76% 居住在沿海地区。2012 年葡萄牙 GDP 为 2 125 亿美元(世界银行资料)。

海洋是葡萄牙最重要的自然资源宝库。葡萄牙涉海产业主要是航运业、海洋渔业与水产养殖业、海洋油气产业和海洋旅游业等。据经济合作与发展组织研究报告称，葡萄牙海洋产业对葡萄牙 GDP 的贡献率为 11%。海洋旅游业是葡萄牙十分重要的经济产业，海岸带和海洋吸引了到葡萄牙旅游的外国游客的 90%，为葡萄牙创造的就业岗位占葡萄牙总就业岗位的 10%。葡萄牙捕捞业也很发达，约有 8 700 多艘捕捞渔船，捕捞船队规模在欧盟居第四，捕捞和水产养殖的年产量约为 22 万吨，每年人均消费鱼类产品 56.5 公斤，在欧盟各国中最高。

近 10 年来，在欧盟的带动下，葡萄牙积极推进海洋综合管理，采取了一系列重要举措，其中包括：2006 年颁布《国家海洋战略》；2007 年成立部际间海洋事务委员会；2008 年葡萄牙政府颁布海域空间规划；2009 年出台《海岸带综合管理战略》；2012 年成立农业、海洋、环境与国土空间规划部。

葡萄牙海军被称为"肩负双重任务的海军",一方面是葡萄牙的海上国防力量,负责保卫葡萄牙的海洋安全和维护海洋主权,另一方面肩负海岸警卫队的海上执法任务。因此,葡萄牙的海洋执法体制是由海军进行海洋执法的单一化体制。

第一节　海洋管理体制

近几年来,葡萄牙在落实欧盟海洋与海岸带综合管理的各种法规法令方面做出了巨大努力,海洋与海岸带综合管理工作取得明显成效,其中突出体现在不断加强海洋与海岸带综合管理法规建设和不断完善管理与协调体制。2007年,葡萄牙成立由总理任主席的部际间海洋事务委员会,2012年成立统管海洋事务和农业、环境等事务的农业、海洋、环境与国土空间规划部,使葡萄牙的海洋管理体系基本摆脱了分散管理模式,逐渐发展成高层协调与相对集中管理相结合的海洋综合管理体系,为葡萄牙海洋事业的发展奠定了法律与体制基础。

一、高层协调机制——部际间海洋事务委员会

2007年3月12日,葡萄牙部长理事会第40/2007号决议决定成立部际间海洋事务委员会,以确保各涉海部门间的协调与合作以及督促检查国家海洋战略的实施,强化国家各部门在国际海洋事务中立场的统一与协调,确保对欧盟海洋政策绿皮书提出的目标与措施的支持与落实。

(一)委员会的组成

主席:葡萄牙总理

成员:

　　财政部

　　外交部

　　国防部

　　内政部

　　经济与就业部

农业、海洋、环境与国土空间规划部

卫生部

教科部

亚速尔地区政府

马德拉地区政府

(二)任务

(1)协调、监督检查和评价《国家海洋战略》和其他相关战略、规划与计划的执行情况；

(2)协调、促进和督促检查政府批准的跨部门涉海政策、计划与措施的执行情况；

(3)促进葡萄牙参与国际海洋事务，统一和协调葡萄牙各部门在国际海洋事务中的立场；

(4)与相关部门一道，为吸引私营企业向海洋投资创造条件，制订适宜的合理开发利用海洋资源的政策；

(5)鼓励公众、私营部门、政府机构、非政府机构和民间社会为落实国家海洋战略作贡献。

二、海洋事务特别工作组

2005 年 8 月，根据葡萄牙部长理事会 2005 年第 128 号决议，葡萄牙成立海洋事务特别工作组，主要任务是为葡萄牙政府制订国家海洋战略和成立负责涉海洋事务协调机制等提出建议。该机构在制订《葡萄牙国家海洋战略》工作中发挥了积极作用（《葡萄牙国家海洋战略》于 2006 年完成编制，2007 年 3 月颁布，也称为《葡萄牙国家海洋政策》）。

2011 年，海洋事务特别工作组并入葡萄牙外大陆架特别工作组。根据葡萄牙政府 2012 年发布的关于农业、海洋、环境与国土空间规划问题的第 7 号令，葡萄牙海洋事务特别工作组的主要职能移交给农业、海洋、环境与国土空间规划部海洋政策总司。

三、主管海洋事务的职能部门——葡萄牙农业、海洋、环境和国土空间规划部

为了简化机构和提高政府工作效率，2012 年，葡萄牙将原农业、乡村发

展与渔业部和原环境、国土空间规划与地区发展部合并，成立了葡萄牙农业、海洋、环境和国土空间规划部。该部还从其他部委和机构接收了一些相关职能，例如，原来归国防部、科技部、高教部和公共工程、运输与通讯部的部分职能。在该部扩展的新职能中，包括海洋领域的职能，目的在于有效保护与开发利用海洋资源和开展海洋服务以及管理海上交通运输等。

该部的领导班子包括部长和相关主管领域的国务秘书：主管农业的国务秘书、主管林业和农村发展的国务秘书、主管海洋事务的国务秘书和主管环境与空间规划的国务秘书。

该部负责制订与执行有关农业、海洋、环境和国土空间规划的相关政策，涉及领域广泛，这有利于从综合的角度整合资源，以更好地发挥海洋潜力，提升海洋的价值，促进可持续发展目标的实现。

该部将海洋视为一个重要领域，突出显示了海洋在葡萄牙发展中的重要地位。葡萄牙重视各项海洋工作间的协调与合作，包括海事与港口服务、船舶建造与修理、涉海项目、渔业等领域间的协调与合作等。

2012年1月葡萄牙总统批准的2012年第7号法令，明确了农业、海洋、环境与国土空间规划的使命、职能与组织结构等。

（一）使命

通过将农业、海洋、环境与国土整合在一起，更好地从综合角度处理国土与自然资源事务，有效地促进农业的可持续发展，更好地保护和利用海洋及其资源以及合理保护环境和合理规划国土，使葡萄牙实现社会、经济与环境的可持续发展。

（二）职能

（1）设计、制定、协调和实施农业、海洋、森林、自然保护、乡村发展、环境与土地利用规划领域的政策，促进环境、经济与社会的可持续发展；

（2）保护、发展和利用陆地与海洋自然资源，提高食品质量，发展低碳经济，保护自然遗产，维护生态系统功能，保护生物多样性，保护和维护景观；

（3）发展有关领域的科学技术；

（4）规划、协调和管理国家、欧盟和其他支撑机制提供的财政支持，加强对经费的监管与执法，建立监督与评价体系；

（5）制定、实施和更新相关领域的国家战略，包括《国家乡村发展战略》、

《国家自然与生物多样性保护战略》、《国家海洋战略》、《国家海岸带管理战略》、《国家森林战略》和《国家气候变化应对战略》；

（6）协调、建设与发展国家信息系统，为整合和落实农业、海洋、森林、乡村发展、环境保护和国土规划方面的政策服务；

（7）加强审计、督促检查与执法，发展所需法律框架，以便更好地落实法律和法规；

（8）认真执行国际公约和履行葡萄牙承担的义务，积极参与国际和欧盟层面的国际事务；

（9）督促检查欧盟农业政策和欧盟渔业政策落实情况，根据葡萄牙的实际情况，认真贯彻执行；

（10）确保食品生产质量与安全；

（11）制定和实施土地与城镇化政策，评价和协调各领域和行业政策；

（12）制定葡萄牙海洋主权与管辖权政策以及海洋空间规划政策，并认真组织实施与评价；

（13）继续推进向联合国大陆架界限委员会提交外大陆架申请资料的工作；

（14）综合管理水资源，确保水质，包括控制废水与污染物排放和提高水资源利用效率；

（15）开展可持续废弃物管理、回收与再利用；

（16）与能源部门一道，制定国家气候政策，发展低碳经济，减少温室气体排放，有效应对气候变化；

（17）制定、协调和实施大气政策，控制和减少噪声污染；

（18）制定、实施和评价住宅政策，鼓励管理、维护和维修现有住宅。

（三）组织结构

农业、海洋、环境与国土空间规划部下设8个业务职能部门：

（1）秘书局

（2）农业、海洋、环境与国土空间规划总检察长办公室

（3）规划与政策局

（4）食品与畜牧总司

（5）农业与乡村发展总司

（6）海洋政策总司

(7)自然资源、安全与海洋服务总司

(8)国土总司

（四）该部的主要涉海职能机构

该部涉海职能机构主要有：

1. 农业、海洋、环境与国土空间规划总检察长办公室

在有关部委的监督指导下，负责评估农业、海洋、环境与国土空间规划部及其各机构的工作与服务业绩和法规的遵守与执行情况，措施包括：开展审计、采取管理与控制措施和调整财政资源分配等。

2. 规划与政策局

确定该部的战略优先领域与政策目标，协调和评估它们的落实情况，确保葡萄牙战略与政策在欧盟和国际上的地位。

3. 海洋政策总司

负责制定、审议和修订国家海洋战略，提出海洋政策和计划建议，协调海洋空间利用活动，参与制定和修订欧盟海洋综合政策，促进国内与国际海洋合作。

具体任务是：

（1）为支撑部际间海洋事务委员会的工作，协调、督促检查和评估国家海洋战略确定的措施的执行情况，负责修订战略措施，针对政府批准的涉海政策，开展横向协调；

（2）参与制定国家港口、航运、航行与有关安全的政策；

（3）支持和协调涉海教育与培训政策，包括捕捞政策、港口与航运政策、海洋科学与技术政策等方面的培训与教育政策；

（4）协调海洋公益服务、交通管理、环境保护与监测以及生物多样性保护等方面的工作；

（5）参与制定海洋自然资源调查、勘探与开发利用政策；

（6）督促检查葡萄牙执行欧盟海洋综合政策的情况以及其他双边和多边海洋合作计划执行情况，与外交部一道，协调葡萄牙在国际海洋事务中的立场与政策；

（7）督促检查葡萄牙落实《东北大西洋海洋环境保护公约》的执行情况，

包括建设东北大西洋污染预防与治理中心。

4. 自然资源、安全与海洋服务总司

负责落实海洋自然资源保护与科学研究政策，落实渔业、水产养殖、涉海制造产业和相关工作的政策，提供海洋安全与海事服务，督促检查、协调和管理根据这些政策开展的活动。

具体任务有以下几项：

（1）通过管理与规划工作，对国家自然资源进行分类和建档，开展规划和促进资源的合理开发利用；

（2）督促检查经费使用情况，推进国家和社会的自然资源管理，开展海洋公益服务，维护海上活动安全；

（3）落实欧盟共同渔业政策，实施国家渔业政策，组织开展国际渔业合作，加强葡萄牙与国际渔业机构的合作，建立国家渔业统计系统；

（4）组织渔业与海洋运输职业培训和资格认证；

（5）与国家自然和生物多样性保护机构一道，提出建设海洋自然保护区建议，管理国家级海洋自然保护区，加强与地区和地方海洋保护区组织的合作，包括制定、评估和审议相关计划；

（6）协调葡萄牙参与《保护东北大西洋海洋环境保护公约》的活动；

（7）参与建设和维护国家环境信息系统；

（8）建设、管理和协调海洋交通系统；

（9）管理与港口和海洋产业有关的活动，促进运输和其他涉海经济产业的发展；

（10）代表葡萄牙参与国际海事与港口领域的活动；

（11）参与海域空间规划与管理，负责实施海域许可证审批制度；

（12）负责船舶与海员资格认证；

（13）维护港口与船舶安全，预防来自船舶的海洋污染；

（14）根据法律授权，对违法行为行使处罚权；

（15）行使国家渔业管理局、国家倾废管理局、国家海上交通管理局和国家海运与港口保护局的职能。

第二节 与海洋管理和执法有关的
战略、政策和法规

从 20 世纪末期起，葡萄牙制定了一系列计划、政策与战略，为海洋综合管理与执法奠定了坚实的基础。这些计划与战略主要有：

1993 年：《海岸带管理计划》（1993 年第 309 号法令）；

1998 年：《葡萄牙海岸带战略》（1998 年部长委员会第 86 号决议）；

2001 年：《国家自然保护战略》（2001 年部长委员会第 152 号决议）；

2006 年：《国家海洋战略》（2006 年部长委员会第 163 号决议）；

2008 年：《葡萄牙海洋空间规划计划》（2008 年第 32277 号管理规定）；

2009 年：《国家海岸带综合管理战略》（2009 年部长委员会第 82 号决议）。

其中最重要的是 2006 年的《国家海洋战略》、2008 年的《海洋空间规划计划》和 2009 年的《海岸带综合管理战略》。

一、《国家海岸带综合管理战略》

2009 年，葡萄牙部长委员会发布第 82 号决议，出台葡萄牙《国家海岸带综合管理战略》。该战略的目的是为了落实欧盟的相关法令，对现有的各部门和行业政策进行整合，形成国家层面的政策，以便综合管理河流与海洋的过渡水域、流域、滩涂和海岸带地区。

《国家海岸带综合管理战略》确定了 8 项战略目标：

（1）加强国际合作；

（2）强化部门协调与沟通以及各种政策与法律之间的协调；

（3）保护自然与文化资源及景观遗产；

（4）保护与恢复海岸带，可持续地利用海岸带；

（5）降低各类风险和海岸带开发利用活动给社会、经济与环境产生的不利影响；

（6）加深对海岸带生态系统的科学认识；

（7）动员公众参与海岸带管理，加强宣传与意识教育；

（8）加强对海岸带管理政策与活动的综合评价。

《国家海岸带综合管理战略》提出了 20 项措施：

法规与管理

（1）加强海岸带管理法规建设；

（2）提高海岸带综合管理机制的效率；

（3）完善海岸带开发利用活动许可证审批制度；

环境

（4）加强海洋保护区建设；

（5）大力恢复和治理海岸带；

（6）综合管理海岸带矿产资源；

安全

（7）了解海岸带地区面临的风险和脆弱性，明确海岸带防护机制；

（8）应用各种标准，评估海岸防护工程建设需求；

（9）针对海岸带地区的具体风险制订应急计划；

海洋空间规划

（10）建立水资源档案，评估占用公共海域的合法性；

（11）统筹陆地管理与海岸带综合管理；

竞争力

（12）提高海岸带资源开发利用效率；

（13）为发展可持续海洋旅游创造有利条件；

（14）总结推广海岸带可持续利用经验；

知识

（15）加强海岸带科学研究；

（16）加强海岸带综合管理培训；

（17）加强各省和地区的海岸带综合管理合作；

监测

（18）开展沿海海洋系统、生物群落和环境质量监测；

（19）为了解海岸带演变，鼓励公立部门与私营机构的合作，加强旨在研究海岸带演变的研究机制建设；

参与

（20）加强海岸带信息系统建设和海岸带意识宣传教育。

二、《国家海洋战略》

2006 年 11 月 16 日，葡萄牙部长委员会通过了《葡萄牙国家海洋战略》，2007 年 3 月正式发布。该战略也称《葡萄牙国家海洋政策》。

《战略》共分 6 部分，第一部分：引言；第二部分：原则与目标；第三部分：战略支柱；第四部分：人力资源与财政资源；第五部分：监督、检查、评估与修订；第六部分：行动与措施。

第二部分提出的原则包括：①综合管理原则；②可持续发展原则；③谨慎与预防原则；④基于生态系原则。

第三部分提出了三大战略支柱，即：①知识；②海洋空间规划；③维护国家利益。

第六部分提出的优先领域是：①成立为《葡萄牙国家海洋战略》服务的协调机构，包括部际间海洋事务委员会；②加强磋商与交流，更好地协调葡萄牙在国际海洋事务中的立场；③动员全国力量，对欧盟海洋政策带来的机遇和问题等进行评估，确保葡萄牙在欧洲海洋事务中处于领先地位。

该战略还提出了八项战略行动：①提高全社会对海洋的重要性的认识；②加强教育与宣传活动；③吸引高素质人才，加强基础设施建设；④强化海洋空间规划和海岸带综合管理；⑤保护珍贵的海洋自然遗产；⑥建立旨在鼓励投资者向海洋投资的机制，确保葡萄牙海洋经济的强劲与可持续发展势头；⑦发展新型海洋产业；⑧建立有效的综合巡航监视、安全与国防系统。

三、《海洋空间规划计划》

2008 年，葡萄牙颁布了《海洋空间规划计划》，该计划确定的主要目标是：

(1) 从海岸带综合管理的角度，明确目前和今后的海域使用情况和需求；

(2) 绘制海洋开发利用活动图，针对各类不同海洋开发利用活动分配不同的海域利用空间；

(3) 可持续地利用海洋资源，有效地保护和恢复海洋资源；

(4) 制订用于评价和监督检查海洋开发利用活动的指标。

第三节　海洋执法体制

　　葡萄牙海军是一支肩负双重任务的队伍，在维护国家海上安全的同时，履行海洋执法任务。海军执行海上执法任务，主要依靠葡萄牙海洋监管系统（MAS——Maritime Authority System）。

　　为了推进海洋事务，国防部设有海洋事务国务秘书（Secretary of State for Sea Affairs），并于2002年建立了海洋监管系统，由国防部部长任主席，下设四个主要机构：国家协调委员会（The National Cooperation Board）；国家海洋管理局（The National Maritime Authority）；海洋监管系统海军分部（The Naval Component of the Maritime Authority System）；国家海洋监管委员会（The National Maritime Authority Council）。

　　海洋监管系统是由多个部门共建的协调机制，成员单位包括葡萄牙海军、葡萄牙国家共和警卫队、葡萄牙空军、领土与移民局、内政部、国家紧急医疗研究机构以及执法警察等。负责海洋监管系统协调工作的是海军国家海洋管理局，由葡萄牙海军参谋长领导。海洋监管系统可以调配的船只包括：海警巡逻船；救生员协会救生艇；港务船；国家共和卫队近海控制监视船；葡萄牙海军舰艇等。飞机主要包括葡萄牙空军的飞机和海军、空军及内政部的直升机等。

　　葡萄牙海军在执法方面主要担负港口的安全保卫、护渔、水道测量和灯塔维护等任务，随着对公共利益的不断重视，海军执法业务范围现在逐渐延伸到科学研究、渔业与环境保护、海难搜救、海域管理执法和海洋环境调查等。

　　葡萄牙海军兵力约1.5万人，设5个海区（大陆北部海区、中部海区、南部海区、亚速尔群岛海区、马德拉群岛海区）司令部，1个海军作战司令部（设在里斯本）和1个陆战队司令部。

　　葡萄牙海军主要装备：潜艇3艘，护卫舰16艘，巡逻艇29艘和登陆舰10艘。

第七章　俄罗斯

俄罗斯位于欧亚大陆的北部，濒临大西洋、北冰洋和太平洋，面积 1 707.55 万平方公里，是世界上国土最辽阔的国家，海岸线长 4.3 万公里，濒临三大洋的 12 个海。北部领土中 36% 在北极圈内。俄罗斯专属经济区面积 760 万平方公里。2012 年，俄罗斯人口 1.419 亿，GDP 为 2.022 万亿美元，人均 GDP 为 14 247 美元。俄罗斯矿藏资源丰富，铁矿、石油、天然气、铜和森林等均居世界前列，水力资源和渔业资源也十分丰富。

俄罗斯是一个有悠久海洋传统的大国和海洋强国。20 世纪 70 年代，苏联已成为能与美国抗衡的世界海洋强国，但苏联的解体使俄罗斯实力一落千丈。为了发展国家实力，20 世纪 90 年代，俄罗斯采取了一系列发展海洋事业的重大举措：1997 年 1 月，颁布了俄罗斯联邦《世界海洋计划》，谋划旨在保持和增进俄罗斯海洋强国地位的战略与策略；2001 年 7 月，总统普京批准了《至 2020 年期间俄罗斯联邦海洋政策》，使俄罗斯第一次有了目标明确的海洋政策；2001 年 9 月，俄罗斯发布第 662 号令，成立海洋事务高层决策与协调机构——俄罗斯联邦政府海洋委员会；2008 年 9 月，俄罗斯总统批准《2020 年前及更远的未来俄罗斯联邦在北极地区的国家政策原则》；2010 年 10 月，批准了《2020 年前及更远的未来俄罗斯联邦在南极活动的发展战略》；2010 年 12 月，总统普京签署了《至 2030 年期间俄罗斯联邦海洋工作发展战略》。

俄罗斯联邦海洋委员会的成立以及俄罗斯《世界海洋计划》、《至 2020 年期间俄罗斯联邦海洋政策》和《至 2030 年期间俄罗斯联邦海洋工作发展战略》的出台，极大地强化了俄罗斯的海洋事务，使俄罗斯的海洋事业得以迅速和稳步发展。

目前，俄罗斯在海洋管理方面采用的是高层决策和协调与政府各部门分工负责相结合的综合管理模式，海洋执法工作则由联邦海洋委员会负责高层决策和协调，以俄罗斯海岸警卫队为主担负执法任务，其他部门按职能分工负责相关领域的执法。

第一节　海洋管理体制

俄罗斯十分重视海洋综合管理与协调机制的建设，1997 年颁布的俄罗斯《世界海洋计划》指出，"在俄罗斯联邦世界海洋计划的框架下建立所需机制，是保障俄罗斯实现其在世界海洋的国家利益的重要保障"。

俄罗斯海洋管理体系包括：联邦总统、议会、安全委员会、联邦政府海洋委员会、政府各相关部和地方各级政府机构。

一、总统

联邦总统负责确定国家海洋政策优先领域和近期及长期规划，根据俄罗斯宪法赋予的权力，采取措施保障俄罗斯联邦在世界海洋的权利，维护个人、社会和国家的海洋利益，并指导国家海洋政策的实施。

二、议会

俄罗斯联邦议会根据宪法授权开展有关海洋立法工作，以保障国家海洋政策的落实。

三、俄罗斯安全委员会

俄罗斯安全委员会是俄罗斯总统的咨询机构，在海洋领域，负责研究、发现和指出俄罗斯面临的潜在危险，确定社会和国家的重大利益所在，制定俄罗斯联邦在世界海洋的安全战略方针。俄罗斯安全委员会下属的海岸警卫队是俄罗斯海上执法的重要力量。

四、高层决策与协调机制——俄罗斯联邦政府海洋委员会

为贯彻实施《至 2020 年期间的俄罗斯联邦海洋政策》，2001 年 9 月 1 日，

俄罗斯联邦政府通过了关于成立俄罗斯联邦政府海洋委员会的第 662 号决议，随后，俄罗斯又于 2004 年 7 月 13 日发布第 348 号决议、2005 年 12 月 29 日发布第 839 号决议和 2008 年 9 月 20 日发布第 7 号决议，就海洋委员会的职能等相关事务做出了新规定。

（一）宗旨

2001 年第 662 号决议规定，俄罗斯联邦政府海洋委员会是俄罗斯联邦政府的常设机构，其宗旨是根据俄罗斯国家政策和有关国际政策，确定俄罗斯联邦海洋工作优先领域，确定和修改国家海洋政策的目标与任务，制定俄罗斯联邦海洋工作发展计划，协调和统一俄罗斯联邦各执政部门和参与海洋事务的各机构在行动上的协调一致，并积极推进俄罗斯海洋、南极和北极科学研究。

（二）职能、重点任务与权利

1. 主要职能

（1）协调联邦政府各部门、各级地方政府和各涉海单位的工作，维护、发挥和发展俄罗斯联邦在海洋领域的潜力；

（2）推进俄罗斯联邦海洋事业的发展；

（3）确定国家海洋政策的目标与任务（包括专项计划、建设计划、船只修建与使用计划）；

（4）根据国家政策和国际形势，制订俄罗斯联邦海洋工作纲领；

（5）强化俄罗斯海洋事务，为实现俄罗斯在政治、军事、经济、对外和社会安全及其他领域的目标服务；

（6）制订与修订俄罗斯联邦海洋法律法规和文件；

（7）研究解决俄罗斯联邦海洋工作存在的问题；

（8）促进俄罗斯开发世界海洋矿物资源与生物资源；

（9）研究世界海洋形势，跟踪、分析和研究国外海洋工作、发展趋势和海洋资源开发利用情况；

（10）在北极和南极及其他海洋领域的国际谈判中，捍卫俄罗斯利益；

（11）完善国际合作法律框架；

（12）完善俄罗斯海洋科学技术体系，促进海洋、南极和北极研究；

（13）向媒体通报俄罗斯联邦海洋工作情况。

2. 重点任务

(1) 确定俄罗斯海洋工作优先领域；

(2) 协调和整合俄罗斯联邦、各级地方政府、俄罗斯科学院和涉海利益相关者的海洋工作以及南极和北极研究工作；

(3) 研究和提出相关建议，内容涉及：俄罗斯联邦和地方的海洋计划，海洋国土与海域管理和保护政策，海洋产业、科学与技术能力建设，俄罗斯海洋事业经费，海洋国际合作与履行国际公约和条约，海洋工作的发展与管理，涉海国防事务、船舶建造与海洋的非军事利用，海军的发展等；

(4) 协调中央和地方政府的涉海工作，促进海洋研究、保护、开发与利用，包括南极和北极研究；

(5) 掌握海洋环境和海洋污染状况；

(6) 促进公立—私营伙伴关系，加强俄罗斯研究和勘探海洋与南极、北极的能力建设；

(7) 采取措施发展港口基础设施，扩展俄罗斯船队规模，发展海洋进出口运输，维护与发展研究船队，发展俄罗斯海洋科考能力；

(8) 组织研究俄罗斯外大陆架问题，包括北极海洋问题，发展北极航道，为航行提供水文气象和水道测量支持，研究解决北极地区环境问题；

(9) 就如何使用政治、外交、经济、财政、信息和其他手段为促进俄罗斯海洋利益提出建议。

3. 俄罗斯联邦政府海洋委员会的权利

(1) 参加联邦政府、俄罗斯各地执政主体和涉海组织召开的与海洋委员会职能有关的领导层会议；

(2) 听取俄罗斯联邦各执政机关、俄罗斯联邦各主体的执政机关和俄罗斯联邦其他从事海洋事业的部门的汇报；

(3) 使用俄罗斯各级政府的有关信息数据库；

(4) 鼓励和吸收政府部门和科研机构的代表、专家和学者参与海洋事务；

(5) 设立和管理有关工作组。

(三) 俄罗斯联邦政府海洋委员会秘书处

秘书处设在俄罗斯联邦政府办公室。

（四）组成

俄罗斯政府 2001 年第 662 号决议规定的委员会组成是：

（1）主席：俄罗斯联邦政府总理

（2）第一副主席：俄罗斯联邦政府副总理

（3）副主席：

国防部部长

经济和贸易部部长

海军司令

（4）常务秘书长：

海军咨询助理

（5）委员：

自然资源部部长

外交部部长

交通部部长

能源部部长

俄罗斯科学院副院长

国家渔业委员会主席

水文气象和环境监测局局长

边防局局长

船舶建造总局局长

交通部第一副部长兼国家海运局局长

边防局局长

根据 2013 年 3 月 27 日第 453 号令，俄罗斯联邦政府海洋委员会的组成调整为：

（1）主席：由副总理担任

（2）副主席：由自然资源与环境部部长、交通部部长、农业部部长、海军司令担任

（3）常务秘书长：由联邦政府行政管理局副局长担任

（4）顾问：

副总统派驻联邦西北地区特命全权特使

玛瑙公司总经理兼总设计师

总统顾问兼气候问题总统特别代表

工业投资集团总经理

俄罗斯大陆架石油与天然气勘探公司总经理

联合造船公司总经理

俄罗斯航运公司协会会长

俄罗斯议会国防委员会委员

总统顾问

摩尔曼斯克地区议会副主席

俄罗斯安全委员会秘书长助理

佩琴加国际港口理事会主席

俄罗斯船东联合会主席

俄罗斯海员联合会主席

俄罗斯石油公司第一副总经理

俄罗斯联邦国际事务委员会委员兼北极与南极国际合作问题总统
特别代表

俄罗斯石油天然气生产商联合会主席

（5）委员：

外交部部长

通讯与大众传媒部部长

俄罗斯远东开发部部长

俄罗斯民防、紧急和减灾部部长

联邦海关总署署长

财政部副部长

内务部副部长

经济发展部副部长

教育与科技部副部长

联邦边界基础设施发展局局长

联邦自然资源管理局局长

联邦海洋与内陆水运局局长

联邦运输管理局局长

联邦渔业局局长

联邦环境、技术与核管理局局长

联邦底土利用局局长

联邦航空运输局局长

联邦水文气象与环境监测局局长

联邦安全局边境保卫局第一副局长

布里亚特共和国总理

伊尔库茨克州州长

堪察加州州长

亚马尔涅涅茨自治区区长

阿斯特拉罕州州长

摩尔曼斯克州州长

俄罗斯远东地区滨海边区州长

阿尔汉格尔斯克州州长

圣彼得堡州州长

涅涅茨自治区区长

哈巴罗夫斯克州州长

俄罗斯军事工业委员会第一副主席

政府军事工业委员会委员

俄罗斯科学院副主席

俄罗斯原子能公司总经理

俄罗斯海港公司总经理

俄罗斯造船工业研究所所长

(五)科学咨询委员会

科学咨询委员会负责组织开展相关研究，为联邦政府海洋委员会提供咨询服务，以提高俄罗斯海洋工作效率和提高海洋委员会的决策水平，促进俄罗斯国家的海洋利益和维护国家海洋安全。

(六)部际间委员会

俄罗斯联邦政府海洋委员会下设以下9个部际间委员会：

(1)部际间海洋与河流运输委员会

（2）部际间海洋资源开发委员会

（3）部际间海洋矿产与能源资源开发委员会

（4）部际间海洋科学研究委员会

（5）部际间海军事务委员会

（6）部际间执行国家海洋政策与世界海洋计划委员会

（7）部际间海洋法委员会

（8）部际间航行船队委员会

（9）部际间潜水委员会

（七）会议

第 662 号决议规定俄罗斯联邦政府海洋委员会全体会议可在必要时召开，但每半年不得少于一次。总统或总理可视需要参加会议。

五、联邦政府主要涉海管理职能部门

俄罗斯联邦政府通过海洋委员会和各相关联邦机构，负责指导和落实国家海洋政策，各相关政府部门根据职能分工承担有关任务。

（一）自然资源与生态部

俄罗斯联邦自然资源与生态部负责制定国家有关自然资源与生态管理、保护、开发和利用政策和法律法规，主要涉及领域包括：自然资源研究、管理、利用、开发与保护；水资源、与水有关的经济综合系统和水利设施的安全保障与利用；地下资源利用与安全管理；工业和生产安全；核能利用安全；电力设备及电网安全；工业爆炸物的存放与使用安全；水文气象与相邻领域以及环境的监测和污染防治等。该部还负责制定与实施环境保护，包括自然保护区与生态评估方面的国家政策与法律法规。

自然资源与生态部下设主要机构有：联邦自然资源管理局；联邦水资源局；联邦矿产资源管理局；联邦水文气象与环境监测局；联邦生态、技术和原子能监督局；联邦渔业局和联邦森林局等。

自然资源与生态部负责牵头管理俄罗斯联邦政府海洋委员会下属的部际间海洋矿产资源与能源开发委员会，其中职能之一是管理、保护和开发利用包括俄罗斯大陆架和专属经济区在内的俄罗斯管辖海域的海洋矿产资源与能源、开发利用国家管辖范围外国际海域的矿产资源以及与其他国家合作开发的其他国家专属经济区的矿产资源。

俄罗斯水文气象与环境监测局是俄罗斯自然资源与生态部的重要组成部分。下面详细介绍俄罗斯水文气象与环境监测局的情况。

1. 宗旨

提高俄罗斯水文与气象监测和服务水平，降低气候变化等自然因素对国民经济与居民生命等造成的不利影响，开展包括海洋环境在内的环境监测，有效保护环境。

2. 主要任务

(1)为俄罗斯联邦经济产业、武装部队、国家权力机关和公众提供及时和准确的水文、气象与地球物理信息和环境污染资料，包括实时资料与预报；

(2)建设国家水文与气象观测系统和观测网，组织海洋与大气(包括贝加尔湖、大陆架和专属经济区)观测与监测，搜集、获取、分析和分发水文气象资料；

(3)建设国家环境监测系统，评价和预报大气、地表水、海洋、大陆架和地球空间状况与污染状况；

(4)组织和促进气象、水文、地球物理和环境污染监测科学研究；

(5)对土壤样品、大气气溶胶、大气沉降、表层海水和大陆架海水以及放射性危险区的上述参数进行现场取样和实验室分析；

(6)监测大气、陆地、世界海洋、南极、北极和近地球空间的水文气象与地球物理过程，研究和预测地球的放射性状况、电离层和磁场；

(7)管理俄罗斯环境资料基金；

(8)管理俄罗斯表层水资料档案和维护国家水数据库；

(9)为民用航空和其他飞行试验活动提供专业气象服务；

(10)领导和组织俄罗斯南极科考；

(11)组织防灾减灾，为雪崩抗灾等提供业务化支撑；

(12)组织开展人工影响气象和其他地球物理过程的活动，包括人工降雨和控制降雨、为保护农作物驱雹、驱雾等。

(13)组织开展有关国际合作；

(14)组织有关领域的人才培养与教育。

3. 规模

俄罗斯水文、气象与环境监测局目前有 3.6 万人，1 878 个观测与监测站和 3 110 个观测与监测点，可开展 30 类不同的观测与监测。

4. 优先领域

2010 年，俄罗斯政府发布了《至 2030 年期间的俄罗斯水文、气象与相关领域行动战略》，该战略确定了俄罗斯水文、气象与环境监测事业的优先发展领域。具体优先发展领域是：

(1)建设和发展观测网：更新观测仪器与装备，增加观测站点，加大观测密度，提高自动化观测水平。气象观测站点将增加到 2 300 个，其中 600 个是自动观测站，建设 800 个水文观测站点和 80 个流动水文实验室，上层大气观测站增加到 129 个。

(2)建设覆盖全俄罗斯的由 150 个站组成的统一的岸基气象多普勒雷达网。

(3)建设俄罗斯空间观测系统，该系统由 7 个卫星和北极空间系统组成，卫星系统包括 3 个地球静止卫星，3 个极轨卫星和 1 个海洋卫星，北极空间系统包括 4 个高椭圆轨道和低极轨气象卫星。

(4)建设为天气预报服务的现代化超级计算机系统。

(5)建设和发展俄罗斯海啸预警系统。该系统能够在发现海啸灾害后10~11 分钟内将海啸灾情通报给公众(旧系统需要 23~35 分钟)。远东业务化海啸预警系统接收的信息来自 11 个自动海啸观测站、37 个海洋水文气象站和 23 个海平面自动观测站。该预警系统的 3 个海啸预警中心分别是：南萨哈林斯克海啸预警中心、堪察加彼得罗巴甫洛夫斯克海啸预警中心和海参崴海啸预警中心。

(6)完善污染灾害预防与应急中心建设。

(7)建设为 2014 年索契奥林匹克冬运会服务的水文气象支持与环境监测系统。

(8)建立统一的联邦环境资料基金，以便引入新的手段和技术，定期更新资料与数据，对资料和数据进行有效存档和加工处理，增加资料与数据收集类型和数量，提高资料与数据质量，提高存档和为用户服务的能力。

(9)加强水文、气象与相关领域的国际合作。严格履行国际义务，积极参与国际组织活动，加强双边合作，包括加强南极科考，积极参与《联合国气候变化框架公约》活动，积极参与世界气象组织、联合国教科文组织、联合国环境规划署、联合国原子能机构、国际民航组织、联合国欧洲经济委员会、北极理事会、国际卫星观测地球委员会、欧洲气象卫星组织、独联体政府间水文气象委员会等组织的活动。认真履行俄罗斯根据国际环境监测计划承担的义务。

（二）农业部

俄罗斯农业部职能主要包括：制定农业领域的公共政策和法律法规；农村地区的可持续发展；渔业和水产养殖；动物保护、研究、繁殖与利用；动物及其栖息地及林区保护；制定和实施土地公共政策与法律法规，组织开展国家土地监测活动等。

俄罗斯农业部负责拟定渔业政策，包括捕捞和水产养殖政策，管理和保护水生生物资源，加工、生产和销售鱼类产品，捕捞船舶管理，确保捕捞船舶作业安全，研究和保护海洋野生生物资源及其生境，预防和降低渔业捕捞区的风险，组织开展渔业搜救等。

农业部联邦渔业局是负责渔业管理的专门机构，主要职能包括：根据国家政策和法律法规，管理渔业生产活动；对水生生物资源进行研究、保护与合理利用，保障其繁殖条件和保护其生存环境；在渔业经济活动领域为国家提供所需服务；保障渔业生产安全；确定俄罗斯联邦船舶在其专属经济区进行商业捕捞的区域和时间；在与国防部门、环境保护部门等协商的基础上，决定其专属经济区内外国渔船进行商业捕捞的区域和时间；确定生物资源捕获限额并报俄联邦政府批准；根据分配的限额，给本国和外国申请者发放生物资源商业开发许可证；发放自然资源开发和海洋科学研究许可证。

农业部负责牵头管理俄罗斯联邦政府海洋委员会下属的部际间海洋生物资源开发委员会。

（三）运输部

俄罗斯运输部执行交通运输领域的职能，包括：制定民用航空领域的国家政策和法律法规；制定航海、内河领域的国家政策和法律法规（包括海上贸易、渔港）；制定铁路、公路、城市电力（包括地铁）、工业交通、道路设施、地质测量和制图领域的国家政策和法律法规。

俄罗斯运输部负责牵头管理俄罗斯联邦政府海洋委员会下属的部际间海洋与河流运输委员会，任务是：①确定海洋与河流运输优先发展领域；②协调联邦政府和各级地方政府的海洋与河流运输事宜；③制定和修订联邦海洋与河流运输重点计划；④解决海洋与河流运输产业面临的问题，吸引国内外投资；⑤组织开展海洋与河流运输国际合作，履行俄罗斯承担的国际义务；⑥向总统、政府和联邦海洋委员会报告海洋与河流运输工作。

（四）能源部

俄罗斯联邦能源部负责制定和实施燃料和能源综合领域的国家政策和法律法规，提供燃料和能源生产与利用领域的服务，管理该领域的国有资产。具体领域包括：电力、石油开采、石油加工、天然气、煤、页岩工业和泥炭工业；石油、管道、天然气及其制成品、可再生能源；矿藏开发；石油化工；等等。

（五）俄罗斯教育与科学部

俄罗斯教育与科学部负责组织海洋科学与技术研究和培养海洋专业技术人才，为海洋与海岸带管理、海洋资源与环境保护、海洋资源开发与利用等提供科技支撑。

俄罗斯教育与科学部负责牵头管理俄罗斯联邦政府海洋委员会下属的部际间海洋科学研究委员会，主要任务是：①参与制定俄罗斯海洋科学研究政策，拟定国家海洋、南极和北极科研计划；②为俄罗斯发展海洋科学研究奠定所需基础和建设所需设施，包括发展海洋科学研究船队和开展科学考察；③完善海洋科研法规，包括北极和南极科学研究法规；④落实俄罗斯总统、政府和海洋委员会关于海洋科学的指示、命令和决定；⑤确定俄罗斯海洋、南极、北极科学研究的重点领域；⑥加强海洋科技领域国际合作，落实相关国际公约与条约。

第二节 推进俄罗斯海洋事业的
主要计划、政策与法规

为了推进俄罗斯海洋管理和整个海洋事业，从 20 世纪 90 年代起，俄罗斯出台了一系列海洋计划与政策，其中最重要的是 1997 年的《世界海洋计划》、2001 年的《至 2020 年期间俄罗斯海洋政策》和 2010 年 12 月 8 日颁布的《至 2030 年期间俄罗斯海洋工作发展战略》。这三份文件是俄罗斯发展海洋事业的纲领性文件，在推进俄罗斯海洋管理与海洋事业中发挥着重要作用。

一、世界海洋计划

1997 年 1 月 11 日，俄联邦总统发布第 11 号令，批准俄罗斯世界海洋计划。该计划旨在恢复俄罗斯在全球海洋领域中的地位，从经济发展和国家安全利益出发，全面解决俄罗斯在开发与利用世界海洋方面存在的问题。该计划提出了指导方针，确定了预期成果，提出了重点涉海工作领域以及为实现挑战性目标将采取的措施。

该计划共分 7 部分：①概论；②存在的问题；③世界海洋计划的目的；④主要指导方针和实施海洋计划的预期效果；⑤完成任务的前进方向；⑥世界海洋计划的阶段；⑦世界海洋计划的社会与经济意义。

(一)计划的目的

该计划指出，实施俄罗斯《世界海洋计划》是为了：①实现和维护俄罗斯的国家与地缘政治利益；②促进沿海地区的社会与经济发展；③稳定海洋经济结构；④提高各类海上活动的安全水平；⑤进一步发展与俄罗斯世界海洋事业有关的科学技术能力。

(二)任务

1. 第一阶段任务

(1)建立和完善法律法规，维护俄罗斯在世界海洋的利益；

(2)解决与邻国间的海洋边界问题；

(3)强化国家、区域和全球安全；

(4)为发展近期海洋工作所需技术奠定科学基础；

(5)为国民提供充足的鱼类和其他海洋食品，确保货物与人员运输的畅通。

2. 第二阶段任务

(1)实现海洋矿产原材料的产业规模化生产；

（2）为沿海地区提供充足的能源；

（3）对沿海区域进行综合管理；

（4）有效地监测和预测天气与气候状况。

3. 第三阶段任务

（1）通过强化俄罗斯在全球海洋的活动，提升俄罗斯在全球产品与服务市场中的经济地位；

（2）依靠新技术，开发利用全球海洋及其海底资源，扩展俄罗斯空间和提高俄罗斯的功能潜力；

（3）促进俄罗斯领土上各种自然系统的协调与平衡运行；

（4）促进世界海洋中自然系统与人类活动的相互作用与相互依存，实现俄罗斯经济、环境与社会的可持续发展。

（三）具体措施

1. 国际法律制度

（1）根据现有国内与国际经济和政治条件，提出国家管辖范围外海洋空间与资源的利用建议，明确国家的长期利益，提出维护俄罗斯在国家管辖外海洋的利益的措施；

（2）评价俄罗斯海洋法规与现有国际法规的衔接情况，拟定新的航行和海洋资源利用法规，建立完整的法律体系，落实俄罗斯的国家海洋边界制度、专属经济区制度和大陆架制度。

2. 贸易关系和全球产品与技术市场的机会平等

（1）建立相关机制，促进俄罗斯积极参与全球海洋国际劳动力市场；

（2）确保俄罗斯在国际海运市场和高技术领域（包括军工技术）的稳定地位；

（3）学习国外经验，建立具有俄罗斯特色的专门的自由经济区；

（4）最大限度地利用国际贸易和外国投资，提高沿海地区的生产效率；

（5）依靠国际法律机制，维护贸易公平；

（6）在沿海地区对外经济合作活动中维护俄罗斯的国家利益；

（7）建立符合国际要求和俄罗斯法规的旨在保护生产与消费者产品及服务市场的体系；

(8)从法律角度加强俄罗斯对外经济活动的监控，全面维护国家利益；

(9)确保俄罗斯船舶的海上航行自由权，并获得良好的港口服务；

(10)使俄罗斯船队在技术条件方面符合国际要求；

(11)在使用波罗的海沿岸诸国和乌克兰的港口方面，处理好有关的法律、经济和技术问题；

(12)发展俄罗斯在黑海和波罗的海的港口设施；

(13)在无冰区建设符合(国际)公约要求的港口。

3. 全球海洋研究

(1)加强对全球海洋和相邻地球系统的自然环境与关键过程的研究；

(2)研究海气相互作用，包括温室效应、能量与质量交换、碳生物化学循环等；

(3)加强对俄罗斯联邦大陆架、专属经济区、领海和海岸带的调查；

(4)监测和研究全球海洋状况和俄罗斯海域的水文气象条件，为经济和国防服务；

(5)加强生态系统和生物资源研究，在评估全球海洋各区域生产能力的基础上，开拓海洋食品新领域；

(6)研究海洋和海底地壳的结构与演变，预测和评价矿物资源；

(7)为国防和经济活动提供航海、水文地质、气象和水文气象方面的支撑服务，保障安全航行；

(8)调查海洋和沿海地区的自然与人为灾害。

4. 俄罗斯在全球海洋的军事与战略利益

俄罗斯海军应：

(1)遏制可能的威胁，确保海洋防卫安全。为此，应保持海上核威慑力量和建设足够的常规海上防卫力量；

(2)确保国家在全球海洋的影响力和维护经济活动的安全；

(3)发展及时防卫和抵御侵略的能力。

为此，应：

(1)制定俄罗斯军事政策，内容包括：俄海军在处理国家军事与经济安全问题中的重要性；海洋战略核力量和常规军力的能力建设；舰队的沿海基础设施建设；搜救服务；科学和其他服务。

（2）明确和解决相关问题，减少海军海上活动给生态系统带来的不利影响。

5. 全球海洋、北极和南极地区的矿物资源

（1）促进海洋矿物资源的产业化生产，为国家经济活动提供重要的原材料，首先是锰和钴矿，并为后代保护可再生能源；

（2）解决科拉半岛、乌拉尔和西伯利亚地区因加工大陆架矿产资源而产生的社会问题；

（3）开发新海洋矿区，为社会创造新的就业机会；

（4）完善法规，调整海岸带的经济活动和其他活动，协调沿海地区发展过程中地方、地区和国家的利益；

（5）制订经济激励措施，使沿海地区更加重视发挥海岸带的经济潜力；

（6）建立海岸带管理与环境监控计划的协调与实施机制，加强海岸带资源管理和减少人为活动给海岸带带来的变化；

（7）解决矿产开发与加工引起的生态和经济问题；

（8）遵照国际法，解决与俄罗斯国家管辖范围外海底矿物资源利用的相关政治与法律问题。

6. 发展世界海洋资源与空间开发技术

（1）为包括深海钻探在内的深海、大陆架和海底活动发展相关技术与装备，研制能够在水圈—岩石圈边界地区极端条件下使用的材料；

（2）研究实时处理地球物理资料的方法与手段；

（3）利用现代化仪器与方法开展海洋调查，利用所获资料更新海图，为研究与经济活动服务；

（4）发展遥感技术，提高从卫星观测世界海洋参数的能力；

（5）研制先进的导航、水文地质和水文气象仪器，为确保海上活动安全服务；

（6）为探测世界海洋发展气象与管理支撑系统；

（7）研究和发展减轻海啸、风暴潮、海底火山爆发等自然灾害影响的系统。

7. 全球海洋生物资源利用

（1）根据国际公约，合理开发俄罗斯专属经济区、开阔海域和其他国家专属经济区的生物资源，确保俄罗斯鱼类和其他海洋食品的供应；

（2）在适合人工培育水生生物的海域，发展海洋水产养殖；

（3）提高生物资源利用效率；

（4）发展现代化渔业捕捞与研究船队，发展涉海企业；

（5）通过建造和租赁，更新捕捞船队。

8. 俄罗斯在世界海洋的运输航线

（1）在波罗的海、黑海和科拉半岛，建设经济上可行和生态上科学的新港口设施；

（2）确保黑海海峡的航行自由；

（3）解决发展太平洋综合运输中心存在的问题。

9. 开发利用北极和探索南极

（1）北极是一个对俄罗斯具有重要意义的特殊地区，影响到俄罗斯的诸多方面，应制定统一的国家北极政策；

（2）提高为支持北极地区社会和经济活动发展所需的能源的供应能力，包括广泛利用非常规和可再生能源；

（3）发展北极航道运输服务系统；

（4）鉴于国外越来越多地利用北极航道在欧洲与亚洲港口之间进行过境货物运输，应加强北极航道领域的国际合作，并保护北极海洋环境使其免受航行污染；

（5）根据 1959 年北极协议，采取措施维持北极现状和维护俄罗斯在北极的存在与活动的长期利益。

10. 建设全国共享的国家级世界海洋信息系统

该系统的任务是：

（1）搜集、加工、存储和分发世界海洋的信息与资料；

（2）用上述资料与信息制作为各类用户服务的资料产品；

（3）为勘探和利用海洋提供信息支持；

（4）发挥国际信息中心的作用。

11. 人员安全、健康与教育等人文工作

（1）解决好涉海人员的劳动保护、健康和社会保护问题；

（2）提高涉海职业的地位与声望；

（3）创造有利条件，防止北部和远东沿海地区劳动力的流失，从独联体国家引进专门人才，适当从国外引进涉海劳动力。

二、《至 2020 年期间俄罗斯联邦海洋政策》

2001 年 7 月 27 日，俄罗斯总统普京批准《至 2020 年期间俄罗斯联邦海洋政策》。该海洋政策不仅为未来的海洋事业奠定了法律基础，而且还从根本上改变了俄罗斯的条块分割式海洋管理模式。

该政策全面阐述了俄罗斯联邦 2020 年前的海洋政策走向，从政治、经济、军事、科技各个角度，对制定俄罗斯海洋政策的原则作了详尽的论述。政治上，俄罗斯以海洋大国的姿态俯视世界各海洋，范围几乎涵盖世界所有海洋；经济上，俄罗斯的主要目的是尽可能地获取更多的资源，开发资源的目标已从大陆架延伸到大洋海底。同时，对亚太地区各国蓬勃发展的经济对其远东地区的影响表现出担忧；军事上，宣布要确保俄罗斯联邦海军在世界海洋的存在，并为此在各海域确定了明确的走向；在科技方面，除提出加强与海洋有关的科技工作外，还特别强调对大洋海底生物和矿物资源的勘探和开发，再次显示出这一政策的经济指向。对其他与制定海洋活动安全、信息、教育等有关政策应坚持的原则，也有详细论述。

《至 2020 年期间的俄罗斯联邦海洋政策》共分 5 部分：①总则；②国家海洋政策的实质；③国家海洋政策的内容；④国家海洋政策的实施；⑤结束语。

该政策指出，国家海洋政策的目的是实现和捍卫俄罗斯联邦的海洋利益，巩固俄罗斯联邦的世界海洋大国地位。具体为：①捍卫俄罗斯在内水、领海、领空、海底和海底资源方面的主权权利；②捍卫在俄罗斯联邦专属经济区实施勘探、开发和养护位于海底和水体中的动植物及非动植物自然资源的管辖权和主权权利；③行使并保护俄罗斯联邦在大陆架勘探和开发资源的主权权利；④维护公海自由，包括航行、飞越、捕捞和科学研究的自由，铺设海底电缆和管道的自由；⑤保卫俄罗斯联邦的海上领土、海域和空域。

三、《至 2030 年期间俄罗斯海洋工作发展战略》

2010 年 12 月 8 日，俄罗斯总统普京签署《至 2030 年期间俄罗斯海洋工作发展战略》。该战略阐述了至 2030 年前俄罗斯的海洋工作战略目标、发展方向和未来面临的挑战。

(一)主要战略目标

（1）提高俄罗斯在世界海运市场中的竞争力；

（2）提高渔船使用效率，为俄罗斯市场提供充足的鱼产品；

（3）完善俄罗斯内水、领海、专属经济区和大陆架以及里海和亚速海俄罗斯海域的安全防御系统，保护自然资源，强化区域渔业协定；

（4）履行根据俄罗斯签署的国际协议而承担的海洋环境保护国际义务；

（5）维护俄罗斯管辖海域的主权和保护海洋环境；

（6）加强对俄罗斯大陆架矿产资源与能源的开发；

（7）发展船舶制造产业，满足国内的船舶需求；

（8）提高海军作战能力，为重要战略通道的船只航行提供可靠的安全保障；

（9）确保航行安全，保护海洋环境免受污染；

（10）发展全面研究世界大洋和加强水文气象保障的方法与设备，加强对南极、北极的调查与科考；

（11）提高俄罗斯海上搜救能力；

（12）整合和利用不同部门的系统与基础设施，提高海洋资料与信息搜集能力，加强信息保障；

（13）促进陆地和海洋一体化综合管理，加强海岸带地区综合规划；

（14）履行国际公约规定的船旗国和港口国义务；

（15）提高俄罗斯参与国际事务的能力。

(二)重点领域

该战略提出的重点领域包括：

（1）海洋与河流运输；

（2）商业性捕捞渔业；

（3）海洋矿产资源与能源开发；

（4）海洋自然资源管理与利用；

（5）海洋科学调查；

（6）海军活动；

（7）俄罗斯管辖海域的海洋防务安全和海洋空间与资源保护；

（8）船舶建造；

（9）海上活动安全。

四、主要涉海法律法规

由于俄罗斯继承了苏联 90% 左右的海域，所以苏联颁布的海洋法令法规也相应被承袭下来。在继承苏联海岸带和海洋管理方面的法律法规的基础上，随着国际海洋新秩序的建立，俄罗斯又相继修改、完善和制定了一些新的法规。

俄罗斯在海洋管理方面的法律和法规主要有：

（1）1960 年发布的《关于调整开发和加强水资源保护的措施》；

（2）1968 年颁布的《关于大陆架的法令》；

（3）1969 年发布的《关于在大陆架上开展工作的程序和保护大陆架自然资源》第 564 号决议；

（4）1974 年颁布的《关于加强对有害人体健康或海洋生物资源的物质或其他废弃物的海洋污染责任问题》；

（5）1976 年制定的《关于禁止船舶对海洋污染的措施》；

（6）1977 年 10 月 7 日通过的《宪法》，从法律角度明确了对管辖海域及其资源的基本管理制度；

（7）1984 年发布的《关于苏联专属经济区的法令》；

（8）1985 年制定的《在苏联专属经济区进行海洋科学研究的程序规则》；

（9）1989 年签订的《美国和苏联关于共同防止白令海石油污染的协议》；

（10）1995 年颁布的新《大陆架法》。

第三节　海洋执法体制

俄罗斯海洋执法体系由高层决策与协调机制和以俄罗斯海岸警卫队为主的部门分工负责机制组成。

一、高层管理与协调机构——联邦政府海洋委员会

2001 年 9 月，俄罗斯第 662 号决议批准成立的联邦政府海洋委员会，是

俄罗斯涉海行动机构，其中包括海洋执法工作的协调，海洋委员会的文件对有关涉海事务具有行政约束力。

二、执法队伍

(一)联邦边防局海上执法队伍——俄罗斯海岸警卫队

1917年十月革命前，俄边防部队隶属于财政部。1918年5月28日，苏维埃颁布法令建立边防军，成为苏联军事力量的组成部分，由苏联安全委员会实行直接领导。1993年12月30日，在边防军的基础上，成立了俄罗斯联邦边防军总指挥部。1994年12月，改名为俄罗斯联邦边防局。2003年3月11日，普京签署第308号总统令，将边防局划归联邦安全局领导。

俄罗斯联邦边防局通过与地区海上边界保卫部门的协调实施边境保护措施，借以完成保护海岸边界的任务。2005年5月，俄联邦安全局组建海岸警卫队，力求建立综合有效的现代化体系，以对抗来自海岸边界的安全威胁，并对沿岸、内水、领海、专属经济区和大陆架上的正当经济活动提供有力的安全保障。

俄罗斯海岸警卫队的主要职责是：保卫俄罗斯的边界、内海、领海、专属经济区和大陆架及其水生物资源；调查和打击企图穿越联邦边境的恐怖分子，打击非法通过俄边境运送武器、爆炸物、放射物质、毒药和其他可用于恐怖活动的物品的犯罪行为；保障领海和专属经济区的国家海运活动安全。

俄罗斯海岸警卫队的装备：船舶150余艘，其中包括护卫舰6艘，轻型护卫舰12艘，海洋巡航船27艘，巡逻破冰船6艘，巡逻艇74艘，内河巡逻艇22艘；飞机有轻型飞机和直升机。

(二)联邦海关总署海上执法队伍

联邦海关隶属于联邦经济发展和贸易部，由联邦总统和政府实行垂直领导。联邦海关具有打击走私以及其他犯罪和行政违法行为的职能。联邦海关直接通过海关当局和国外的代表机构与其他联邦执行权力机关、俄罗斯联邦各行政主体、地方自治机关、联邦中央银行、社会团体及其他部门的相互配合来实施行动。俄联邦海关的主要涉海职责是打击海上走私等违法犯罪活动。

(三)联邦渔业局海上执法队伍

联邦渔业局是在改革联邦渔业委员会的基础上发展起来的，2008年5月，俄罗斯总统发布第724号，批准成立该局（隶属于农业部）。2008年6月，联邦政府决议批准《联邦渔业局条例》，该条令为渔业机构的海上执法活动提供了法律依据。联邦渔业局下设20个地区渔业局，主要分布在俄罗斯濒临的各海域以及内陆河流。俄罗斯的渔业执法人员配有武器。

（四）联邦运输部海上执法队伍

俄罗斯运输部海洋与河流运输局在海洋与河流运输领域行使执法权，主要任务：保障管辖领域海洋和河流运输的航行安全和免受非法活动的破坏；依据国际法和国内法保障集装箱运输、危险货物加工及运输的安全；制订海洋和河流运输安全领域的工作细则以及与国外相关机构开展合作等。

海洋安全局是保障海洋和河流运输安全的专门国家机构，隶属于海洋和河流运输局。2010年8月9号，根据《联邦运输安全法》的规定，海洋安全局对受损运输设施进行鉴定，在海洋和河流运输领域对运输措施进行评估。

俄罗斯联邦运输监督局也是联邦运输部的下设部门，在民航、海洋、内水、铁路、汽车运输领域行使职能。主要职责是：保障港口监督计划的实施；保障航行安全和港口秩序，监督海港的装卸活动；对海上货物运输和海上旅客运输颁发许可证。

（五）联邦自然资源与生态部海上执法队伍

该部下属的联邦水文气象和环境监察局的环境监察大队，主要负责监测海洋生态环境、海洋污染以及海洋资源的利用情况，会同联邦环境保护部门、联邦地质和矿产资源利用管理机构以及联邦渔业局，对海洋环境和海底条件进行观测、评估和预测，并开展相关执法工作。俄罗斯已在沿海地区和日本海临近水域设有227个环境污染监察站。

第八章　澳大利亚

澳大利亚位于印度洋和太平洋之间，由澳大利亚大陆、塔斯马尼亚岛及大洋中的一些岛屿组成。大陆四周被海洋环绕，东濒太平洋的珊瑚海和塔斯曼海，北、西、南三面临印度洋及边沿海——阿拉弗拉海和帝汶海。

澳大利亚人口2 334万（2012年），人口稀少，平均人口密度为每平方公里2人，是世界上常住人口密度最小的国家，约90%的人口分布在沿海至内地120公里范围内。澳大利亚GDP为1.541万亿美元（2012年），人均GDP为67 643美元。

澳大利亚陆地面积近770万平方公里，海岸线长36 735公里，如果包括附近的岛屿，海岸线长度达69 630公里。澳大利亚宣称拥有1 600多万平方公里的管辖海域，其中专属经济区1 100万平方公里，居世界第三。

澳大利亚是世界上几个超生物多样性的国家之一，周边海域有着一系列生物栖息地和海洋生物结构。澳大利亚的海岸线跨越多种气候带，为丰富和多样性的生物种类提供了良好的栖息环境。在众多的自然资源中，有地球上最大的珊瑚礁系统——大堡礁，沿海岸延伸长达2 500公里。

澳大利亚注重海洋管理，以保护其海洋利益，这些利益体现在战略、政治、经济和环境等各个方面。战略利益主要是指开发利用海外岛屿、南极领土和岛间领海内资源的权利以及航行自由权；政治利益是指合理有效地管理领海和海上资源，并且通过与地区内的邻国合作共同维持良好的海洋秩序；经济利益主要指传统的海洋产业，如海洋渔业、运输和海上贸易、滨海旅游以及能源和其他一些新兴的海洋产业。海洋产业在澳大利亚经济社会中占有重要地位，目前澳大利亚海洋产业的年产值约 440 亿澳元，占国内生产总值的 4% 以上，预计到 2025 年将上升到 1 000 亿澳元，其增长速度快于其他产业；环境利益包括维持健康的海洋环境。

第一节　海洋工作基本情况

澳大利亚多样化的气候、地质和海洋体系及其陆地、河口和海洋生态系统支持着丰富的生物多样性。

澳大利亚历来重视海洋管理。从初步的海岸环境管理和渔业资源保护，到海岸带综合管理和覆盖整个澳大利亚海域的海洋区域规划，均取得了明显的成就。随着社会和经济的不断发展和人口的剧增，人们在海岸带和海上活动日趋增加，再加上日益增多的海洋旅游者，给澳大利亚的海岸带造成了极大的压力。

澳大利亚是联邦制国家，联邦政府与各州政府的海洋区域管辖分工是：自领海基线起向海 3 海里由沿海各州和领地管理，自 3 海里以外至 200 海里专属经济区为联邦政府管辖水域。澳大利亚肩负涉海职能的部门较多，这些部门还制订了各自的法律与政策。2008 年《澳大利亚海洋政策》出台后，该政策在协调和整合澳大利亚涉海各部门的工作、政策与法规以及促进澳大利亚海洋综合管理方面发挥了重要作用。除了依靠海洋政策协调海洋工作外，澳大利亚还设立了国家海洋部长理事会等高层协调机制。

一、海岸带管理

海岸带是澳大利亚重要的财富之一，独特的海岸价值和资源对澳大利亚人的生活方式产生了重要影响。

早在 20 世纪 70—80 年代，澳大利亚的一些州已着手立法和制定相关政策，以保护海岸和生物栖息地，如维多利亚州的《环境保护法》(1970 年)，南澳州的《海岸保护法》(1972 年)和新南威尔士州的《海岸保护法》(1979 年)等。

在全球日益重视海岸带综合管理的大环境下，20 世纪末，澳大利亚开始对本国的海岸带管理工作进行回顾，并提出了一系列的改革措施，基本思路是以生态可持续发展理念为指导，加强对海洋资源的综合管理，以社区为基础，各利益相关者全程参与海岸带的管理工作。

为了更好地履行生态环境建设与保护职能，联邦政府与州政府之间以及各州政府之间积极磋商，探讨海岸带管理方面的合作。1992 年，联邦政府与州政府达成了《澳大利亚政府间环境协议》，明确提出联邦政府和州政府将通过合作和协商原则处理环境问题，规定了各级政府在制定环境政策和法规时必须遵循的原则，并对具体的环境议题制订了一系列协作行动计划。

20 世纪 90 年代是澳大利亚海岸带管理大变革时期。90 年代初，澳大利亚政府开始对海岸带的现状和以往的管理情况进行检查回顾。联邦政府还专门为此成立了资源评估委员会。1993 年，资源评估委员会提交了一份调查报告，全面分析了澳大利亚各州海岸带管理方面的实际情况，提出了制定国家海岸带行动计划的建议。在此报告的基础上，澳大利亚政府于 1995 年出台了《联邦海岸带政策》和《国家海岸行动计划》，为协调联邦、州和领地政府的海岸带管理行动发挥了积极作用。

1998 年，澳大利亚联邦颁布了《澳大利亚海洋政策》，1999 年又颁布了《环境保护与生物多样性保护法》，为澳大利亚的海岸带管理乃至整个海洋管理工作提供了清晰的政策指导和法律依据。

2003 年，自然资源管理部长理事会批准了《海岸带综合管理国家合作办法框架》，重点强调海岸带综合管理需要各级政府和各利益相关者共同参与，强调要对沿海集水区、海岸带和海洋进行一体化管理，从源头管好陆源污染和海洋污染，建设健康、清洁和生态可持续发展的海岸带环境。

为了实施这一框架，2006 年又公布了《海岸带综合管理国家合作办法框架实施计划》，这是一个完全细化了的海岸带综合管理计划。

近些年来，澳大利亚政府投入了相当大的人力和财力，通过各种海岸带保护项目，鼓励地方社区和各利益相关者参与海洋保护行动。澳大利亚的海洋环境保持了良好的健康状态，各海洋产业的海域使用活动在生态可持续发展政策的指导下，得到了协调发展。

二、加强海洋环境保护，促进生态可持续发展

1990 年，澳大利亚政府动员各方力量，就生态可持续发展问题进行了全面调查研究。政府成立了各行业生态可持续发展工作组，在广泛调查研究的基础上，形成了《国家生态可持续发展战略》草案。1992 年 12 月，澳大利亚

政府委员会正式批准了《国家生态可持续发展战略》。

该战略指出，任何决议和计划都应考虑经济、环境和社会的协调发展，把生态可持续发展原则作为各级政府决策的重要组成部分。为此，联邦政府承诺在制定政策过程中纳入生态可持续发展原则，确保决策真正考虑经济、环境和社会因素。

为了更好地执行《国家生态可持续发展战略》，澳大利亚各级政府均采取了一系列行动。一些州的政府修订或制定了新的海岸带保护与管理法规或政策。澳大利亚联邦于1999年颁布了《环境保护与生物多样性保护法》。该法是澳大利亚环境保护和生态保护工作的重要法律框架。

该法的主要目标是：保护环境；保护澳大利亚生物多样性；提高对重要的自然和文化遗产的保护和管理；控制外来物种入侵；通过保护和可持续利用自然资源，促进生态的可持续发展。

三、澳大利亚海洋政策

1998年12月，澳大利亚公布了海洋综合管理政策，这是澳大利亚海洋管理史上的一项重大举措。从20世纪80年代中期开始，澳大利亚就意识到了分散的海洋法规和政策给澳大利亚海洋管理带来的障碍。因此，澳大利亚政府试图通过制定国家政策来指导全国的海洋管理工作。

1988年发布的《海洋财富报告》，对澳大利亚的海洋研究活动以及海洋经济状况进行了全面审查，并对海洋科技的工业和商业前景做出了评估。该报告指出，政府有必要制定一套国家级开发战略，以调节海洋科研与工业开发之间的关系，并需要加强各相关政府部门之间的协调。

1993年，澳大利亚政府授权科技部和工业部成立了澳大利亚海洋产业与科学理事会，着手研究拟定海洋科技和产业管理政策。1995年，澳大利亚总理科学和工程理事会发表了题为《澳大利亚的海洋时代：用科学与技术管理我们的海洋领土》的报告。报告建议制定澳大利亚海洋政策总体框架。为此，政府成立了多个关于海洋政策问题工作组或咨询组，这些工作组和咨询组展开了专项调研，提出有关制定海洋政策的具体建议。1997年，澳大利亚召开了以制定澳大利亚海洋政策为主题的海洋论坛。由海洋政策问题工作组或咨询组向大会报告调研情况。经过广泛的公开讨论与磋商之后，形成了《澳大利亚海洋政策》讨论稿，开始向公众广泛征求意见。澳大利亚政府于1998年12月正式颁布了《澳大利亚海洋政策》。这一政策力求通过基于海洋生态系的管理手段、新的制度和实施办法，来整合行业间和各管辖区域的利益。

澳大利亚海洋产业与科学理事会制定和发布的《海洋产业发展战略》和《海洋科技规划》是《澳大利亚海洋政策》的配套文件，以支持海洋政策的实施。《海洋科技规划》的目的是，为《澳大利亚海洋政策》的具体实施计划以及开展综合海洋区域规划和建立联邦海洋保护区网络提供所需的科学依据。《海洋产业发展战略》旨在指导澳大利亚海洋产业调整和改革，实现提高国际竞争力和生态可持续发展的目标。

四、海洋生物区域规划

海洋生物区域规划是《澳大利亚海洋政策》提出的重大行动计划之一。该计划的目的是通过对主要管辖海域开展海洋区域规划，加强海洋调查，摸清海洋家底，制定相应的配套政策，改善行业之间和不同管辖区域间的联系，完善海洋管理，把包括领海和专属经济区在内的澳大利亚海域管理起来。

为了实施《澳大利亚海洋政策》和《环境保护与生物多样性保护法》，澳大利亚政府决定按照大海洋生态系划定西南、西北、东南、北部和东部5个联邦海洋区域，以开展海洋生物区域规划。

海洋生物区域规划的主要目标：确保海洋生态系的持久健康发展；保护海洋生物多样性；促进海洋产业的可持续发展；为所有海洋用户提供稳定和长期的安全保障；建设海洋保护区典型系统。

海洋生物区域规划包括下列4个步骤：①对区域特征，包括自然系统和保护价值的描述；②对区域保护价值的评估；③制定和公布海洋生物区域规划草案；④正式公布海洋生物区域规划。

区域海洋规划的最初设计只适用于联邦水域，但实施过程中把联邦水域和州管辖沿海水域有机地结合在一起。原来根据宪法确定的澳大利亚管辖海域边界，无法反映海洋生态系的边界。区域海洋规划的目标之一，就是要在州和联邦水域建立互为补充的管理制度，通过区域海洋规划，就可以涵盖联邦和州的水域，从而实现统一建设、统一管理和共同受益。

根据澳大利亚海洋政策，进行海洋区域规划时，根据大海洋生态系的原则和各区域的不同特点确定联邦海洋保护区，最终建成国家海洋保护区典型系统。国家海洋保护区典型系统是由澳大利亚各级政府根据《政府间环境协定》共同商定批准的。该典型系统的主要目标是"建立一个综合、完善和有代表性的海洋保护区系统，以促进海洋与河口生态系统的生态活力，保护生态过程和各层次的生物多样性。"

建立国家海洋保护区典型系统的主要任务包括：完善和利用国家对近岸和近海生物的区化；确定选择候选区域的方针、标准和程序；确定联邦、州和北方领地海域能纳入典型系统的潜在区域；编辑和管理有关现有保护区特性的信息；制定和实施海洋保护区的有效管理措施；制定保护区典型系统执行情况的评估措施。

开展海洋生物区域规划是一项全新的开创性工作。在2000年举行的澳大利亚海洋论坛会议上，澳大利亚政府宣布首先在东南海区开展海洋生物区域规划试点。这项规划不仅是澳大利亚的第一个，也是世界上的第一个规模最大的区域海洋规划。

选择东南海区作为试点，主要是因为该区域是典型的温带生态区，人口多、区域广、资源丰富、海况复杂。东南海洋区域面积200多万平方公里，包括维多利亚州、新南威尔士州南部、南澳大利亚州东部、塔斯马尼亚州以及麦夸里岛周围海域，是新南威尔士州、维多利亚州和塔斯马尼亚州三个州陆地面积总和的2倍。该区域的沿海居住人口约350万。东南海洋区域拥有丰富的海洋资源和完整的生态系统，绝大部分物种都是澳大利亚独特的，也是世界上绝无仅有的。

东南联邦海洋区域规划于2004年完成。与此同时，在东南联邦海洋区域先后选定13个海洋保护区，加上原来的麦夸里岛海洋保护区，一共建成14个海洋保护区，覆盖面积33.8万平方公里，基本形成了东南海洋区域海洋保护区网络。2007年6月，联邦政府正式宣布东南联邦海区海洋保护区网络已建成。

东南区域海洋规划与联邦海洋保护区网络的建成，为澳大利亚其他海区做出了榜样。从2004年开始，其他各区域依照相同的程序，先后向政府提交了关于启动海洋区域规划程序的申请以及建立保护区网络的建议。从2011年5月到2012年2月，各区域先后公布了关于建立海洋保护区网络的建议并征求公众意见。2012年6月，澳大利亚政府正式公布了西南、西北、北部、东部区域关于建立海洋保护区网络的方案，2012年年底前正式宣布澳大利亚建成世界上最大的海洋保护区网络，联邦海洋保护区从原来的27

个增加到 60 个，总覆盖面积为 310 万平方公里，相当于澳大利亚管辖海域的 1/3。

第二节　海洋管理体制

澳大利亚是联邦制国家。澳大利亚宪法规定，联邦政府对国防、外交、外贸、移民、邮电、海关、税收和影响到全国的事项有决定权。各州和地区政府除了国防、外交大权外，在司法、财政、经济发展等方面均有自主权。在海洋管理方面，联邦政府和州（地区）政府同样也是分权管理。不过近年来，联邦与州政府在海洋和海岸带方面的合作共管发展趋势良好，已成为澳大利亚海洋管理体制的基本框架。

一、参与海洋事务的联邦机构

澳大利亚政府十分重视海洋环境和资源的保护与管理。1998 年出台《澳大利亚海洋政策》，通过统一的海洋政策协调和整合各部门和行业的政策与法规以及协调海洋管理工作。2003 年，还制定了《海岸带综合管理合作办法框架》，以促进各部门和行业之间的合作与协调。

2013 年 9 月 18 日，阿博特宣誓就任澳大利亚总理，随后对澳大利亚政府进行了重组。新政府中，直接或间接参与海洋事务的部门主要有：

1. 总理和内阁部

内阁部是国家海洋管理工作的主要决策部门，该部负责管理海洋战略管理委员会。海洋战略管理委员会是负责对国内民用海洋安全政策进行宏观调整的机构，成立于 2006 年，直接受总理和内阁部领导。其职责包括：确定澳大利亚民用海上警戒工作的战略方向；监督和指导打击海上犯罪活动，尤其是非法捕捞、贩卖人口和恐怖主义活动；掌握澳大利亚民用海洋领域的安全动态，定期对专属经济区的安全情况做出评估。

2. 外交贸易部

负责处理与国际海洋法律、地区海洋安全合作条约和海洋边界协定相关的事务。隶属于外交贸易部的地区海洋安全跨部门合作委员会，负责为参与海洋事务的各部门提供澳大利亚在本地区与海洋安全有关的活动的详细报告。

3. 司法部

负责协调部署应对海洋安全危机的措施，并为海洋问题提供法律和政策建议。

该部管辖的海关与边境保卫局（前身即澳大利亚海关总署），负有海洋边境保卫和海上执法的职能。澳大利亚海关船队和原来从交通部转来的海岸监视组织参与澳大利亚海上执法工作，两部分合并后，海关总署改名为海关与边境保卫局。该局的海岸监视组织和澳大利亚皇家海军特遣队组成边境保卫指挥部。

4. 国防部

澳大利亚海军是维护国家海上安全的主要力量。隶属于国防部的边境保卫指挥部，成立于2005年，其业务由国防部和海关与边境保卫局共同负责（具体情况请见下面"海洋执法体系"）。

5. 农业部

为澳大利亚海域和公海渔业管理提供支撑。

农业部下属机构检疫检验局，负责处理与船舶压舱水和外来物种入侵有关的问题，防止外来病虫害和外来物种入侵。

6. 渔业管理局

负责澳大利亚的海洋渔业管理，包括管理澳大利亚渔业生产活动和打击非法捕捞，另外还担负海洋渔业环境保护执法与监督任务。

7. 联邦警察局

主要负责联邦法律的施行，通常与各州警察力量合作。联邦警察局有权对所有触犯与海洋管辖权有关的联邦法律的罪行进行检控，最主要的执法领域包括渔业、导航、海洋环境和走私。沿海水域主要由各州和领地的警察负责执法。

8. 基础设施与地区发展部

负责制定旨在提高船运与港口管理效率以及监督管理海洋环境的政策。

9. 海事安全局

负责船运安全以及通过贯彻港口管制措施防止近海海域的船舶污染。职责范围除了本国海域外，还包括国际法律规定的澳大利亚搜救区。

10. 运输安全局

该局所属的海洋安全处设有海洋安全调查队，对在海上出现的海运安全事故进行调查，并向澳大利亚运输安全局报告。

11. 环境部

该部参与澳大利亚海洋管理，保护海洋生态系统，具体职责包括建立海洋公园和海洋保护区，保护海洋环境以及监督《环境保护与生物多样性保护法》的实施。隶属于该部的澳大利亚南极局负责维护澳大利亚在南极的利益。该部下属的气象局为澳大利亚政府和相关国际组织提供气象和海洋学方面的预报与信息服务。

12. 工业部

该部管理着澳大利亚联邦科学与工业研究组织、澳大利亚海洋研究所和各类合作研究中心，承担澳大利亚的海洋科学和技术研究工作，为增强澳大利亚海洋工业的可持续发展和提高国际竞争力提供科学支撑。

该部还负责海上油气开采设施的安全，其下属机构海上采油安全局负责制定海上采油的相关法规以及处理由海上油气泄漏事故和海上石油开发和运输中因溢油事故而引起的环境问题。

13. 教育部

负责培养海洋管理、海洋工业和海洋科学技术人才。

二、联邦与州(地区)政府的海洋管理职责

(一)联邦政府的管理体制

联邦政府对国防、外交、外贸、移民、邮电、海关、税收及影响到全国的事项有决定权。各州和领地政府除了国防、外交大权外，在司法、财政、经济发展等方面均有自主权。但是联邦政府不能直接指挥各州和领地政府。为此，澳大利亚还有另外一套管理体制，那就是澳大利亚政府委员会。该委员会是澳大利亚政府各部门间的最高级别的议事平台，成立于1992年，由联邦政府总理、各州的总理和领地(首都和北方领地)首席部长以及澳大利亚地方政府协会主席组成，由联邦总理任主席，秘书处设在总理与内阁部。澳大

利亚政府委员会的主要职能是促进关系到国家，或由某个政府部门提议需要采取协作行动的重大事项的商议与决策。委员会一般每年召开两次会议，可视需要增加会议次数。

澳大利亚政府委员会可以通过某项法令成立若干"法定机构"，如部长理事会或委员会等，具体负责联邦与州和领地政府之间在各领域的合作事宜。国家海洋部长理事会就是这样一个理事会，代表联邦政府负责澳大利亚海洋政策的实施和联邦区域海洋规划等事宜。

2010年，澳大利亚政府委员会决定对理事会体系进行改革，重新设立了各领域的常设理事会、专项事务理事会或临时性特设理事会。改革以后与海洋管理有关的常设理事会包括：环境与水常设理事会、初级产业常设理事会、能源与资源常设理事会和交通与基础设施常设理事会。

（二）海洋管理权限的分工与协作

联邦政府和州（地区）政府在海洋管理方面实行分权管理。《1973年海洋和水下陆地法》确定了各州和北方领地拥有自海岸线向海3海里的海域管辖权。后来联邦、州和北方领地在环境管理的具体问题上达成了一系列协议，被称为《近海问题的宪法解决办法》。该协议的目的是给予各州和领地在近海区域更大的法律和行政管理权。具体实施办法和原则已在《沿海水域各州的权力与权利法》（1982年）中明确规定。

《近海问题的宪法解决办法》明确规定：自领海基线起向海3海里由沿海各州和领地管理，自3海里以外至200海里专属经济区为联邦政府管辖水域。此后，各州和北方地区政府根据各自的实际情况陆续出台了一系列海岸带和沿海水域管理规章和政策，以保护海岸带和沿海水域的环境和资源。

联邦政府一般不干涉各州和地区的沿海管理事宜，但根据宪法，涉及影响全国的，或涉及履行国际公约的事宜，联邦政府拥有决定权。

1972年联合国教科文组织第十七次大会签署了《保护世界文化和自然遗产公约》之后，澳大利亚决定采取措施，保护举世闻名的大堡礁。依据《1975年国家公园法》，联邦政府制定了《大堡礁海洋公园法》，成立了大堡礁海洋公园管理局，代表澳大利亚政府管理大堡礁地区。管理局的主要任务是管理与保护大堡礁地区的生态资源不受破坏，保存大堡礁的世界遗产价值，保证地区资源的可持续发展。管理局的职能包括区划管理、许可证审批、科研与教育、管理规划、参与生态认证等；管理内容涵盖各项规章的监督落实、濒危物种和气候变化监测、地区设施和自然文化资源保护、原住民社区关系等。

考虑到大堡礁海洋公园的特殊地位和价值，澳大利亚建立了一套独立的管理体制。管理局的最高管理层是董事会，下设4个咨询委员会和11个地区海洋咨询委员会，分别为特定领域和地区管理提供咨询和建议。在管理局管理系统中，有联邦政府派出的官员和专家，也有昆士兰州政府派出的官员。日常管理任务主要由地方政府派出的人员承担。

除了昆士兰州的大堡礁公园外，其他一些州也都根据各自地区的具体情况开展海岸带保护工作。如南澳大利亚州1972年就制定了海岸保护法，新南威尔士州1979年颁布了海岸保护法，北方地区于1983年制定了海岸带管理政策等。

为了加强联邦政府对海岸带和海洋的宏观管理，从20世纪90年代初开始，从制定国家战略和法规入手，提升澳大利亚各级政府在海洋管理方面的合作与协调。1991年，联邦政府责成资源评价委员会对澳大利亚的海岸管理情况进行全面调查。1992年，澳大利亚政府公布了《国家生态可持续发展战略》，号召各级政府以及政府各部门在制订计划和政策时，以生态可持续发展为指导方针。1993年，资源评价委员会提交了一份调查报告，全面分析了澳大利亚各州有关海岸带管理方面的实际情况，并提出了国家海岸行动计划建议。

在《国家生态可持续发展战略》和《联邦海岸带政策》公布后，各州政府也开始修订或着手制定新的海岸带管理法规或政策。

各州的海岸带管理法规或政策，与联邦海岸带政策有很多不一致的地方，存在着责任不清和管理权重叠等问题。为此，联邦政府采取了一系列举措。1998年，澳大利亚公布了新的海洋政策，明确了联邦和州（地区）政府在实施海洋政策方面的责任和义务。1999年，政府公布了《环境保护与生物多样性保护法》，为澳大利亚政府和州与地区政府提供了一个保护环境、遗产和生物多样性的法律框架。

三、海洋管理事务的政策与机制协调

尽管澳大利亚参与涉海事务的部门甚多，但依靠1998年《澳大利亚海洋政策》和不同时期成立的高层协调机制，澳大利亚的海洋综合管理工作得以有

序进行。

(一)政策协调

澳大利亚政府于 1998 年颁布的《澳大利亚海洋政策》，指出了开展综合、以生态系为基础的海洋规划与管理的重要性，明确了区域海洋规划的步骤、内容和实施安排。

(二)高层协调

为了加强海洋规划与综合管理，政府成立了国家海洋部长理事会、国家海洋咨询组、国家海洋办公室和区域海洋规划指导委员会，负责实施澳大利亚海洋政策和管理国家海洋规划工作。

1. 国家海洋部长理事会

该理事会由主管海洋事务的环境部长(主席)和其他与海洋事务有关的部长组成，职责包括：

(1)负责澳大利亚海洋政策的实施与完善；

(2)协调与联邦海域、管辖权限和义务有关的跨部门海洋政策问题；

(3)就与国家海洋政策的实施和区域海洋规划有关的海洋问题的各项计划的重点开支进行协商；

(4)确定与澳大利亚海洋政策的制定和实施有关的海洋研究优先次序；

(5)促进澳大利亚各部门在国际海洋事务中的立场问题上的战略协调；

(6)负责建立国家海洋咨询小组；

(7)指导国家海洋办公室的工作。

2. 国家海洋咨询组

国家海洋咨询组主要由来自非政府机构，如产业、科技和环境保护领域有海洋知识专长的人员组成。咨询组由国家海洋部长理事会负责组建，并负责批准其议事日程和工作计划。咨询组向该理事会报告工作，职责是：

(1)就跨部门、跨管辖区域的海洋问题开展工作，并向理事会提出有关差距、重叠和优先次序等问题的建议，审查和整合基于生态系的规划与管理事项；

(2)就有关区域海洋规划程序的范围和有效性提出意见。

3. 国家海洋办公室

国家海洋办公室是根据《澳大利亚海洋政策》建立的常设执行机构，以支持国家海洋部长理事会、国家海洋咨询组和区域海洋规划指导委员会的工作。办公室负责提供秘书处和技术支撑，项目的计划安排和负责与其他联邦机构的协调。该办公室协助海洋部长理事会实施和进一步完善《澳大利亚海洋政策》，负责向国家海洋部长理事会报告工作。

根据国家海洋部长理事会的委托和指示，国家海洋办公室有以下义务和职权：

(1)支持国家海洋部长理事会和国家海洋咨询组的工作；

(2)支持区域海洋规划指导委员会并协调区域海洋规划的制定工作；

(3)协调海洋政策的全面实施和进一步完善；

(4)支持澳新环境与保护理事会(ANZECC)审议有关海洋政策的制定和实施事项；

(5)担当澳大利亚联邦、州、领地之间在海洋政策实施方面的主要行政协调点，包括参与各州和领地区域海洋规划的制定与实施；

(6)协调并向各利益相关者传递有关海洋政策实施和区域海洋规划的信息；

(7)向海洋部长理事会就发展与海洋政策有关的海洋科学研究优先领域问题提出建议。

4. 区域海洋规划指导委员会

区域海洋规划指导委员会由主要的非政府和政府利益相关者组成，由国家海洋部长理事会组建。职责是监督区域海洋规划的制定，与国家海洋办公室密切合作并向国家海洋部长理事会报告工作。

(三)联邦与州和地区政府的合作

澳大利亚政府建议通过澳新环境与资源保护理事会作为联邦和州在执行《澳大利亚海洋政策》方面的协商论坛。澳新环境与资源保护理事会是澳大利亚政府委员会设立的一个部级理事会，作用是为各成员政府提供一个信息和经验交流平台，协商制定与国家和国际环境与资源保护有关的协调政策。

在制定区域海洋规划框架时，联邦政府通过澳新环境与资源保护理事会开展工作，以确保州和联邦水域规划的一体化。其他有关联邦—州的部长理事会将继续维持各自行业的责任，并通过澳新环境与资源保护理事会就海洋政策问题开展跨管辖领域的协商。

澳新环境与资源保护理事会还在跨管辖领域政策的制定和实施中发挥特殊作用。这些领域包括海洋生物多样性保护、海洋保护区建设、海洋资源的可持续利用、以生态系为基础的海洋规划与管理以及海洋污染等。

2001 年，澳大利亚政府委员会对其管辖的理事会系统进行了改革，撤销了澳新环境与资源保护理事会，有关自然资源管理的职能移交给了新成立的自然资源管理部长理事会，有关环境保护事宜交由环境保护与遗产理事会管理。2010 年，澳大利亚政府委员会再次对理事会体制进行了改革，成立了环境与水常设理事会，合并了环境保护与遗产理事会的职能，保留了国家环境保护理事会。有关自然资源管理的功能并入新成立的初级产业常设理事会。

随着政府体制的改变，国家海洋办公室已于 2004 年并入澳大利亚环境部，成为该部的一个司，但保留原来的职能。撤销了国家海洋部长理事会，由自然资源管理部长理事会负责澳大利亚跨管辖领域的综合海洋管理。国家海洋咨询组向环境部长报告。国家海洋办公室作为自然资源管理部长理事会的附属机构开展工作。

(四)海洋科学研究体系

先进的科技是有效管理海洋的重要保障。《澳大利亚海洋政策》公布时，作为配套计划也公布了《澳大利亚海洋科学与技术规划》。该规划旨在增进对澳大利亚管辖海域的了解。在《澳大利亚海洋政策》的框架下，《海洋科技规划》阐述了国家在海洋科学、技术及工程领域的优先任务。该规划确定的优先领域包括以下三方面：

(1)描述和增进对海岸带、澳大利亚管辖海域及毗邻的海洋、海洋与大气相互作用，生物资源和生态系统以及对海底地质特征的了解；

(2)为澳大利亚管辖海域及资源的生态可持续利用和管理提供科学技术和工程支撑；

(3)为澳大利亚海洋科学、技术和工程提供基础设施、技能基础和信息支持，并协调对海洋科学、技术和工程领域的国家计划的管理。

为此，政府成立了海洋政策与科学顾问组。该顾问组是澳大利亚政府高层海洋科学咨询机构，秘书处设在工业、科学与资源部。顾问组成员由该部管理的研究机构的资深专家组成，必要时吸收其他机构的专家参加。主要职责有以下三项：

（1）监督有关澳大利亚海洋科学与技术规划的实施；

（2）促使各研究机构的行动符合规划的要求；

（3）定期向部长报告海洋科技规划的实施情况，并提出有关实施海洋计划的具体建议。

第三节　海洋执法体制

澳大利亚海岸线漫长，海域辽阔，海上执法任务繁重。但过去，澳大利亚海上执法力量分散，涉及部门多，难以形成合力。进入 21 世纪后，澳大利亚政府对边境保护和海岸监视工作进行了全面审议，希望形成一个综合、完整的海上执法体制。2005 年 3 月，由澳大利亚海关与边境保卫局和澳大利亚国防部队联合组建边境保卫指挥部（Border Protection Command），负责协调澳大利亚海洋权益与执法工作。边境保卫指挥部原名为"联合海洋保卫指挥部"（Joint Offshore Protection Command），2006 年 10 月更名为"边境保卫指挥部"。

一、边境保卫指挥部的性质与职能

（一）性质

边境保卫指挥部是澳大利亚政府负责澳大利亚海洋执法工作的主要力量，是一个由多部门联合组成的特混队伍，依靠澳大利亚海关与边境保卫局和澳大利亚国防部安排的装备与力量，根据《澳大利亚海关法》、《澳大利亚移民法》和《澳大利亚渔业管理法》等开展海上执法活动。

（二）职能

边境保卫指挥部负责管理澳大利亚海域非军事领域的安全工作，执法对象包括：

（1）非法开发自然资源；

（2）在海洋保护区进行的非法活动；

（3）人员的海上非法入境；

（4）非法进出口；

(5)海上恐怖主义活动;

(6)海盗、海上武装抢劫或其他暴力活动;

(7)危害生物安全的活动;

(8)海洋污染活动。

二、边境保卫指挥部的人员与组织架构

(一)人员

澳大利亚边境保卫指挥部对内政部和国防部负责,人员由下列单位派出:澳大利亚海关与边境保卫局、国防部、澳大利亚渔业管理局、澳大利亚检疫与检验局。

(二)组织架构

1. 领导层

澳大利亚边境指挥部领导层由下述人员组成:

指挥官:澳大利亚海军二星级将军

副指挥官:澳大利亚边境保卫指挥部副指挥官

副指挥官:北部指挥部(JTF639)

参谋长

2. 内设机构

边境保卫指挥部下设:管理与指挥支援处,作业与行动处,情报处,战略、介入与反恐处,业务规划处。

此外,还有四个基地:凯恩斯基地,达尔文基地,布鲁姆基地和星期四岛基地。

3. 业务中心

边境保卫指挥部下设情报中心和业务作业中心。

(1)情报中心包括:边境保卫指挥部情报中心、澳大利亚海洋信息扩散中心。

边境保卫指挥部情报中心负责处理和分析澳大利亚各海洋区域的信息和情报,应对可能出现的各种海上安全威胁。该中心负责协调信息的搜集、分析和分发工作,开展风险评估,为制定巡航监视计划和应对计划服务。

海洋信息扩散中心负责制作与在澳大利亚海域活动的船舶有关的作业和战术情报信息。该中心的主要业务手段是澳大利亚海上识别系统，该系统用于搜集、核准、储存、分析和再分发有关在澳大利亚海域作业和进入海域的船只的信息，包括发现和跟踪这些船只的信息和威胁评估信息。

(2)业务作业中心包括：指挥部联合特遣部队639(HQJTF639)、澳大利亚海洋安全作业中心。

指挥部联合特遣部队639：边境保卫指挥部的指挥官也是指挥部联合特遣部队639(HQJTF639)的指挥官，全权指挥和使用特遣部队的Armidale级巡逻艇、AP-3C飞机和用于边境保卫执勤任务的陆地设备，通过其副指挥官代表边境保卫指挥部指挥和控制特遣部队639的常规日常作业。

海洋安全作业中心：负责协调制订与边境保卫指挥部所有装备与力量有关的规划并组织开展业务活动，与特遣部队639一道，利用空中监视和海面响应装备与力量，对海上安全威胁做出响应。为了便于运作和各机构间的交叉管理，澳大利亚海洋安全作业中心在澳大利亚渔业管理局、澳大利亚检疫检验局和海关国家作业中心设立了联络员，在澳大利亚海事安全局也设有联络官。澳大利亚海洋安全作业中心设在位于堪培拉的边境保卫指挥部总部。当海上发生事情时，边境保卫指挥部的主要指挥工作就在该中心。

三、发展沿革

澳大利亚边境的政府巡航监视工作始于20世纪60年代，利用的装备是澳大利亚皇家空军和皇家海军的飞机，范围为12海里渔区。另外，皇家海军的巡逻舰艇协助巡航监视活动，并对有关情况做出响应。

20世纪70年代初期和中期，一系列原因促使澳大利亚政府开始重视巡航监视工作，这些原因包括：外国渔船进入澳大利亚海域次数不断增加；非法移民和走私活动严重；1977年政府宣布建立200海里澳大利亚渔区。

20世纪70年代后期，澳大利亚指定运输部负责近海巡航监视工作，从此政府的巡航监视工作得到加强。

20世纪80年代和90年代，沿海巡航监视工作发生了很大变化，2004年，成立了负责编写澳大利亚海洋安全报告的特别工作组，对澳大利亚边境的监视活动进行了多次审议。1988年，特别工作组向政府提交了题为《北方办法回顾》的报告。

　　1999年年初，两艘可疑非法船只侵入澳大利亚，但澳大利亚没有发现。为此，澳大利亚总理责令成立沿海监视问题特别工作组，负责研究相关的情报搜集与分析问题、巡航监视飞机和设备的能力问题以及其他有关问题。工作组的《沿海监视特别问题工作组回顾报告》建议增加沿海巡航监视设备的投入以及派出高级防卫军官担任海岸监视组织领导。

　　2004年，海洋安全问题特别工作组向议会呈送报告，指出海关与边境保卫局和国防部队具有很强的海洋巡航、响应与拦截能力，根据此报告，政府决定成立联合海洋防卫指挥部。

　　2005年10月，政府责令成立渔业特别工作组，对渔业领域的海上执法情况开展调查。最后的评估报告建议加大监视力量的投入，扩大联合海洋保卫指挥部的职能，包括对控制和协调所有与海上安全威胁有关的作业和相应活动，建议成立高层战略委员会负责监督海上安全威胁和战略风险评估工作，要求内阁部做出回应。

　　根据上述意见，2006年10月，联合海洋保卫指挥部更名为边境保卫指挥部，以便更有效地开展海上巡航监视与应对工作。

四、装备

　　边境保卫指挥部使用由澳大利亚国防部队和海关与边境保卫局配备的装备与力量开展业务活动。边境保卫指挥部目前可利用的巡航监视装备与资源包括：南大洋的卫星影像；海关与边境保卫局租用的飞机；澳大利亚皇家空军的 AP – 3C 海上巡逻飞机；军队地区部队监视部门的巡逻队；海关与边境保卫局租用的巡逻船只和其他国防装备及通过合同租用的装备。

五、涉及海上执法工作的主要机构

　　澳大利亚边境保卫指挥部与澳大利亚政府、各州和各领地的其他许多机构保持密切的合作与协调，以完成肩负的使命与任务。这些机构是：①司法部；②澳大利亚南极局；③通信与媒体署；④联邦警察；⑤渔业管理局；⑥海事安全局；⑦检疫与检验局；⑧农业、渔业与森林部；⑨国防部；⑩外交与贸易部；⑪移民与运输部；⑫总理与内阁部；⑬资源、能源与旅游部；⑭应急管理局；⑮大堡礁珊瑚海洋公园管理局。

　　其中与边境保卫指挥部工作关系最紧密的有以下部门。

（一）海事安全局

海事安全局是澳大利亚国家海事安全机构，在海事安全、海洋环境保护、海空搜索与救援等方面发挥着重要作用。

《1990 年澳大利亚海事安全局法案》规定，澳大利亚海事安全局的主要职责包括：制定和实施国际国内海事安全和海洋环境保护标准；推行澳大利亚海域船舶应遵守的各项标准，提高其适航性、安全性和防污性；管理国家计划，协调国家战略，对海洋污染事件做出防备和反应，保护海洋环境免受船舶污染；运作澳大利亚搜索与 24 小时救援协调中心，在国际认可的澳大利亚负责的搜救海域和领空范围内协调遇险人员的定位和救援工作。

（二）渔业管理局

渔业管理局是管理和可持续利用联邦渔业资源的政府机构。该局还依据《澳大利亚渔业管理法》（1991 年）和《托雷斯海峡渔业法》（1994 年）与澳大利亚政府负责边境保护的其他机构合作，打击联邦水域的非法捕捞行为。

渔业管理局还是海岸监视组织的委托机构，利用澳大利亚国防部队和民用装备与力量，应对在澳大利亚专属经济区的外国非法捕捞活动。

（三）检疫与检验局

检疫与检验局负责对进入澳大利亚的国际旅客、货物、邮件、动植物和动植物产品进行生物安全检疫检验，确保澳大利亚农业、工业和环境的安全。澳大利亚检疫与检验局于 1991 年发布的《压舱水指南》，是世界上第一部强制执行的压舱水管理方面的法规性文件。

（四）海关与边境保卫局

海关与边境保卫局负责管理澳大利亚边境的安全。该局与其他政府和国际组织合作，特别是与联邦警察、检疫与检验局、移民部和国防部等机构合作，侦破和阻止货物和人员的跨边境非法活动。该局拥有远洋巡逻船队和两个航空监视合同承包方，负责开展海上民事监视和应对活动。

（五）国防军特遣部队

澳大利亚国防军特遣部队是指位于达尔文的边境保卫指挥部联合任务队。国防部队是澳大利亚国家监视队伍的主力。对发生在澳大利亚管辖海域的事件做出反应，为支持打击外国非法捕捞的执法行动提供平台是国防部队的重要任务。

六、海上执法与安全事务的协调

澳大利亚的海上执法工作和海洋安全事务主要由澳大利亚边境保卫指挥部负责，但涉及诸多部门，因此该指挥部也是澳大利亚海洋执法与海上安全工作的协调机构。

为了加强各部门间的协调与配合，澳大利亚政府于 2009 年出台了由澳大利亚边境保卫指挥部负责编写的《澳大利亚海洋安全事务指南》，目的在于为各部门提供一本具有实用价值的手册，以便加强涉及海洋执法与安全工作的所有部门之间的协调与合作。

该指南共分 11 章：①引言；②利益相关者及其作用；③为管理安全威胁问题的政策、法规与体制安排；④保护区内的非法活动；⑤非法开发自然资源；⑥海洋污染；⑦被禁止的进出口；⑧经过海上途径的非正规进入；⑨生物安全问题；⑩海盗、海上抢劫与暴力；⑪海上恐怖主义。

该指南有 10 个附件：①有关的国际协议和公约；②澳大利亚政府的立法、作用与责任；③昆士兰州的立法、作用与责任；④新南威尔士州的立法、作用与责任；⑤维多利亚州的立法、作用与责任；⑥塔斯马尼亚州的立法、作用与责任；⑦西澳大利亚州的立法、作用与责任；⑧北部领地政府的立法、作用与责任；⑨非政府利益相关者的作用与责任；⑩澳大利亚的法规、政策与体制安排。此外还附有 16 张图和 19 个表。

第九章 日 本

　　日本位于太平洋西侧，西隔东海、黄海、朝鲜海峡及日本海，与中国、朝鲜、韩国和俄罗斯相望。全国由北海道、本州、四国、九州4个大岛和其他6 800多个小岛组成，陆地面积约38万平方公里，居世界第60位，人口1.276亿（2012年），2011年GDP为5.96万亿美元，是全球最富裕和经济最发达的国家之一。日本海岸线长35 000公里，领海和主张的专属经济区面积447万平方公里，为陆地面积的12倍以上。日本是世界第二大渔业国，有世界最大的渔船船队和全球15%的渔获量占有率。

　　日本1945年战败投降后，军队被解散。1950年朝鲜战争爆发后，美国出于自身需要，指令日本重新发展军事力量。同年，日本组建"警察预备队"，后改称保安队，1952年成立"海上警备队"，1954年7月颁布《防卫厅设置法》和《自卫队法》，将保安队、海上警备队分别改称为陆上自卫队和海上自卫队，将陆、海、空三军正式定名为自卫队，并成立了防卫厅和参谋长联席会议，健全了统帅指挥机构。2007年1月9日起，防卫厅正式升格为防卫省。日本还设有以海上执法为主要职能的海上保安厅。目前，日本欲突破宪法限制，发展军事力量，甚至发展核武器。

　　1994年11月《联合国海洋法公约》生效后，日本国会于1996年2月通过了日本批准《联合国海洋法公约》和设立专属经济区的决定。

　　日本与邻国存在严重的海洋领土与海域争端，其中包括：①钓鱼岛及其附属岛屿：日本将钓鱼岛称为"尖阁诸岛"，美国在1972年移交琉球群岛的行政管辖权时，把钓鱼岛的行政管理权一并移交给日本，为后来中日纠纷埋下了祸根。2012年9月11日，日本单方面宣布钓鱼岛"国有化"，受到中国政府的坚决反制。②南千岛群岛/

北方四岛：日本政府一直宣称对苏联解体后仍然由俄罗斯控制的千岛群岛最南端的国后岛、择捉岛、齿舞岛、色丹岛四岛（日本称北方四岛）拥有主权；（3）独岛/竹岛：日本宣称拥有位于日本海的竹岛（韩国称"独岛"）的主权，该岛现由韩国控制。在大陆架和专属经济区划界方面，日本与邻国存在严重分歧。

面对海洋管辖范围的扩大和海洋权益争端等问题的日益突出，进入 21 世纪后，日本大力调整国家发展战略，出台新的海洋政策和战略，建立和完善海洋法规体系，加强涉海事务协调，强化海洋综合管理，其中主要举措包括：

（1）2005 年 11 月 18 日，日本海洋政策研究财团发表了《海洋与日本：21 世纪海洋政策建议》；

（2）2007 年 4 月 20 日，日本国会高票通过《海洋基本法》和《海洋建筑物安全水域法》，2007 年 7 月 20 日，《海洋基本法》正式生效；

（3）根据《海洋基本法》，成立由首相担任部长的综合海洋政策本部和设立海洋政策担当大臣；

（4）2008 年 3 月，出台《海洋基本计划》；

（5）2012 年修订《海上保安厅法》和《外国船舶在领海和内水的航行法》，赋予海上保安厅新的海上执法权力；

（6）2013 年 4 月，日本综合海洋政策本部出台（2013—2017年）《海洋基本计划》。

这些重大举措为日本实施海洋立国战略和肆意扩展海洋空间与利益奠定了坚实的国内法律与体制基础。

第一节　海洋管理体制

日本政府没有设立专门负责海洋事务的综合职能部门，涉海部门众多，其中最主要的是国土与交通省和经济产业省。过去也没有设立全面负责协调海洋事务的机制，因此，部门间职权重叠或冲突等现象比较突出，一旦发生涉海问题,"有关部门间协调费时费力,反应迟缓"。

2007年7月20日,日本政府宣布正式实施《海洋基本法》,同时成立综合海洋政策本部和设立海洋政策担当大臣,综合海洋政策本部由首相任部长,由国土交通省、经济产业省等8个省厅的37名人员组成,负责拟定和推进日本的中长期海洋政策和海洋基本计划,并协调各涉海部门间的涉海事务,海洋政策担当大臣由国土与交通省大臣担任。《海洋基本法》的正式实施和综合海洋政策本部的成立,标志着日本的海洋管理工作已从分散型向高层协调与部门分工负责相结合的模式转变。

一、高层协调

日本的海洋事务高层协调机制主要有以下几方面。

(一)综合海洋政策本部

2007年4月20日,日本国会通过《海洋基本法》,2007年7月20日正式实施。该法第四章内容为"综合海洋政策本部",具体条款为:

第二十九条 设置

为了集中而全面地推进海洋综合政策,在内阁设立综合海洋政策本部。

第三十条 职责

本部负责以下工作:

(1)推进与海洋基本计划的制订及与其实施有关的工作。

(2)综合协调有关行政机构基于海洋基本计划而实施的政策。

(3)综合处理上述两条规定之外的与海洋政策有关的重要规划和事项。

第三十一条 组织

本部由综合海洋政策本部部长、综合海洋政策本部副部长和综合海洋政策本部部员组成。

第三十二条 综合海洋政策本部部长

(1)综合海洋政策本部部长由内阁总理大臣兼任。

(2)本部部长统筹管理本部事务,领导并监督本部工作。

第三十三条 综合海洋政策本部副部长

(1)本部设综合海洋政策本部副部长,由内阁官方长官和海洋政策担当大臣兼任。

(2)副部长协助部长工作。

第四十四条 综合海洋政策本部部员

(1)本部设综合海洋政策本部部员。

(2)部员由除部长和副部长以外的全部国务大臣兼任。

第三十五条 提供资料及其他方面的合作

(1)本部为履行其职责，在必要的时候，可要求相关行政机构、地方公共团体、独立行政法人、地方独立行政法人以及特殊法人的代表给予必要的协助，例如，提供资料，发表意见，对有关问题进行说明等。

(2)本部为履行其职责，在必要的情况下，可以要求除前项规定以外的机构和个人提供必要的协助。

第三十六条 有关事务

本部相关事务由内阁官房处理，内阁官房副长官负责日常工作。

第三十七条 主任大臣

涉及本部的相关事项，由内阁法规定的主任大臣(即内阁总理大臣)负责。

第三十八条 政令委任

除本法规定的内容之外，涉及本部的其他必要事项，将通过政令加以规定。

(二)海洋权益相关阁僚会

为了解决各部门间的协调问题，日本政府于1980年成立了"海洋开发关系省厅联席会"，通过此机构在各涉海部门之间进行协调，统一制定和落实海洋管理政策，由内阁官房长官牵头，组织国土与运输、农林等各省长官进行决策。2004年，日本政府将海洋开发关系省厅联席会进行改组，设立了海洋权益相关阁僚会，由首相牵头，相关省厅大臣参与，下设专门的干事会，通过共享信息和共同制定政策的方式实现部门间的沟通与协调。

日本综合海洋政策本部成立后，海洋权益相关阁僚会的诸多决策工作移交给综合海洋政策本部。

(三)海洋开发审议会

1969年，日本成立了海洋科学技术审议会，由内阁总理和当时的14个省厅官房长官组成，负责协调制定各省厅海洋开发推进规划，并提出了发展海洋科学技术的指导规划。为了把发展海洋科学技术与建立新兴海洋产业和发展海洋经济更紧密地结合起来，1971 年，日本把海洋科学技术审议会改组为海洋开发审议会，负责调查、审议有关海洋开发的综合性事项和制定海洋开发规划与政策措施。该审议会先后提出"日本海洋开发远景规划构想"和"基本推进方针咨询报告"，明确了海洋开发目标，并提出了《21 世纪海洋开发远景规划构想》。

（四）大陆架调查及海洋资源协议会

为推动日本大陆架调查工作，2002 年 6 月日本内阁成立了由内阁官房、外务省、国土交通省、文部科学省、农林水产省、环境省、防卫厅（现防卫省）、资源能源厅、海上保安厅等组成的省厅大陆架调查联络会。2004 年 8 月，大陆架调查联络会改组，扩大为以官房副长官为议长的相关省厅与大陆架调查、海洋资源等事宜有关的联络会议，并制定了《划定大陆架界限的基本构想》，分阶段、按步骤地实施外大陆架战略。在该构想的指导下，日本在 2007 年 12 月完成了大陆架地理数据勘测，2008 年对数据资料进行分类和整理，2009 年 5 月向联合国递交了详尽的日本大陆架调查书面资料。

二、部门分工负责

第二次世界大战后，日本将国家战略的重心调整到经济建设上来，越来越重视与海洋资源、海洋环保和海洋科技等有关的事业。

在海洋管理方面，日本战后很长一段时间均是根据海洋自然资源的属性及其开发，按行业部门职责进行分工管理，采取松散型的海洋管理模式，没有设立专门负责海洋事务管理的政府机构。2007 年日本根据《海洋基本法》成立综合海洋政策本部后，海洋战略与政策方面的重大事务有了管理与协调机制，具体的涉海管理工作由相关职能部门承担，主要包括国土交通省、文部科学省、农林水产省、经济产业省、环境省、外务省、防卫省等。

（一）国土交通省

该省由国土厅、运输省、建设省及北海道开发厅合并而成，管辖着日本 70% 的海岸线，业务范围包括海洋测量、气象观测、海事、海运与船舶、海上保安、港湾、海洋利用、防止海洋污染、海上交通安全、下水道管理、国土规划、城市规划和海洋与海岸带管理等。

（二）文部科学省

下设科学技术学术政策局、研究振兴局、研究开发局三个直属局。其中，研究开发局下属的开发企划课负责规划和制订与海洋科学技术、地球科学技术、环境科学技术等有关的研究开发政策；海洋地球课掌管海洋科学技术中心和国立极地研究所；研究振兴局下设的学术机构课掌管以东京大学海洋研究所为主的院校研究所；研究振兴基础课掌管防灾科学技术研究所。此外，该省还设有科学技术学术审议会，其中海洋开发分科会作为总理大臣的咨询机构也发挥着重要作用。

（三）农林水产省

农林水产省所属的水产厅设有增殖推进部渔场资源课，主要负责渔业和水产养殖。其下属的水产研究所（北海道区、东北区、中央区、濑户内海区、西海区、日本海区、远洋）、养殖研究所及水产技术研究所于 2001 年 4 月 1 日合并为"水产综合研究中心"。

（四）经济产业省

该省所属的资源能源厅下设 3 个与海洋有关的部，即节能新能源部、资源燃料部和电力煤气事业部。其中，资源燃料部政策课负责与《联合国海洋法公约》、《深海底矿业临时措施法》等有关的法律法规业务；与海洋资源、海洋产业相关的业务则由资源燃料部矿物资源课负责。

（五）环境省

该省下设的地球环境局环保对策课审查室和计划室负责与海洋污染法和与其相关的国际事务，环境管理局水环境部水环境管理课负责与海域水质污染法相关的事务。

（六）外务省

该省下设的经济局国际经济第一课海洋室及渔业室负责与海洋和渔业相关的事务，综合外交政策局国际社会合作部联合国行政课的专门机构行政室承担与国际海事组织等机构相关的事务。

第二节　与海洋管理和执法有关的
主要政策、法规与计划

为了推进日本实施由岛屿国家向海洋国家转变的海洋强国战略，近几年来，日本出台了一系列相关法规与计划，主要有《海洋基本法》、《海洋建筑物安全水域设置法》、《海洋基本计划》等，并修订了《海上保安厅法》和《外国船舶通过领海和内水法》，为海洋管理与执法提供了新的法律依据和夯实了体制基础。

一、《海洋基本法》

该法共四章38条。第一章为"总则"，第二章为"海洋基本计划"，第三章为"海洋基本政策"，第四章为"综合海洋政策本部"。主要内容包括：

（1）确立"海洋基本理念"，制定"新的海洋立国"方针。明确提出海洋开发和利用是日本"经济社会存在的基础"，明确国家应在"积极开发利用海洋"、"维护海洋生态环境"、"确保海洋安全"、"充实海洋科学力量"、"发展海洋产业"、"实现海洋综合管理"和"参与海洋国际事务"等基本方针指导下制定并实施海洋计划。

（2）完善体制和机制建设，全面强化海洋管理。设立由内阁总理大臣为部长、官房长官为副部长、全体内阁成员参加的"综合海洋政策本部"，负责制定并推动实施与海洋有关的总体政策和基本规划。制定并公布《海洋基本计划》，在维护海洋权益方面划分国家、地方公共团体、企事业单位及国民的职责和义务，并设立海洋政策担当大臣。

（3）加大海洋投入与保障，维护海洋权利与利益。政府采取必要措施，以防他国侵害专属经济区等海域的主权权益，重视远海"离岛"在保护本国领海及专属经济区方面的重要作用，保护"离岛"海岸，改善"离岛"居民生活条件等。

二、《海洋建筑物安全水域设置法》

该法是《海洋基本法》的配套法规，2007年7月20日正式实施。该法明确指出，"为了确保海洋建筑物等的安全以及在该海洋建筑物周边海域航行的船舶的安全，有必要根据《联合国海洋法公约》规定，对海洋建筑物安全水域的设置进行必要的规定"。该法将日本专属经济区的"作业物体"和进行大陆架开采的船舶都纳入到"海洋建筑物"之列。规定国土交通大臣可在海洋建筑物的周边海域划定 500 米的安全水域，未经国土交通大臣允许，任何人不得进入该安全水域。

三、《海洋基本计划》(2008 年)

日本政府于 2008 年 3 月发布了《海洋基本计划》。该计划共分 3 章：第一章为日本的基本海洋政策。主要内容包括：促进海洋开发利用与保护海洋环境之间的协调与平衡；确保海洋安全和海上人员与设施的安全；增进对海洋的科学了解与认识；科学、合理和健康地发展海洋产业；加强海洋综合管理；积极推进海洋事务国际合作。第二章为关于日本政府发展海洋事业的全面与系统的措施。第三章为其他事项。

在全面系统地发展海洋事业方面，该计划提出的措施有：①促进海洋开发利用和保护海洋环境；②开发、利用和保护专属经济区与大陆架；③确保海运安全；④加强海洋测量调查；⑤发展海洋科学技术；⑥发展海洋产业，提高海洋产业的国际竞争力；⑦加强海岸带综合管理；⑧保护离岛；⑨加强国际合作；⑩加强对公众进行海洋宣传教育，加强海洋人才队伍建设。

在海洋能源与矿藏方面，该计划提出加紧制定相关法规，重点放在专属经济区与大陆架资源勘探与开发方面，包括石油与天然气、天然气水合物和多金属硫化物等，争取在 10 年内实现天然气水合物和多金属硫化物的商业性开发。

在航运方面，提出在 5 年内将悬挂日本旗帜的船舶数量翻一番，在 10 年内将日本船员数量增加 50%（以 2008 年为基础）。

四、《海洋基本计划》(2013—2017 年)

《海洋基本计划》(2013—2017 年)共分四大部分：①总论；②海洋政策的基本方针；③政府应综合和有计划地实施的海洋政策措施；④综合和有计划地推进相关海洋措施。

《海洋基本计划》涉及的重要内容是：

（1）发展和振兴海洋产业，提高国际竞争力。该计划提出：支持海洋资源开发相关产业的发展；实现海洋能源和矿物资源开发的产业化；开发海洋可再生能源并实现产业化；创建海洋信息产业；发展海洋生物资源利用产业；振兴海洋旅游。

（2）确保海洋安全。该计划指出，"应进一步加强海洋安全保障，努力保障领海和专属经济区的安全，强化海上保安厅和海上自卫队的体制，提高海上保安厅和海上自卫队的能力，并促进有关部门间的合作"。该计划特别提出应"加强自卫队和海上保安厅之间的合作体制"，"加强日本周边海域的常态化监视体系建设，加强旨在应对发生在较远地区的事件和重大事件的体系建设。对无故停留或徘徊在日本领海的外国船只，应根据国家的法律，采取适当应对措施。建立岛屿信息搜集与警戒监视体系"，"有计划地建造海上保安厅巡航船艇、飞机和自卫队舰艇与飞机"，"为了提高应对可疑船只和间谍船的能力，应继续开展相关训练，加强信息收集与分析"，"为了掌握在日本周边海域航行的船舶的动向，应建立统一管理与为相关行政机构提供船只航行信息的机制；研究利用卫星进行海洋监视等掌握船舶动向的方法"。为了防止在专属经济区发生侵害国家主权的行为，有关部门要密切配合，正确应对外国海洋调查船进行矿物资源勘探和科学调查等活动。

加强对重要离岛周边地区的监视与警戒，保卫国土安全和维护海洋秩序；加强包括西南诸岛在内的岛屿防卫，以西南领域为中心，加强对日本周边地区的信息收集、警戒监视和安全保卫，应对未来可能发生的各种事态。

（3）推进海洋调查，实现海洋信息公开化和一体化。

（4）加强海洋综合管理和规划，其中提出"建设能适应不同权利特点的管理体制，根据需要完善法律"，"建设海域利用协调机制"，"根据不同海域的特点开发利用海域"，"促进陆海一体化的海岸带管理"。

（5）加强海洋资源开发与利用。包括：加快海洋能源和矿物资源调查；建设共享基础设施；加强石油、天然气、天然气水合物、海底热液矿床、富钴结壳、锰结核和稀土等的勘探与开发；促进海洋可再生能源的利用；加强水产资源开发利用。

（6）加强国际合作。积极参与海洋领域各种国际条约的制定；研究和了解基于国际法的国际秩序，解决海洋争端；与持相同观点的国家加强合作，积极支持和帮助国际海洋法法庭等国际海洋司法机构的工作；积极利用东盟地区论坛等场所，强化同有关国家的海洋安全合作，推动合作具体化；通过北太平洋海上保安峰会、亚洲海上保安机构长官级会谈等多边会议以及与印度、韩国、俄罗斯的双边会谈，加强与相关国家海上保安机构的合作。

(7)增进国民对海洋的认识和加强人才培养。

五、《海洋管理中的岛屿保护与管理基本政策》

该政策由日本内阁于 2009 年 12 月 1 日批准，是贯彻《海洋基本计划》提出的离岛管理举措的最新基本政策。该政策指出，"国家通过正确地行使权利和履行相关义务来管理国家管辖海域。在海洋管理中，离岛有着重要的地位与作用。政府将与相关部门和机构一道，不遗余力地保护和管理好离岛"。该政策还提出，"采取有效措施，在海洋管理中突出离岛的重要地位与作用"。

该政策提出了如下目标：为了有效地管理大约相当于国家陆地领土面积12 倍的国家管辖的专属经济区和其他海域，必须保护和管理好离岛。基本指导思想为：①离岛的存在与稳定是专属经济区等国家管辖海域存在的基础：离岛是确定专属经济区外部界限和其他海域界限的基础。目前日本已制定了相关政策，包括"搜集资料和评价相关状况"，"加强对离岛及其邻近海域的巡航"，"采取修订低潮线的立法行动"，"在肩负离岛管理职能的政府各部门和机构间建立信息共享制度"，"对离岛的权利进行正确管理"；②离岛是支撑在辽阔海域开展各类海洋活动的基地，措施包括"支持开发利用海洋资源"，"加强离岛的海洋开发利用基地建设"和"强化海洋安全"；③海洋自然环境十分富饶，人与海洋之间有着悠久的历史关系与传统，应予以不断发扬光大。

六、《促进保全及利用专属经济区水域及大陆架、保全低潮线及建设据点设施等法律》

2010 年 2 月 9 日，日本国会通过了《促进保全及利用专属经济区水域及大陆架、保全低潮线及建设据点设施等法律》：由国土交通省发布法令，在基点海岛周围划定"低潮线保护区"，保全低潮线的海底及其下方，没有国土交通相的许可，不得挖掘海底、取土、新设或改建设施或构筑物以及其他可能影响海底形状和地质的行为，并且规定了详细的监督处罚细则，以保全 440 多万平方公里的专属经济区。2010 年 6 月 24 日，日本内阁官房发布《促进保全及利用专属经济水域及大陆架、保全低潮线及建设据点设施等法律施行令》，将冲之鸟礁和南鸟岛指定为"特定离岛"（特定偏远海岛），采取特殊保全举措。2010 年 7 月 13 日，综合海洋政策本部公布了《促进保全及利用专属经济区及大陆架、保全低潮线及建设据点设施等基本计划》，明确了推进海洋战略的具体步骤。

七、《海上保安厅法》修正案和《外国船舶领海与内水航行法》修正案

2012 年 2 月，日本内阁通过了《海上保安厅法》修改案和《外国船舶领海与内水航行法》修正案，提交国会审议。现行《海上保安厅法》规定，海上保安官的执法对象为"海上犯罪"，修正案增加海上保安官行使海上警察权的职能，将任意盘查船舶所有者的"询问权"扩大到离岛，可以在钓鱼岛群岛等代替警官搜查逮捕非法登陆者。这是日本政府对中日存在主权争议的领土加强实力控制的重大举措。《外国船舶领海与内水航行法》修正案允许日本海上保安厅可以在不登临检查外国船只的情况下命令外国船只离开日本领海和内水。

第三节　海洋执法体制

日本海上保安厅（日本海岸警卫队），隶属于日本国土、基础设施与交通省，是日本的主要海上执法机构。由于成立时日本不允许拥有军事组织，因此英文译名为"Maritime Safety Agency of Japan"。随着海洋事务的发展和海洋与岛屿问题的日趋突出，日本海上保安厅职责范围不断扩大，装备日益增强。

一、历史沿革

日本海上保安厅成立于 1948 年 5 月 1 日，初创时主要是为了管理日本海上的交通安全，并排除战时在日本近海布下的大量水雷。朝鲜战争及此后的一段时间，由于经济原因，每年都有大量朝鲜和韩国人偷渡到日本，日本国内也有很多人向美国或欧洲偷渡，日本与朝鲜半岛之间的走私贸易也非常猖獗，此时海上自卫队已成立，海上保安厅就把业务范围转移到海上治安方面，后来随着时代的发展，业务范围又增加了救灾、护渔、防止污染等内容。

由于职能的扩展，2000 年，日本海上保安厅将英文译名从原来的"Maritime Safety Agency of Japan"改为"Japan Coast Guard"。

二、性质

日本《海上保安厅法》第 25 条规定，"本法的任何内容均不应被解释为允许对日本海上保安厅及其工作人员作为军事组织或类似目的而进行培训，或将他们组织成军事组织，或让他们履行军事职能"。因此，日本海上保安厅不是军事组织。但根据《自卫队法》第 80 条规定，在特殊情况下，遵照内阁总理大臣令，可以将海上保安厅划归防卫大臣指挥。

三、组织机构

日本海上保安厅包括行政部、装备与技术部、警备与救难部、水道与海洋学部、海上交通部等 5 个职能部，分 11 个管区，还有海上保安大学和海上保安学校等培训机构。

行政部：主要负责公共关系、国际交流、人事管理、预算和财务等工作；

装备与技术部：主要负责船舶、飞机的建造与采购等工作；

警备与救助部：主要负责海上秩序的维护、石油污染反应和搜救等工作；

水道与海洋学部：主要负责海洋测绘、航道测量、海洋观测、提供海图出版物和确保航行安全所需的信息管理等工作；

海上交通部：主要负责航行安全措施的实施，航标的设立、维护和运作等工作。

四、职能

日本《海上保安厅法》第 2 条规定："为了确保海上安全与秩序，海上保安厅履行的职责是：海上执法；海难搜救；防止海洋污染；预防和打击海上犯罪；调查海上犯罪活动和逮捕犯罪者；管理海上交通；管理海上和航道助航设施；保障航行安全；对涉及上述事项的海上事件进行调查。"

该法第 5 条规定了以下 28 条职责：

(1)海上执法；

(2)一旦发生海上事故，负责开展人员、货物和船舶搜救，在发生自然灾害和其他需要救助的事件时，提供必要的援助；

(3)建立救助遇险船只、处置漂浮物和沉船与沉没物质的体系；

(4)调查海上事件(不包括海上事故调查局负责调查的事故);

(5)清除航行障碍物;

(6)为海上保安厅以外的其他部门开展人员、货物与船舶搜救和清除航行障碍物等工作提供指导;

(7)为其他参与海上人员与货物运输安全工作的部门提供海上安全方面的指导;

(8)落实航行规则和航行信号规则;

(9)落实港口管理规则;

(10)负责确保交通繁忙海域的船舶航行安全;

(11)预防海洋污染和海洋灾害;

(12)近海海域巡航;

(13)打击海上暴动与骚乱;

(14)搜索和逮捕海上犯罪分子;

(15)协助援助国际(海上事件)调查活动;

(16)与国家警察部门和地方警察机构、海关、检疫部门和其他主管当局开展合作;

(17)根据关于派遣日本救援队的相关法规,参与国际救援活动;

(18)组织水道测量和海洋观测调查;

(19)编制和提供水文出版物和航空图与出版物;

(20)管理和发布保障航行安全的信息资料;

(21)建造、维护和使用灯塔和其他助航设施以及提供这些设施;

(22)利用灯塔上和其他助航设施上的仪器设备开展气象观测,并提供观测报告;

(23)为其他部门建造、维护和使用灯塔和助航设施提供指导;

(24)依照职能分工开展有关的国际合作;

(25)依靠内阁法令规定的教育培训机构,开展职能教育培训;

(26)建造、维护和使用以履行职能为目的的船舶和飞机;

(27)建造、维护和使用以履行职能为目的的通信设施;

(28)其他任务。

五、管辖海域、规模与装备

(一)管辖海域

日本海上保安厅管辖的海域为领海、毗连区、专属经济区及日美海上搜救协定规定的搜寻救助区域(至日本本土东南 1 200 海里)。如果加上《日美搜救协定》规定的责任海域,日本海上保安厅负责管辖的海域大约相当于日本陆域国土面积的 36 倍。

(二)规模

2013 年,日本海上保安厅总职员数达 12 808 人,2013 财政年度经费 1 764.79 亿日元。

(三)装备

(1)2013 年,日本海上保安厅拥有各类船舶 446 艘:117 艘巡逻船;238 艘巡逻艇;特别警卫与救护艇 63 艘;水道测量船 13 艘;灯塔服务船 12 艘;训练艇 3 艘。

(2)拥有各类飞机 73 架:固定翼飞机 27 架;直升机 46 架。

(3)助航设施 5 327 套。

六、海上保安厅的区域划分

根据海域管辖范围,日本海上保安厅在全国共设有 11 个海上管区(图 9-1)。这 11 个管区下辖 66 个保安部、1 个海上警备救援部、54 个海上保安署、14 个航空基地以及 39 个航标事务所。

第一管区:

第一管区为海上保安本部。该管区本部在北海道小樽市港町。

管区特点:由于该管区与俄罗斯间拥有辽阔边境海域,俄罗斯边境警备队时常采取捕拿和枪击渔船的行动,所以日本在宗谷海峡、北方领土周边海域设置了常备警备体制。另一方面,日本也保持着与俄罗斯政府间的合作,在有关萨哈林油田开发的防止海洋污染以及截获毒品与枪支走私等方面进行合作。另外,由于北海道周边海域是世界著名的优良渔场,与中国、韩国等国也经常发生渔业纠纷。此外,监视冬季浮冰及用破冰船开辟航道也是第一管区的重要任务。

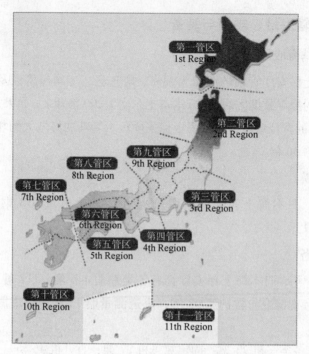

图 9-1 日本海上保安厅管区区域划分示意

第二管区：

管辖范围主要包括东北地方的太平洋及青森县、岩手县、宫城县、秋田县、山形县、福岛县。

第三管区：

管辖范围主要是关东—东海地区的太平洋及茨城县、枥木县、群马县、埼玉县、千叶县、东京都、神奈川县、山梨县、静冈县。

第四管区：

管辖范围主要是东海—东部地方的太平洋及岐阜县、爱知县、三重县。

第五管区：

管辖范围主要是关西—四国地方的太平洋及滋贺县、京都府（南丹市以南）、大阪府、兵库县（濑户内海一侧）、奈良县、和歌山县、德岛县、高知县。

第六管区：

管辖范围主要是中国—四国地方的濑户内海及冈山县、广岛县、山口县、香川县、爱媛县。

第七管区：

管辖范围是中国—九州地方的日本海、濑户内海、有明海及山口县西部、福冈县、佐贺县、长崎县、大分县。第七管区目前是热点地区，也可以说是海上保安厅业务最集中的繁忙地区。

第八管区：

管辖范围是北近畿和山阴地方的日本海沿岸以及京都府、福井县、兵库县、鸟取县、岛根县、竹岛。

该管区从山口县、岛根县到石川县、福井县境内的漫长海岸线，在日本海北近畿和山阴地方的海域，中国、韩国、朝鲜、俄罗斯的船只往来频繁。管区内曾发生过日本海不明船只事件和俄罗斯船重油泄漏事故，从而增加了警备业务、海难救助业务、防灾减灾业务。

第九管区：

管辖范围是北陆—东北地方的日本海以及新泄县、富山县、石川县、长野县。

第十管区：

管辖范围是九州地方的东海、八代海、太平洋以及熊本县、宫崎县、鹿儿岛县。

第十一管区：

本部在冲绳县那霸市港町，下属机构有：1个海上保安厅，3个海上保安署、分室，2个航空基地，1个情报信息管理中心，1个航路标识事务所，有巡视船艇21艘。

第十一管区范围涵盖钓鱼岛，因此，与其他管区配合在钓鱼岛巡航监视是该管区的工作重点。

第十章 韩 国

韩国位于亚洲大陆东北，朝鲜半岛南部，东、南、西三面环海，国土面积9.96万平方公里，岛屿3 200多个，海岸线14 000公里(包括岛屿海岸线)，主张的管辖海域44.4万平方公里，是陆地面积的4.5倍，大陆架面积超过陆地面积的3倍。韩国GDP为1.13万亿美元，人口5 000万(2012年)。

1988年2月25日起生效的新宪法规定，韩国实行三权鼎立体制。根据该宪法，总统是国家元首和全国武装力量司令，是内外政策的制定者，也是国家最高行政长官，负责各项法律法规的实施。

韩国现代海洋经济始于20世纪60年代。陆域面积狭小和自然资源缺乏的现实促使韩国重视海洋开发。韩国从20世纪60年代中期开始推行海洋开发政策，该政策在社会经济发展中发挥着重要作用。经过近20年的努力，韩国经济于20世纪80年代开始进入快速发展轨道。

长期以来，韩国的海洋管理采用的是行业分割式管理模式，涉及海洋管理的有水产厅、海运港湾厅、科技部、农林水产部、通商产业部、环境处、建设交通部、警察厅等13个涉海部门，负责55项海洋职能工作。由于管理分散，海洋开发与管理和海洋事业得不到重视，影响了韩国的国际竞争力。20世纪90年代，韩国开始酝酿海洋管理体制改革。1996年成立了韩国海洋与水产部，对海洋事务实行统一综合管理。该部成立后，原先由各涉海部门分别行使的有关海洋管理方面的职能统归该部，极大地强化了韩国的海洋事业。

2008年2月25日，李明博总统组阁新政府以后，撤销海洋与水产部，成立国土与海洋部，原海洋与水产部的职能由国土与海洋部负责。

2013 年 1 月 15 日，韩国宣布政府改组方案，决定恢复海洋与水产部。韩国总统职务交接委员会宣布，根据改组方案，政府将把现有的 15 部 2 处 18 厅改组为 17 部 3 处 17 厅，新设"科学、信息和通信技术及未来规划部"和"海洋与水产部"，国土海洋部改名为"国土交通部"。2013 年 3 月 23 日韩国海洋与水产部正式恢复。

韩国的海洋执法队伍属于警察组织型。1953 年 12 月，韩国成立海洋警察队，1991 年 7 月，升格为海洋警察厅，隶属警察厅。1996 年 8 月 8 日，韩国成立海洋与水产部，海洋警察厅归海洋与水产部管理。为了进一步加强海洋管理与维权工作和提升韩国的国际地位，2005 年 7 月 22 日韩国海洋警察厅升格为副部级，成为与警察厅同级别的执法机构。2008 年 2 月 25 日韩国李明博总统组阁新政府以后，韩国海洋警察厅归国土与海洋部领导。2013 年韩国恢复海洋与水产部后，海洋警察厅回归海洋与水产部。

第一节　与海洋管理有关的战略与政策法规

一、韩国《21 世纪海洋发展战略》

韩国《21 世纪海洋发展战略》是韩国海洋领域的最高综合计划，该战略由 100 个具体计划组成，形成了 7 个特定目标。

为更好地贯彻落实该战略，韩国制定了 22 项以海洋开发管理为目标的法律法规。韩国《21 世纪海洋发展战略》是以实施"蓝色革命"为基础，建设海洋强国为目标，将"蓝色革命"作为实施政策，体现了韩国实现海洋强国的意志。

为了实现 21 世纪海洋发展目标，该战略提出了创造有生命力的海洋国土、发展以高科技为基础的海洋产业和保持海洋资源的可持续开发三大基本目标。海洋产业增加值占国内经济的比重，将从 1998 年占 GDP 的 7.0%，提高到 2030 年的 11.3%。

(一)战略制定背景

韩国海洋与水产部于 1999 年 7 月确定了 21 世纪海洋发展战略的方向和推进体制建设以及推进海洋议程等基本方针，设立了以副部长为首的计划团，并组成了以各业务局长为组长，政府官员、学术界专家为成员的工作组；同年 8 月组成了由学术界、产业界和舆论界等各界专家 31 人构成的咨询委员会。同年 9 月，综合整理了有关部门提出的部门计划草案，并经过海洋和水产专家研讨会及互联网征集建议等方式，形成了海洋开发、海洋环境保护、海岸带管理、海洋安全、海运、港口、水产、渔业资源管理、国际合作等 9 个部门的草案，并将《21 世纪海洋发展战略基本框架》向国会农林海洋委员会作了报告，同年 11 月召开了国民听证会和各部门工作组研讨会，同年 12 月召开了最终方案咨询委员会会议，收集和听取了咨询委员们的意见；2000 年 3 月交海洋开发委员会讨论，同年 5 月经海洋开发委员会（国务总理为委员长）及国务会议审议，确定为国家计划。

（二）战略特征

该战略有如下特征：

（1）将《21 世纪海洋发展战略》作为海洋领域的最高综合计划，提出和制定了推进中央政府与地方自治团体各项海洋计划的基本方向；汇总了海洋开发、海洋环境保护、海运、港口、水产等不同的部门计划，制订了有关合理开发、利用和保护海洋的基本方针。

（2）《21 世纪海洋发展战略》是根据海洋开发基本法制定的法定计划，全面修订了 1996 年海洋与水产部成立前由科学技术部制订的海洋开发基本计划，即除海洋开发和海洋环境保护的内容外，还包括海运、港口、水产等新内容，扩大成为 21 世纪的海洋发展战略。

（3）《21 世纪海洋发展战略》是韩国国家计划，由 2000—2010 年期间的行动计划和 2030 年的远景展望组成。另外，该计划为应对国际国内形势变化留出必要的弹性空间，建立了每隔三年滚动计划机制。

（三）21 世纪海洋发展事业的远景展望与目标

21 世纪海洋发展事业的远景展望与目标有以下几点。

1. 创造有生命力的海洋国土

目的是实现海岸带综合管理计划，加强环境保护措施，将全国的海岸带建设成有生命力的空间，特别是近岸水质从 2 或 3 级改善为 1 或 2 级，改善海岸带人居环境，使海岸带居住人口从 2000 年占全国人口的 33.5% 增加到 2030 年的 40.6%。

2. 发展以高科技为基础的海洋产业

将海运、港口、造船、水产等传统海洋产业提升为以高科技为基础的海洋产业，采取措施将1998年相当于发达国家43%左右的海洋科学水平在2010年提高到80%，在2030年达到100%的水平，与发达国家同步。引导和培育海洋和水产风险企业、海洋观光、海洋和水产信息等高附加值的高科技产业。

3. 可持续开发海洋资源

为了实现海洋资源的可持续开发，水产品养殖业产量所占的比重将从2000年的34%提高到2030年的45%；启动开发大洋矿产资源工作，到2010年达到年300万吨商业生产规模；开发利用生物工程的新物质，到2010年创出年产2万亿韩元以上的海洋产值；到2010年推出年发电87万千瓦时规模的无公害海洋能源开发。

（四）韩国2030年的海洋前景展望

《21世纪海洋发展战略》提出，到2030年，韩国要成为开发世界五大洋的海洋强国，成为人民生活质量高和海洋环境良好的国家，成为海洋高技术产业化和抗风险能力强的国家。

资源开发长期实施计划中，为提高投资效率和实现各领域科学技术的发展目标，海洋与水产部做出海洋科学技术开发事业的各年度课题计划和预算，总投入2万多亿韩元。

1. 将韩国建设成开发世界五大洋的海洋国家

韩国的海洋开发不仅开发朝鲜半岛沿岸、专属经济水域及大陆架，还要扩大到包括太平洋、南极海域在内的五大洋，通过全球海洋开发，树立海洋强国地位。

对外，到2030年要经营37个海外渔场，在南北极、南太平洋等地建设资源开发前哨基地。

对内，到2010年海洋观光人数增加到每年1.16亿人次以上，国民平均每年享受两次以上海洋观光度假；到2020年，10%以上居住在海岸带的家庭拥有游艇，进入"我的游艇"时代；到2030年，全国40%以上的人口居住在蓝色海洋　'中，将全国的海岸带建设成舒适而安乐的国民生活空间和休息地。

2. 将韩国建设成生活质量优良的海洋国家

为确保海洋生态系统的多样性,将沿岸国土开发为绿色国土,即全国近岸水质提高到 1～2 级,沿岸 12 海里海域海洋牧场化,到 2030 年,70% 以上的近海水域恢复到 1 级水质,为此须在全国沿岸和近海完善海洋环境监测系统。

沿岸城市与岛屿具备良好的生态环境和社会经济特性,有着舒适的生活休闲空间,人口与产业聚集,将成为海洋与人类共存并洋溢着强大生命力的海洋空间。建立先进的海洋安全体制,特别是建立和运营完善的船舶安全管理及管制系统与国家应急计划,使海洋事故能得到事先预防及事后及时处理,以保护国民生命、财产和环境的安全。

3. 将韩国建设成海洋产业高技术化和抗风险能力强的国家

随着海洋生命工程、环境、通信等尖端海洋技术的产业化,海运和港口、水产、造船等传统海洋产业将改造成高技术产业;大力发展海洋抗风险产业,到 2010 年将创建 500 多个海洋和水产风险企业,创造 5 万余个就业岗位。

以 1998 年为基准,海洋科学技术水平从相当于发达国家的 43% 提高到 2010 年的 80%、2020 年的 95% 和 2030 年的 100%。到 2030 年,开发出海底 6 千米超高压潜器,用于深海底资源开发。

海运、港口、水产等海洋产业的总附加值生产规模以不变价格为基准,从 1998 年的 19.6 万亿韩元增到 2030 年的 157.29 万亿韩元,为 1998 年的 8 倍。海洋产业的直接和间接总附加值生产规模同期从 31.76 万亿韩元增加到 260.3 万亿韩元,海洋产业的增加值的 GDP 贡献率要从 1998 年的 7.0% 增加到 2030 年的 11.3%。

锰结核等深海底矿物资源的商业性开发,2030 年年生产规模达到 25 亿美元。生物工程的海洋新物质开发,到 2030 年销售额达到 4 万亿(韩)元。在海洋能源开发方面,预计到 2030 年,利用潮汐、海水温差等的发电容量达到 264 万千瓦。此外,预计海上城市及人工岛开发从 2010 年开始实用化,到 2020 年左右开发出大规模设施,到 2030 年能够建设人工海上城市。

4. 将韩国建设成东北亚物流中心

釜山港和光阳港将成为高效的国际物流中心和东北亚集装箱枢纽。同时海运港口事业要有高速增长，即2030年釜山海运中心将发展为世界第三大海运中心，韩国籍船舶拥有量从1998年的2 400万载重吨位增加到2030年的6 000万载重吨位，增加2.7倍；2020年港口装卸设施确保率达100%，到2030年成为世界第五大海运强国。以水产品国际交易中心为中心的水产品流通信息系统开始高效运作，随着水产品流通、加工产业高附加值的形成，能够形成韩国在东北亚水产品交易的主导权。还要扩建以朝鲜半岛为中心的海上航道，成为东北亚观光的始发点、物流中心和人员交流中心。

5. 将韩国建设成稳定的水产品生产国

建立起拥有包括人造卫星在内的高速通信网的综合水产信息管理体系；绿色环境水产技术取得划时代的进展，形成具有稳定生产基础的资源型渔业。在近岸建设渔业带，通过建设海洋牧场，使渔业生产力取得巨大发展。随着海洋水产与休闲渔村相结合的多功能渔港的完善，渔民居住条件得到改善，同时搞活渔村休闲旅游。

随着水产条件的变化，水产品生产从1998年的295万吨增加到2030年的475万吨，渔业人口从1998年的32万减少到2030年的26万，渔民收入从1998年的1 683万韩元增加到2030年的1亿韩元，约增加5倍，完成水产业的结构转型。

二、《海洋与渔业发展基本法》

2009年11月28日，韩国《海洋与渔业发展法》正式生效（2012年进行了修改）。该法共分3章，内容包括：①一般条款；②制定海洋与渔业政策和建设促进海洋发展的体系；③海洋发展相关事项等。

第一章指出，制定该法的目的是通过制定合理管理、保护、开发与利用海洋及其资源的政策并提供指导以及通过强化海洋产业，促进国家经济的发展和为民众创造更多的福祉。这一部分还提出了基本思路，确定了海洋、海洋资源、海洋产业等术语的定义，阐述了与其他法律的关系，明确了国家与地方政府的责任。

第二章指出，政府将制定海洋发展基本计划，确定中、长期政策，每10年修订一次。基本计划的内容应包括：①政府的海洋发展基本概念及其推进目标；②海洋管理与保护；③海洋资源的合理开发与利用；④海洋产业的发展；⑤发展渔业与促进海洋环境保护；⑥海洋发展事业的全面与系统促进。

本章还明确要设立海洋与渔业发展委员会，并规定了委员会的组成、职能和工作委员会的组成。

第三章为海洋发展事项，由4部分组成：①海洋管理与保护，包括：海洋管理，海洋环境保护，海洋生态系统的养护，海洋安全管理。②海洋资源的开发与利用，包括：海洋资源的开发，海洋科学调查与技术的发展，海洋空间利用，海洋开发前进基地的建设，海洋科学基地、调查与研究设施，国际合作，朝鲜与韩国的海洋渔业合作。③发展海洋产业，包括：提高航运与港口业的竞争力，发展港口设施，促进海洋旅游，发展新技术。④建设海洋与渔业发展的基础与创造所需环境，包括：建设和加强研究机构，促进海产品与渔产品出口，加强海洋信息化建设，支持研发项目，促进海洋文化，加强财政支撑等。

三、《海岸带管理法》(1998年)

从1996年到1998年，韩国实施了一批海岸带评价项目，根据这些评价项目的成果，韩国海洋与渔业部起草了《海岸带管理法》(1998年)，1999年9月该法正式生效。

该法的内容有：①海岸带管理的国家政策；②海岸带管理边界；③国家海岸带管理计划；④地方海岸带管理计划与程序；⑤海岸带保护与治理项目；⑥国家与地方的海岸带管理委员会；⑦定期检查与评估。

第二节　海洋管理体制

一、海洋事务高层协调机制——海洋与水产发展委员会

1989年韩国政府为了促进海洋事业的发展，成立了以国务总理为委员长的海洋开发委员会。当时的海洋开发委员会主要由外务部、国防部、文教部、农林水产部、科技部、水产厅、环境厅等15个部门的部长、厅长和相关专家组成，主要审议和调整韩国海洋开发基本计划和重要的政策。

2008年李明博当选总统，撤销韩国海洋与水产部，成立国土海洋部。2009年7月修改《海洋与水产发展基本法》，成立了海洋与水产发展委员会

（替代原来的海洋开发委员会），由国土海洋部部长担任委员长。

2012 年朴槿惠当选韩国总统，2012 年 12 月 18 日韩国再次修改《海洋与水产发展基本法》，修订后的《海洋与水产发展基本法》（法律第 11596 号）于 2013 年 6 月 19 日生效。该法对海洋与水产发展委员会的组成和职责等做出了明确规定。

（一）成立委员会的目的

为审议与海洋基本计划（每 10 年制定 1 次）、海洋开发及海洋环境保护等相关的重要政策，成立海洋与水产发展委员会，该委员会由海洋与水产部部长管理。

（二）委员会的组成

委员会由最多 25 名委员组成，其中包括委员长 1 名。委员长由海洋与水产部长官（部长）担任，委员由通过总统令指定的相关中央行政机关的次官（副部长）级公务员和海洋与水产部长官聘请的海洋、海洋资源、海洋产业或海洋环境领域的专家组成。

（1）委员会设干事长 1 名，干事长由海洋与水产部次官（副部长）担任；

（2）聘请专家应超过 5 人，聘期为 2 年，可连续聘请；

（3）与委员会的组成和管理有关的其他必要事项通过总统令确定。

（三）委员会的职责

委员会负责审议：

（1）与基本计划有关的事项；

（2）与海洋开发等国家目标的设定及制度发展有关的事项；

（3）与海洋开发等重要政策的调整有关的事项；

（4）与海洋产业的培养和支持有关的事项；

（5）与重要海洋环境政策和计划的制订有关的事项；

（6）其他法律要求委员会审议的事项和委员长要求审议的事项。

（四）工作委员会

为了确保委员会的有效运转和开展审议，委员会下设海洋与水产发展工作委员会。工作委员会可以根据不同领域设分科委员会。工作委员会和分科委员会的组成及管理等事项，通过总统令确定。

二、海洋管理体制

1996 年韩国成立海洋与水产部，改变了过去的分散管理模式，对海洋事务实行统一综合管理。2008 年李明博总统组阁新政府后，海洋与水产部被撤销，成立国土与海洋部。2013 年 3 月，韩国恢复海洋与水产部。韩国海洋与水产部目前在编 3 084 人（其中下设机构 2 576 人）。

因此，现在韩国的海洋管理采用的是集中管理与分工负责相结合模式，政府主管海洋事务的部门是海洋与水产部，其他涉海部门主要有：土地、基础设施与运输部，科学、信息和通讯技术及未来规划部，农业、食品与乡村事务部，环境部，贸易、产业与能源部，文化、体育与观光部，外交部，战略与财政部和法务部等。

（一）海洋与水产部

1. 组织机构

部长

副部长

内设机构

（1）规划与协调局

政策规划官：计划财政担当官、行政管理担当官、规章制度改革法务担当官、信息化担当官、非常安全担当官。

（2）海洋政策局

海洋产业政策官：海洋政策处、海洋开发处、海洋休闲处、沿岸计划处；

海洋环境政策官：海洋环境政策处、海洋保护处、海洋生态处；

国际远洋政策官：国际合作综合处、海洋领土处、远洋产业处、通商贸易合作处。

（3）水产政策局

水产政策官：水产政策处、流通加工处、收入福祉处；

渔业资源政策官：渔业政策处、资源管理处、指导交涉处；

渔村养殖政策官：渔村养殖政策处、养殖产业处、渔村渔港处。

（4）海运物流局

（5）海事安全局

（6）港湾局

2. 历史沿革

1948 年 11 月，成立交通部；

1955 年 2 月，成立复兴部；

1961 年 6 月，复兴部变更为建设部；

1961 年 7 月，建设部变更为经济企划院国土建设厅；

1962 年 6 月，成立建设部（从国土建设厅变更而来）；

1994 年 12 月，成立建设交通部（建设部、交通部合并）；

1996 年 1 月，成立海洋与水产部（海运港湾厅、水产厅、建交部航道局、海难审判院合并）；

2008 年 2 月，成立国土与海洋部（建设交通部、海洋与水产部合并）；

2013 年 3 月 23 日，恢复海洋与水产部。

3. 职责

（1）拟定和实施国家海洋政策；

（2）维护海洋权益与海上安全；

（3）推进海洋与海岸带综合管理；

（4）发展海运与港口基础设施；

（5）保护海洋环境；

（6）保护和可持续开发利用海洋资源，包括渔业管理和渔业资源保护；

（7）发展海洋科学技术。

4. 愿景

海洋与水产部的愿景是：依靠海洋实现国民梦想和建设幸福的韩国，并将海洋与水产部建设成一流部委。实施方案是：①维护海洋领土主权，促进海洋资源开发，开展先进的海洋环境管理和建设安全的海洋，创建幸福的渔村，开展海洋综合管理；②培育新的海洋产业和制定与实施未来水产产业计划，提高海运产业竞争力，建设和发展港湾产业国家基地，培育海洋观光和休闲产业，振兴海洋产业。

（二）其他涉海部门

土地、基础设施与运输部涉海职能包括海上交通安全管理，与船舶运输有关的海洋环境保护，海上治安及海上事故调查等。

科学、信息和通信技术及未来规划部主要涉及海洋科技规划与发展。

农业、食品与乡村事务部参与渔业事务管理。

环境部负责海洋气象观测、陆源污染控制、自然保护等。

战略与财政部负责打击海上走私等。

贸易、产业与能源部负责海洋能源管理与开发以及涉海产业的发展。

文化、体育与观光部负责海上旅游管理和海洋文化研究。

外交部国际法律局领土与海洋处以及相关的地区司，负责涉海对外事务，包括海洋领土与海域划界等。

法务部负责海上出入境管理和打击海上偷渡。

第三节　海洋执法体制

韩国的海洋执法队伍属于警察组织型。1948 年，韩国成立警察厅的前身——治安局；1953 年 12 月 14 日，成立韩国海洋警察队；1991 年 7 月 23 日，海洋警察队升级为海洋警察厅，隶属于警察厅。自《联合国海洋法公约》生效以来，世界各国日趋重视海洋保护与开发，并面临经济专属区划界问题。为了建设先进的海洋国家，韩国通过修改《政府组织法》，1996 年 8 月 8 日成立了海洋与水产部，海洋警察厅归海洋与水产部管理。

韩国海洋警察厅归海洋与水产部管理的原因，是为了强化海洋维权工作。为了进一步加强海洋管理和维权，并提高韩国的国际地位，2005 年 7 月 22 日，韩国海洋警察厅升格为副部级，成为与韩国警察厅同级别的执法机构。2005 年海洋警察厅成为韩国 16 个相对独立的厅中人员数量排名第三、预算规模排名第五的厅。2006 年 11 月 16 日韩国海洋警察厅与韩国国立海洋调查院签署了关于《保护国民生命财产安全和保护海洋主权的谅解备忘录》，由韩国国立海洋调查院接管苏岩礁海洋观测基地。2007 年 2 月 9 日，韩国国防部表示，将通过制定国防改革的法律施行令立法，2012 年年底之前将原国防部负责的海岸警戒任务移交给海洋警察厅。2007 年 6 月 15 日，韩国海军与韩国海洋与水产部签署了《海洋安全综合信息合作协议》。

2008 年 2 月 25 日韩国李明博总统组阁新政府以后，韩国海洋警察厅挂靠在国土海洋部。2013 年恢复海洋与水产部后，海洋警察厅回归海洋与水产部。海洋警察厅总部设在仁川。

一、组织结构

韩国海洋警察厅设厅长 1 名，副厅长 1 名，除新闻发言人办公室和审计与督察处外，设有 6 个业务局，下设 23 个处，还有一个救援管理队。

(一)总部

厅长

副厅长

内设机构

新闻发言人办公室

审计与督察处

规划与协调局：规划处；财务处；业绩处；人事教育处。

国际合作局：国际合作处。

警备安全局：办公室；安保处；海上作业与活动安全处；技术处；搜索救护处；水上娱乐事务处；救援管理队。

情报与调查局：调查处；刑事事务处；情报处；对外事务处。

装备与技术局：战略采购处；装备处；航空处；情报处；信息与通讯处。

海洋污染应急局：海洋污染规划处；海洋污染机动响应处；海洋污染预防与指导处。

(二)下属机构

海洋警察学院；海洋警察研究所；海洋警察厅维修厂；东海地方海洋警察厅；西海地方海洋警察厅；南海地方海洋警察厅；济州地方海洋警察厅；仁川海警署。全国设 16 个海岸警卫队站，下辖 87 个分站和 238 个所。

二、目标

韩国海洋警察厅的目标是：

(1)建设和发展维护国家主权所需的能力；

(2)成为国家海洋安全卫士；

（3）建设成东北亚最强有力的海洋安全机构；

（4）不断提高搜救责任区内的搜索救护能力；

（5）不断提高海洋环境保护能力；

（6）根据公众要求，提供全面的行政服务；

（7）不断改进和完善组织架构和运作水平。

三、职责

韩国海洋警察厅的职责是：维护海洋权益；保护海洋资源；开展海难救助；管理海上交通安全；维护海上治安；保护海洋环境；开展国际交流与合作。

1. 通过巡航监视维护海洋权益和保护渔业活动

通过对韩国管辖海域的巡航，维护海洋秩序，保护海洋资源和维护韩国海洋权益。利用船舶开展 200 海里专属经济区巡航，维护韩国渔业捕捞活动，监控外国渔船在韩国领海和专属经济区的活动，保护韩国渔业资源，确保韩国管辖海域捕捞作业的安全。利用飞机巡航，搜集捕捞船队信息，以强化对捕捞船队的管理。

2. 海上搜索救护

一旦发生海上事故，迅速开展搜索救护，保护海上人员与财产安全。提前掌握有关征兆并预报海上复杂状况，对沉没、搁浅、发生火灾和遭遇海洋灾害的船舶、设施和人员展开及时救助。为了及时展开搜索救助，韩国海洋警察厅开通了海上紧急呼救电话 122。

3. 组织全天候和全海域巡逻与巡航，保障海上活动安全

韩国海洋警察厅在主要港口、码头和海滩均部署了海上活动安全管理力量，提供全天候全海域的巡逻与巡航。

4. 打击海上恐怖主义

为了打击海上恐怖主义，韩国海洋警察厅组织了经过严格训练的海上特别攻击队，保护海上人员与财产免受恐怖主义袭击。

为了消除任何发生在韩国海域的海上安全风险，韩国海洋警察厅不断加强对那些支持恐怖主义的国家的船只和运输危险物质的船只的搜索检查，并建设和维护实时巡航监视系统。与韩国海军和国家警察部门一道，加强对有关人员的培训和实际演练。

5. 预防和控制海上犯罪

采取各种措施预防和控制海上抢劫和暴力等各种海上犯罪活动以及打击和控制偷渡、走私和恐怖主义等国际犯罪活动。打击和控制非法进入韩国领海和专属经济区进行非法捕捞的外国船只。韩国海洋警察厅组织了专业化的犯罪活动调查队，加强科学调查，提高预防和控制国际海上犯罪的能力。

6. 海洋环境监控

维护海洋环境的健康与洁净，对于韩国的未来具有重要意义。因此，韩国海洋警察厅十分注重海洋环境保护和加强污染监测系统建设，不断提高应对海洋污染的能力。韩国海洋警察厅还鼓励公众自愿保护海洋，促进绿色经济的发展，重视废物再利用。

7. 国际合作

国际合作的重点是加强与日本、中国和俄罗斯等邻国的合作以及与美国和加拿大等其他太平洋国家的合作。在维护国际海洋秩序中，不断提升韩国的海洋大国地位。定期组织国际会议与培训，与其他国家共享韩国海岸警卫队的经验。

四、管区划分

韩国海洋警察厅的管区分为仁川、西海、南海、东海、济州 5 个管区，具体管辖情况如下：

1. 仁川海洋警察署

仁川广域市周边海域，京畿道部分西海岸。

2. 西海地方海洋警察厅

泰安海洋警察署：忠清南道 西海岸全海域

群山海洋警察署：全罗北道 西海岸全海域

木浦海洋警察署：全罗南道 西海岸全海域

莞岛海洋警察署：全罗南道 西部南海岸全海域

3. 南海地方海洋警察厅

济洲海洋警察署：济州岛 周边海域

丽水海洋警察署：全罗南道 东部南海岸全海域

统营海洋警察署：庆山南道 南海岸全海域

釜山海洋警察署：釜山广域市 周边海域

4. 东海地方海洋警察厅

蔚山海洋警察署：蔚山广域市 周边海域

浦项海洋警察署：庆尚北道 东海岸全海域（包括郁陵岛，独岛）

东海海洋警察署：江原道 南部东海岸 周边海域

束草海洋警察署：江原道 北部东海岸 周边海域

5. 济州地方海洋警察厅

济州地方海洋警察厅成立于2012年6月1日，主要负责济州岛周边海域与东中国海以及部分中韩暂定海域及韩日暂定海域的警戒。

五、主张的管理水域

韩国海洋警察厅没有在公开的资料中表明其主张的管辖海域坐标点。为了了解韩国各警察署的管辖海区，可以把《受难救护法实施规则》（韩国海洋与水产部第 395 号，2007 年 12 月 18 日修改）规定的"救助管辖海域"作为参考资料使用（见表 10 – 1）。

表 10 – 1　韩国《受难救护法实施规则》管辖海域

管辖厅/署	管辖海域	下属机构
仁川海洋 警察署	北纬 40°00′、东经 121°50′ 北纬 40°00′、东经 121°00′ 北纬 37°00′、东经 121°00′ 北纬 37°00′、东经 126°00′ 北纬 37°05′、东经 126°30′ 北纬 37°00′、东经 126°47′35″ 连线区域中不包括外国领海的海区	

续表

管辖厅/署	管辖海域	下属机构
西海地方 海洋警察厅	北纬 37°00′、东经 126°47′35″ 北纬 37°05′、东经 126°30′	泰安海洋警察署
	北纬 37°00′、东经 126°00′ 北纬 37°00′、东经 121°00′	群山海洋警察署
	北纬 32°14′、东经 121°00′ 北纬 34°00′、东经 126°15′	木浦海洋警察署
	北纬 34°00′、东经 126°30′ 北纬 33°56′、东经 126°30′ 北纬 33°56′、东经 127°13′30″ 北纬 34°12′30″、东经 127°13′30″ 北纬 34°27′30″、东经 127°05′ 北纬 33°40′、东经 127°05′ 连线区域中不包括外国领海的海区	莞岛海洋警察署
南海地方 海洋警察厅	北纬 34°40′、东经 127°05′ 北纬 34°27′30″、东经 127°05′	济洲海洋警察署
	北纬 34°12′30″、东经 127°13′30″ 北纬 33°56′、东经 127°13′30″	丽水海洋警察署
	北纬 33°56′、东经 126°30′ 北纬 34°00′、东经 126°30′	统营海洋警察署
	北纬 34°00′、东经 126°15′ 北纬 32°14′、东经 121°00′ 北纬 30°00′、东经 121°00′ 北纬 30°00′、东经 125°00′ 北纬 32°30′、东经 127°30′ 北纬 33°12′、东经 128°05′ 北纬 34°40′、东经 129°10′ 北纬 35°00′、东经 130°00′ 北纬 35°10′54″、东经 129°13′30″ 连线区域中不包括外国领海的海区	釜山海洋警察署

续表

管辖厅/署	管辖海域	下属机构
东海地方 海洋警察厅	北纬 35°10′54″、东经 129°13′30″ 北纬 35°00′、东经 130°00′	蔚山海洋警察署
	北纬 35°39′、东经 131°18′ 北纬 37°20′、东经 135°00′	浦项海洋警察署
	北纬 40°00′、东经 136°00′ 北纬 40°00′、东经 127°58′	东海海洋警察署
	连线区域中不包括外国领海的海区	束草海洋警察署
济州地方 海洋警察厅	暂无资料	

六、主要装备与警力

1. 舰艇

截至 2011 年，韩国海洋警察厅共有 292 艘舰船，其中排水量为 5 000 吨的 1 艘，排水量 3 000 吨的 11 艘，排水量 1 500 吨的 12 艘，排水量 1 000 吨的 9 艘，排水量 250~500 吨的 39 艘，排水量 30~100 吨的 130 艘，其他是排水量 30 吨以下的艇。到 2015 年，韩国将建造更多的排水量为 5 000 吨或更大的舰艇。

2. 飞机

截至 2011 年，韩国海洋警察厅有 23 架飞机，其中固定翼飞机 6 架，其他为旋转翼飞机。

3. 警力

截至 2011 年 12 月，韩国海洋警力为 10 095 名，其中警官 7 822 名，占总警力的 77.5%；战警为 1 626 名，占总警力的 16.1%；其他合计为 647 名，占总警力的 6.4%。

七、韩国海洋警察厅重点课题实施计划

2006 年 9 月，韩国海洋警察厅为了提高自身形象，制订了"蓝色海洋警卫"品牌。通过该品牌的打造，实现新的韩国海洋警察厅战略目标。韩国海洋警察厅制订了《重点课题实施计划》，具体内容如表 10-2 所示。

表 10-2 韩国海洋警察厅《重点课题实施计划》内容

远景	建设安全、洁净的海洋，成为"世界一流海洋韩国的坚实后盾"
核心目标	公正、可信、先进的海洋警察
重点实施课题	建设战略性海洋警备体系，维护海洋主权； 建立国民放心的海洋安全管理体系； 加强法制建设，维护海洋治安秩序； 制定国家防灾系统，提高预防灾害能力；通过沟通和参与，形成生机盎然的组织文化。

核心课题	建立强大的外国渔船非法作业应对体系	为维护海洋主权，制定广域警戒体系
	提高海洋安保力量等危机管理能力	通过加强搜救力量，改善海洋事故应对体系
	通过系统的海上交通管理，确保海上通道安全	建设水上休闲及海水浴场安全管理体系
	为营造公正的社会提高搜查力量	提高人权保护和搜查的公正性
	开展可消除矛盾的、有关民生信息的活动	提高外事犯罪应对能力和加强国际互助体系
	完善制度，确立国家防灾体系	完善海洋污染事故迅速应对机制
	加强危险物质及废弃物的海洋排放管理	与国民共同维护海洋环境
	创造面向未来的先进的组织文化	促进广泛参与，提高各界的共识
	建设弹性的装备管理和准备应对体系	建立公正、清廉的公职文化

第十一章　菲律宾

菲律宾位于亚洲东南部，西濒南中国海，东临太平洋，北隔巴士海峡与中国台湾省遥遥相对，南面和西南隔苏拉威西海、巴拉巴克海峡与印度尼西亚、马来西亚相望。

菲律宾是一个群岛国家，其中吕宋岛、棉兰老岛、米沙鄢群岛等 11 个主要岛屿占全国总面积的 96%。陆地面积 29.97 万平方公里，人口 9 671 万（2012 年），马来族占全国人口的 85% 以上。全国划分为吕宋、米沙鄢和棉兰老三大部分，设有 17 个地区，下设 81 个省和 117 个市。

菲律宾海岸线长约 36 289 公里，主张的专属经济区面积约 220 多万平方公里，117 个城市有 57 个位于沿海地带。海洋对于菲律宾的生存和发展有着至关重要的作用。

菲律宾是出口导向型经济，2012 年 GDP 为 2 520 亿美元。巴拉望岛西北部海域石油储量约 3.5 亿桶。水产资源丰富，鱼类品种达 2 400 多种，金枪鱼资源居世界前列，已开发的海水和淡水渔场面积 2 080 平方公里。

菲律宾曾是美国殖民地，两国长期保持密切的盟国关系，签有《共同防御条约》和《共同防御援助协议》。1991 年菲参议院废除了菲美《军事基地协定》，结束了美在菲长达 93 年的驻军。1998 年，两国签署《访问部队协定》，该协定使得美军重返菲律宾，两国恢复大规模联合军事演习。近几年菲美军事合作明显加强。在南中国海问题上，菲律宾极力拉美国介入，向美开放军事设施，提供后勤服务。美国承诺向菲提供新的军事装备，加强美菲海上军事演习。

菲律宾从 20 世纪 70 年代末期就开始重视海洋综合管理，80 年代通过建立地方海洋保护区，积极推进地方层面的海岸带综合管理。

20 世纪 90 年代，菲律宾中央政府给地方政府放权，实施了几个大型国外资助海岸带管理项目，摸索出一套海岸带综合管理经验。近十多年来，菲律宾海岸带与海洋综合管理取得较大发展，原因之一是政府与非政府组织实施了一批国际资助的海岸带综合管理项目，为海岸带综合管理奠定了良好基础；另一原因是加强了体制与法规建设。在体制方面，2007 年成立总统办公室海洋事务委员会；为了突出海洋领土问题，2011 年 9 月，将总统办公室海洋事务委员会改为国家海洋监控委员会，除继承原总统办公室海洋事务委员会的职能外，还新增加了海洋领土安全方面的职能，并建立海洋监控中心和海洋监控系统，配合海洋执法，与海岸警卫队等一道监视海洋。菲律宾国家海洋监控委员会监控的不只是海岸，而是涵盖整个菲律宾主张的管辖海域。鉴于该委员会继承了原总统办公室海洋事务委员会的职能，因此菲律宾国家海洋监控委员会实际上是国家海洋事务委员会。在法规方面，1991 年出台《地方政府法》，1998 年颁布《渔业法》，将海岸带和近海资源管理的许多权力和责任交给地方政府，大大激发了地方各级开展海岸带综合管理的积极性。2009 年 2月 17 日，菲律宾国会通过新的领海基线法(《菲律宾领海基线法》)，2009 年 3 月 10 日菲律宾总统正式签署该法案，该法案将中国黄岩岛和南沙群岛部分岛礁非法划入菲律宾领海基线范围。

第一节　海洋管理体制

菲律宾海洋管理体系比较完善，但也比较复杂，采用的是高层协调、国会监督审议、政府各涉海部门分工负责和地方政府与民间积极参与的多层次管理模式。

一、高层协调机制

根据菲律宾总统 2011 年 9 月 6 日发布的第 57 号行政令，菲律宾成立国家海洋监控委员会，接替 2007 年 3 月 27 日根据第 612 号总统行政令成立的总统办公室海洋事务委员会。该委员会实际上监控的不只是海岸，而是涵盖整个菲律宾主张的管辖海域。该委员会继承了原总统办公室海洋事务委员会的职能，实际上是菲律宾国家海洋事务委员会。

第57号行政令第一条规定："建设国家海岸监控系统。该系统是中央层面的部际间机制，任务是采用协调和连贯的方法处理海洋问题和开展维护海洋安全工作，强化国家对海洋的管理。"

（一）国家海洋监控委员会的组成

主席：菲律宾文官长

成员：

　　　环境与自然资源部部长

　　　国防部部长

　　　交通与通讯部部长

　　　外交部部长

　　　农业部部长

　　　内政与地方政府部部长

　　　司法部部长

　　　能源部部长

　　　财政部部长

（二）发展沿革

1981年10月3日，菲律宾总统发布第738号行政令，成立"内阁海洋法条约委员会"，负责实施与《联合国海洋法公约》有关的工作。

1988年6月5日，菲律宾总统发布第328号行政令，宣布重组内阁海洋法条约委员会，将其成员从6个增加到12个。

1994年7月12日，第186号行政令决定将内阁海洋法条约委员会重新命名为内阁海洋事务委员会（Cabinet Committee on Maritime and Ocean Affairs, CABCOM－MOA），并扩展其成员单位和职能范围。

1999年7月30日，菲律宾第132号行政令决定强化内阁海洋事务委员会，并设立支撑机构，成立数个下属分委员会，将内阁海洋事务委员会秘书处改名为海洋事务中心。

2001年9月21日，菲律宾第37号总统行政令宣布撤销内阁海洋事务委员会，将菲律宾海洋事务中心升格为外交部附属机构，扩展海洋事务中心的职能。

2007 年 3 月 27 日，第 612 号总统行政令将外交部海洋事务中心升格为总统办公室海洋事务委员会。

2011 年 9 月 6 日，菲律宾总统发布第 57 号行政令，撤销总统办公室海洋事务委员会，成立国家海洋监控委员会，接替总统办公室海洋事务委员会的全部职能。

（三）职能

1. 继承原总统办公室海洋事务委员会的职能

负责管理和指导涉海政策的制定与实施，围绕海洋政策与海洋事务问题，开展部际间协调以及与国内外和地方政府及专家的协调。

2. 新职能

国家海洋监控委员会属于国家最高层面的部际间海洋事务协调机制，新职能包括：

（1）为国家海洋监控系统的海洋安全工作、跨国和跨边界海洋安全合作制订战略方向与政策指导方针；

（2）开展海洋安全工作评估，向总统和国家安全委员会定期提交报告；

（3）向总统提出海洋安全政策与程序建议，发布以加强菲律宾海洋安全为目的的行政管理法规与条令；

（4）统一和协调与完成海洋安全使命有关的能力建设计划和经费安排；

（5）根据各部门肩负的职能和委员会确定的海洋安全政策方向及管理框架，调节和协调各不同政府部门的职能与关系；

（6）围绕国家的涉海对外事务与地方事务，在政策制定与实施方面开展全面的管辖和指导，并开展与国内外政府机构、有关专家和组织的协调；

（7）在行使权力和履行职能工作中，指定和要求各部、局和机构提供支撑和援助；

（8）履行主席认为行使委员会使命所必需的其他职能，或根据总统指示行使其他职能。

（四）下属业务机构——国家海洋监控系统中心

国家海洋监控系统中心由菲律宾海岸警卫队负责建设和领导。

职能是根据委员会制定的战略方向和政策指导方针，实施和协调以下海洋安全事务：

（1）搜集、补充完善、合成和分发与海洋安全有关的信息；

（2）建设与维护有效的通讯与信息系统，加强各部门在海洋安全方面的协调；

（3）一旦有关机构提出要求或出现紧急事件，负责协调海洋巡航监视或协调对事件的响应工作；

（4）制订海洋安全工作计划，负责协调、督促检查和评价以及记录存档和报告；

（5）根据委员会授权，负责协调跨边界和跨国海洋安全合作；

（6）掌握海洋安全形势，强化海洋监控和警觉意识；

（7）对海洋安全形势进行定期评估；

（8）完成委员会交办的其他任务。

（五）支撑部门

根据国家海洋监控委员会发布的法规和管理规定，下述部门负责为中心及其运行提供人员、装备和材料支撑：

（1）菲律宾海军；

（2）菲律宾海岸警卫队；

（3）菲律宾国家海警部队；

（4）司法部国家控告起诉局；

（5）海关；

（6）移民局；

（7）国家调查局；

（8）渔业与水产资源局；

（9）菲律宾跨国犯罪中心。

二、主要涉海部门的职能范围

（一）环境与自然资源部

该部成立于1917年，主要职能是指导与管理菲律宾自然资源保护与开发利用以及保护环境，其中包括海洋环境与资源的保护和利用，制定和实施有关政策。主要职能包括：

（1）制定和实施包括海洋环境在内的环境管理与保护法规，预防和控制环境污染；

（2）制定和实施自然资源保护、开发利用和养护恢复政策与计划；

（3）制定菲律宾森林、土地、矿藏资源和野生动植物法规；

（4）保护菲律宾陆地与海洋资源。

主要业务机构有：

环境管理局

矿藏与地球科学局

生态系统研究与发展局

森林管理局

土地管理局

保护区与野生生物局

（二）农业部

菲律宾农业部负责促进农业与渔业事务，设有渔业与水产资源局、农业与水产产品标准局、农业研究局、农业统计局、动物产业局、植物产业局、土壤与水管理局和农业培训研究所等部门。下属机构有国家渔业研究与发展研究所、菲律宾渔业发展管理局、东南亚渔业发展中心等23个机构。

农业部渔业与水产资源局的职能主要有：

（1）制定和实施国家渔业发展计划；

（2）颁发商业渔业捕捞许可证；

（3）为商业性渔民免费颁发身份识别卡；

（4）监督检查和审议菲律宾与外国签署的渔业合作协定；

（5）制定和实施渔业研究与发展计划；

（6）建设与运行渔业信息系统；

（7）为渔业生产、加工与销售提供全面的支撑服务；

（8）与国防部、内务与地方政府部和外交部一道，建立专家队伍，并监视、控制与管理菲律宾领海的渔业捕捞活动，开展相关巡航；

（9）开展渔业执法（地方政府管辖的区域除外），促进渔业资源的养护与管理，与地方政府和其他部门一道，解决渔业资源利用纠纷；

（10）帮助地方政府发展渔业开发利用、管理和养护与保护所需的能力；

（11）制定跨界鱼类和高度洄游鱼类管理与养护法规。

（三）交通与通讯部

菲律宾交通与通讯部负责管理和发展菲律宾运输与通讯网络，为国家提供迅速、安全、高效和可靠的运输与通讯服务。该部负责制定相关的政策、规划、计划及其协调、实施与管理工作，与菲律宾经济、社会与环境的可持续发展有着密切关系，负责指导和参与和运输与通讯有关的涉海事务，主要工作包括制定政策，调控与管理相关产业，发展运输与通讯基础设施，参与相关国际合作。

菲律宾交通与通讯部的主要涉海机构有：菲律宾海岸警卫队；运输安全局；菲律宾港务局和海洋产业局等。

（四）能源部

根据 1992 年菲律宾《能源部法》，菲律宾能源部的主要职能是负责制定、整合、协调、指导和监督与能源勘探、开发、利用、分配和保护有关的规划、计划、项目和工作。

该部的主要职能机构是：能源发展局；可再生能源管理局（其中设有水电与海洋能源管理处）；能源利用管理局；石油工业管理局；能源政策与规划局；电力工业管理局。

（五）海军

菲律宾海军除维护海上国防安全外，还肩负着支持政府部门进行海上执法的任务，内容涉及菲律宾领海和毗连区的航行、移民、海关、检疫和渔业等。菲律宾国家海洋监控委员会依靠的菲律宾海洋监控系统由菲律宾海军管理。

（六）科技部

在海洋领域，菲律宾科技部负责组织和参与有关的科学研究工作，例如海洋综合管理、海洋环境保护和海洋保护区建设等方面的研究，促进海洋工作和海洋科学技术的发展。

（七）国会

菲律宾国会负责制定菲律宾法律，包括涉海法律。职能包括：制定法律法规，审批和通过所有全国性的拨款、预算、财政和税收的议案以及增加公共债务和地方申请建市或更名的议案等。对总统任命的内阁成员进行审批，宣布国家进入战争状态，在战争或全国紧急状态期间授予总统特殊权力宣布全国性政策、国会各委员会有权按职能对政府相关部门、内阁成员进行质询和听证调查。从下面的"有关部门涉海职能分工表"可以看出，菲律宾国会对海洋事务享有广泛的权力。

（八）地方政府

菲律宾《地方政府法》赋予那些沿海市政当局和城市在其沿海陆地行政管辖区与距岸15公里的海域管辖范围内享有管理权力，这些地方政府和城市都有立法和执法分支机构。地方和城市政府承担制定与执行海岸带与海洋综合管理计划的主要任务，包括制定和实施与建立自然保护区、渔业及沿海资源保护和利用有关的法令。菲律宾的省级政府也有立法与执法分支机构，各省通过颁布省级法规填补海洋与海岸带综合工作存在的缺口。

（九）有关部门的涉海职能分工

表11-1　菲律宾有关部门涉海职能分工

涉海活动类型	内容	行政部门	国会委员会	参院委员会
海港	靠海商业性构筑物	交通与通讯部，地方政府	交通委员会	公共工程
	海上商业性构筑物；码头；旅客设施	交通与通讯部		
	海军设施	海军	国防委员会	国防与安全
	渔业设施	交通与通讯部、内务与地方政府部	交通委员会	公共工程
	娱乐休闲设施			公共服务、旅游
航运、运输船舶	有关各类船舶	交通与通讯部、内务与地方政府部	交通委员会	公共服务
航线	航线、过境、分航制	交通与通讯部、内务与地方政府部		
航运、导航设施	浮标系统	交通与通讯部		

续表

涉海活动类型	内容	行政部门	国会委员会	参院委员会
海底管道与线路		能源部、环境与自然资源部		公共服务，环境与自然资源
海洋水产资源	捕捞、海洋水产养殖	交通与通讯部、农业部、环境与自然资源部、地方政府、内务与地方政府部、国防部	农业	农业与食品
海洋油气资源	勘探	能源部、科技部	能源	能源
	开发	环境与自然资源部		
	储存	能源部、交通与通讯部、环境与自然资源部		
矿藏资源	海砂	环境与自然资源部、地方政府	自然资源	环境与自然资源
	水体中矿物			
	海底资源	环境与自然资源部		
可再生能源	风能、海水能、底土能源	能源部、科技部	能源	能源
休闲娱乐	岸上和海滨娱乐	旅游部、地方政府	旅游	旅游
	海上娱乐	旅游部、交通与通讯部		
国防与其他海军活动	演习区	海军	国防、生态	环境与自然资源、国防
海滨人工构筑物	岸上和海滨	环境与自然资源部、地方政府	公共工程	公共工程
	海上	交通与通讯部、环境与自然资源部	运输	

涉海活动类型	内容	行政部门	国会委员会	参院委员会
海洋科学研究	水体	科技部	科学与技术	科学技术、农业
	海底和底土	环境与自然资源部、农业部、能源部		
	生态系统	科技部		
	外部环境			
	相互作用	大气地球物理天体服务管理局、环境与自然资源部		
	保护区	科技部、环境与自然资源部、农业部		
	海域使用管理			
倾废	陆源污染和海上污染	地方政府、能源部、环境与自然资源部、交通与通讯部、内务与地方政府部、海军	能源、生态	环境与自然资源
环境保护与养护	岸上和海边（湿地保护、沙丘保护、自然保护、自然公园、保护区、物种保护）	环境与自然资源部、科技部、农业部	生态	
	海上（海洋保护区、海洋公园、生态系统保护与养护）	环境与自然资源部、科技部		

第二节　与海洋管理有关的法规、政策和文件

菲律宾出台了一系列与海洋和海岸带管理有关的法规、政策和文件，其中主要有《菲律宾宪法》、《地方政府法》、《菲律宾渔业法》、《领海基线法》、菲律宾海洋政策、《第553号行政令》和《菲律宾21世纪议程》等。

一、1987年《菲律宾宪法》

1987年《菲律宾宪法》就自然资源与环境的保护做出了规定，第一条就明确规定了菲律宾的领土内涵，"菲律宾的国土由菲律宾群岛及其附近水域以及菲律宾拥有主权的其他领土组成，包括陆地、河流和空域以及领海、海底及其底土、半岛陆架和其他水下区域。群岛岛屿周围、之间和连接各岛屿的水域，无论其宽度和深度如何，均属于菲律宾内水"。

另外，《菲律宾宪法》还规定，"菲律宾政府将保卫国家在群岛水域、领海和专属经济区的海洋资源，只允许菲律宾公民使用和享用这些海洋资源"。

二、1991年《地方政府法》

1991年菲律宾《地方政府法》，即菲律宾第7160号法，将《菲律宾宪法》规定的政治自治原则与权力下放原则具体化。根据《菲律宾宪法》规定的原则，地方政府拥有包括在所在区域内使用和保护海洋资源的权力，可以制订地方条令和征税，并可与其他相关地方机构合作，保护和开发海洋资源与环境。这一规定有利于各地方政府合作开展海岸带综合管理，尤其是开展跨边界海洋管理。

中央政府管理机构在实施相关项目和开展涉海工作时，必须与所在地区的地方政府、非政府组织和人民团体磋商，征求各方意见。不经过地方立法机构的同意，中央政府部门不得在地方政府管辖范围内实施项目。

1991年《地方政府法》明确规定："地方或市政府管辖的水域……还包括从地方或市管辖边界两端垂直向海延伸的两条线和距离一般海岸线15公里并与一般海岸线平行的第三条线之间包围的海域。如果两个市或地方的位置相向，相互间距离不足15公里时，该线则位于两地之间的中间线。"

三、1998 年《菲律宾渔业法》

1998 年《菲律宾渔业法》，即菲律宾第 8550 号法，进一步强化了菲律宾的渔业法规，其基本原则是：保护菲律宾公民利用菲律宾渔业资源的专属权利；确保对菲律宾专属经济区及其附近海域和邻近公海的渔业资源得到可持续的开发、利用、管理与养护；保证所在地方的渔民拥有开发利用所在地方海域的渔业资源的优先权；国家保护这些海域的渔业资源不被外国捕捞；用综合管理方法管理渔业资源；依靠控制最大可持续产量和可捕捞总量等立法手段，调控渔业捕捞强度。

《菲律宾渔业法》根据中央下放权力原则，建立了与《地方政府法》相一致的地方海域渔业资源管理制度。该法规定，在地方管辖海域，地方政府有权执行所有渔业法规和开展执法，有权制订禁止、限制捕捞的管理规定和规定许可证收费标准，颁布与渔业养护和保护区、实施禁渔和限制捕捞量有关的法规。

四、《菲律宾领海基线法》

2009 年 2 月 17 日，菲律宾国会通过了新的领海基线法，即《菲律宾领海基线法》，2009 年 3 月 10 日，菲律宾总统正式签署并生效。

该法第二条宣示，卡拉延群岛和黄岩岛符合《联合国海洋法公约》规定的"岛屿制度"。这项法律界定了菲律宾主张的专属经济海域，并再次宣称对位于其西部的海域和有争议的南沙群岛"享有主权"。

《菲律宾领海基线法》为其非法拓展海洋管辖区域和实施海洋管理与执法提供了国内法律依据。

五、菲律宾海洋政策

1994 年 11 月 16 日，《联合国海洋法公约》生效。为了做好加入公约的准备工作，菲律宾当时的内阁海洋事务委员会制定了落实《联合国海洋法公约》的行动计划，菲律宾政府在公约生效之前的 11 月 8 日通过了该计划，后来称为"菲律宾海洋政策"。

菲律宾海洋政策的目的是为了指导菲律宾海洋资源与环境的保护、利用与管理工作。

(一)国家海洋政策确定的原则

菲律宾海洋政策确定的原则包括:

(1)制定菲律宾发展规划时必须立足于菲律宾是一个群岛国这一国情;

(2)菲律宾海洋和海岸带是基层社区生存的基础,是生态和资源的源泉;

(3)《联合国海洋法公约》是菲律宾发展和改革的法律基础,是确定国家海洋政策适用地理范围的重要依据,实施公约必须符合菲律宾国家利益;

(4)鼓励有关各界和行业,通过内阁海洋事务委员会,积极参与涉海规划与决策事务。

(二)主要的战略领域与适用原则

菲律宾海洋政策确定的主要战略领域是:

(1)国家领土完整;

(2)保护海洋环境;

(3)发展海洋经济与技术。

确定的适用原则是:

(1)可持续发展原则;

(2)污染者支付污染治理费原则;

(3)海洋与海岸带综合管理原则。

六、关于海洋与海岸带综合管理的 2006 年《第 533 号行政令》

2006 年 6 月 6 日,菲律宾总统签署《第 533 号行政令》,宣布与菲律宾海洋综合管理有关的政策,主要内容有:

(1)为了促进海岸带与海洋环境和资源的可持续发展,在保持生态完整性的同时提高食品供应安全、保持可持续的生计、消除贫困和降低在自然灾害面前的脆弱性,必须采用综合管理方法和建立国家管理政策框架。

(2)各级政府和所有海洋区域,都应实施海洋与海岸带综合管理。有关中央和地方政府,都应认真对待和处理流域、湿地和海洋之间的相互影响与关系问题。

(3)在本法令生效后一年内,菲律宾环境与自然资源部应与有关政府部门、产业和利益相关者一道,制订国家海洋与海岸带综合管理计划,并指导和支持各级地方政府和利益相关者制订和实施地方海洋与海岸带综合管理计划。国家海洋综合管理计划应包括管理原则、战略和行动计划，确定国家海洋与海岸带综合管理目标，建立国家级海洋与海岸带管理协调机制。

（4）为了实施海洋与海岸带综合管理计划，应：①建立部际间和跨行业的协调机制；②制定海洋与海岸带战略与行动计划，提出沿海地区可持续发展长期远景与战略，制定和实施以解决突出问题为目标的、有时限规定的行动计划；③提高公众的海洋意识；④将海洋与海岸带综合管理工作纳入国家和地方各级的社会发展规划，为实施海洋与海岸带综合管理计划提供财政与人力支撑；⑤将海洋与海岸带功能区划作为综合管理手段之一；⑥发展可持续渔业和保护生物资源；⑦通过建设海洋保护区等保护和修复珊瑚礁、红树林、海草、河口和其他生境；⑧从上游陆地到海洋进行全程管理；⑨综合处理废物；⑩综合管理港口安全和保护环境；⑪鼓励私有企业和个人参与海洋与海岸带综合管理。

（5）中央政府部门的责任。政府各部门应按照职能分工，支持实施海洋与海岸带综合管理计划。这些部门包括：农业部、内务与地方政府部、交通与通讯部、财政部、旅游部、卫生部、教育部、外交部、科技部、能源部、国防部、国家经济与发展署、社会福利与发展部、劳工与就业部、司法部。上述部门应为环境与自然资源部和地方政府实施海洋与海岸带综合管理和开展执法工作提供政策指导和技术支撑。

（6）地方政府的责任。按照《地方政府法》和国家可持续发展政策与战略，地方政府应成为当地制定、规划和实施海洋与海岸带综合管理计划的前沿部门。地方政府应定期修订海洋与海岸带综合管理计划，并抄报环境与自然资源部。地方政府应动员和组织必需的人力、财力、物力，实施海洋与海岸带综合管理计划。

（7）民间社会、团体与私有企业的作用。非政府组织、民间团体、学术界、私营企业和其他团体，应积极参与海洋与海岸带综合管理计划的制订与实施工作，组织社区参与，开展研究，推进技术转让，开展资料共享，对管理计划进行投资，组织培训等。

（8）支撑机制与活动。包括：海洋与海岸带教育；地方政府海洋与海岸带管理培训；环境与自然资源审计与定价；海岸带与海洋环境信息管理系统。

七、《菲律宾21世纪议程》

《菲律宾21世纪议程》是菲律宾可持续发展领域的国家行动计划，针对海洋领域提出的行动主要包括：①修订和完善国家海洋法规，使国内法规与《联合国海洋法公约》接轨；②制定国家和地方层面的海岸带综合管理政策；③建设海洋监视、控制与巡航系统；④制定控制陆源污染行动计划。

第三节　海洋执法体制

菲律宾海洋执法工作主要由菲律宾海岸警卫队负责，2011年成立的菲律宾海洋监控系统对菲律宾主张的海域开展全面监控，农业部渔业与水产资源局也担负渔业领域的部分执法工作。

菲律宾海岸警卫队承担着海洋执法、海上搜救、维护海上安全和保护海洋环境与资源的任务，原来由海军管理，后来为了树立非军方执法队伍形象，改由菲律宾交通与通讯部管理，但局势紧张和战争时期仍由菲律宾国防部指挥。

一、菲律宾海岸警卫队

（一）发展沿革

菲律宾海岸警卫队的历史可以追溯到20世纪初。1901年10月，菲律宾制定了专门法律，设立海岸警卫与运输局，隶属于商务与警察部。1905年10月，菲律宾撤销了海岸警卫与运输局，其业务职能移交给航行局。1913年12月，航行局被撤销，职能移交给海关局和公共工程局。

菲律宾共和国独立后，菲律宾海军的前身菲律宾海上巡逻部队，承担了部分海岸警卫职能。1967年8月6日，菲律宾成立海岸警卫队。海关局所承担的海岸警卫职能移交给海岸警卫队。

1998年3月，菲律宾总统发布行政令，将海岸警卫队交总统办公室直接领导。1998年4月15日，菲律宾总统发布行政令，将海岸警卫队移交给交通与通讯部管理，使海岸警卫队变成了非军事性质的机构，为此，海岸警卫队可以从其他政府部门接受船舶、装备、技术与服务，可以与其他政府部门开展合作和获得其他所需援助，这是归海军管理时无法做到的。

2009 年，菲律宾国会通过新的《海岸警卫队法》，赋予菲律宾海岸警卫队开展海上执法所需的权力。2010 年 2 月 12 日，菲律宾总统签署该法。根据新的法律规定，菲律宾海岸警卫队在战争状态或国会批准的情况下，受国防部领导。2011 年 4 月 12 日，菲律宾交通与通讯部发布法实施细则，为菲律宾海岸警卫队的海洋执法工作奠定了坚实的法律基础。

根据《海岸警卫队法》和《实施细则》，海岸警卫队的职能更加全面，这些法规除明确海岸警卫队在维护海上人员与财产安全、保护海洋环境、组织海上搜救、维护海上安全和开展海洋执法等方面的主要职能外，还细化了具体任务。

（二）组织结构

菲律宾海岸警卫队总指挥为最高长官，两名副总指挥协助总指挥分别负责日常管理和业务工作。

海岸警卫队本部设 12 个部门，分别是：

（1）人事管理与档案部；

（2）情报、安全与执法部；

（3）业务部；

（4）后勤部；

（5）规划、计划与国际事务部；

（6）审计部；

（7）社区关系部；

（8）海事安全部；

（9）海洋环境保护部；

（10）船舶与飞机工程部；

（11）海上通讯、武器、电子与信息部；

（12）教育训练部。

此外，海岸警卫队还设有：指挥部支持大队；行动中心；内部审计局；采购服务局；特别服务局；公共关系局；基础设施发展服务局；财务中心。

下属业务职能机构有：

（1）海岸警卫队船舶与飞机大队（包括航空大队、预备队、特别作业大队、

K-9警犬部队);

(2)海洋环境保护指挥部;

(3)教育培训指挥部;

(4)海上安全服务指挥部;

(5)武器、通讯、电子与信息系统服务部。

2011年,菲律宾海岸警卫队共有5 404人(军人5 068人,非军人336人)。

菲律宾海岸警卫队将全国划分为12个海岸警卫区,设70个分遣队。这12个区分别为:

(1)首都地区-吕宋岛中部区;

(2)米沙鄢群岛中部区;

(3)米沙鄢群岛东部区;

(4)棉兰老岛西部区;

(5)巴拉望岛区;

(6)塔加路岛南部区;

(7)米沙鄢群岛西部区;

(8)吕宋岛西北部区;

(9)吕宋岛东北部区;

(10)棉兰老岛东南部区;

(11)比科尔岛区;

(12)棉兰老岛北部区。

(三)职能

菲律宾海岸警卫队的职能是:

(1)根据所有相关国际海洋与海事公约、协议或文书以及菲律宾国内法规开展执法,促进菲律宾管辖海域的人员与财产安全,落实港口国控制措施;

(2)对所有商业船舶进行检查,确保船舶符合船舶安全法规要求;

(3)扣押不遵守船舶安全标准和规范的船舶,或制止它们航行或离港;

(4)对商业船舶进行应急准备状况检查;

(5)经交通与通讯部部长批准,发布以维护海上活动人员与财产安全为目的的法令和规定;

（6）在菲律宾管辖海域内，建设、维护、使用和协调助航设施、船舶交通系统、海上通讯与搜救系统；

（7）拖走或摧毁妨碍航行的沉没或漂浮有害物；

（8）发布海上搜救许可证，监督和指导海上搜救活动，并根据相关法规开展执法；

（9）根据国际法规，对在菲律宾管辖海域和公海遇险的人员和船舶提供援助和进行搜救；

（10）开展海上事故调查；

（11）协助开展与渔业、移民、税务、人员偷渡、毒品走私和跨国犯罪等问题有关的执法活动；

（12）根据职能分工，登临检查所有船舶；

（13）开展与海洋环境和资源有关的执法；

（14）发展溢油应急响应、控制与回收溢油能力，预防船舶污染。

（四）装备

菲律宾海岸警卫队共有船舶 15 艘（不包括由菲律宾海岸警卫队派人使用的菲律宾农业部渔业与水产资源局的船舶），飞机 10 架。船舶长度基本为 35~55 米。2012 年 10 月菲律宾官方透露，菲律宾海岸警卫队将从法国购买 5 艘巡逻艇，总价值达 1.16 亿美元，其中一艘长为 82 米，四艘长为 24 米，预计 2014 年交付使用。

二、菲律宾海洋监控系统

2011 年 9 月 6 日，菲律宾总统宣布建立国家海洋监视系统，以加强对菲律宾主张海域的监视与控制。

（一）业务组成

菲律宾海洋监控系统主要由下述业务系统组成：

（1）位于马尼拉的菲律宾海洋研究信息中心，该中心是菲律宾海洋监控系统的枢纽；

（2）位于吕宋岛、西棉兰老和东棉兰老的海洋监控中心；

（3）21 个海岸监控站。这些站有的已经投入运行，有的正在建设之中。

（二）支撑单位

菲律宾海洋监控系统是一个部际间机构，支撑单位包括：

（1）菲律宾武装部队

包括菲律宾陆军、海军和空军。菲律宾海军对海洋监控系统进行全面整合，使其得到最大限度的利用，从而全面掌握菲律宾海域情况，使菲律宾海军、菲律宾部队总司令部和其他涉海部门全面掌握菲律宾海洋形势。

菲律宾海军依靠菲律宾海洋研究信息中心加强各部门间的伙伴关系建设，促进各部门的参与和合作及信息共享。

（2）菲律宾海关

（3）渔业与水产资源局

隶属于菲律宾农业部，负责菲律宾渔业与水产资源的开发、管理、保护与发展。

（4）移民局

（5）能源部

负责制订、整合、协调、监管和控制菲律宾政府在能源勘探、开发、利用、分配和保护方面的所有规划、计划、项目与活动。

（6）国防部

（7）海洋产业管理局

负责发展、促进和管理菲律宾的海洋产业。

（8）运输安全办公室

2004 年 1 月 30 日，菲律宾成立运输安全办公室，隶属于交通与通讯部。

（9）菲律宾跨国犯罪中心

（10）菲律宾海岸警卫队

（11）菲律宾毒品执法署

（12）菲律宾港务管理局

（13）菲律宾海军海洋总队

第十二章 越 南

越南位于东南亚中南半岛的东部，面积约 33 万平方公里，呈狭长条带状，南北长 1 650 公里，东西宽 600 公里，东西最窄处为 50 公里，海岸线长 3 260 公里。

越南海域自然资源丰富，海洋经济在国民经济发展中有着重要作用。油气、渔业、海上运输和旅游是越南海洋经济的四大支柱产业。2012 年，渔业产量 573 万吨，海产品出口 62 亿美元。根据越南海洋发展战略规划确定的目标，到 2020 年，越南的港口将从现在的 90 个增加到 114 个，海洋经济对国民生产总值的贡献率达到 53%～55%。

越南有 28 个沿海省和 64 个沿海市，125 个沿海区。越南人口 8 878万(2012 年)，其中约一半居住在沿海地区，GDP 的 30% 和出口收入的 50% 来自沿海地区。

进入 21 世纪后，随着战略重心的调整，越南大力推行海洋发展战略，试图建设成地区乃至世界的海洋大国。经济上，越南加大了开发海洋油气资源的力度。近年来，为鼓励外国投资者参与越南海洋石油资源开采，制定了一系列优惠政策，与来自 10 多个国家和地区的 30 多家公司在海洋油气领域开展合作。军事战略也调整为"陆守海进"，加大海军建设力度，把发展海军放在军队建设的首位。在法律上，越南试图利用国内和国际法，让其非法海洋权益主张合法化，不断加强海洋法规体系建设，出台了一系列涉海法律法规与政策，其中最重要的是 2012 年 6 月越南国会通过的《越南海洋法》。《越南海洋法》是越南发展其海洋战略的重要组成部分，是其实现海洋强国目标的重大举措。《越南海洋法》擅自将中国西沙群岛和南沙群岛纳入所谓越南"主权"范围，中国政府对此表示坚决反对。

越南是南海周边国家中侵占我岛礁最多的国家,达29个之多。越南积极发展与美国的关系,并试图让南海问题国际化。但越南和中国在南海问题上也有积极的举措,例如2000年12月两国签署了《关于两国在北部湾领海、专属经济区和大陆架的划界合作协定》和《北部湾渔业协定》,2013年10月中国总理访问越南,两国同意成立海上共同发展磋商机制。

2008年8月,越南成立了专门负责海洋事务管理的海洋与岛屿管理局,使越南的海洋与岛屿管理走上了综合管理的道路。目前越南的海洋管理属于集中管理与分工负责相结合的模式,除海洋与岛屿管理局外,越南的其他涉海部门还有规划与投资部、自然资源与环境部、外交部、农业与农村发展部、科技部以及各省人民委员会。

越南负责海上巡航监视工作的机构较多,隶属于不同领域或部门,其中主要是越南海岸警卫队、海军和渔业局。2012年11月,越南成立渔业执法总队,负责渔业执法,并与越南海岸警卫队等部门一道肩负海洋权益任务。

第一节 海洋管理体制

越南海洋管理工作采用的是高层协调与相对集中管理和部门分工相结合的模式。

越南的行政管理分4个层面:中央政府、省人民委员会、地区人民委员会和基层人民委员会。涉海事务也据此分层管理,在中央层面设有海洋与海岛委员会,另外还针对每一项具体涉海事项在各级设立指导委员会(例如,洪灾与风暴预防与救助指导委员会、海洋与岛屿工作指导委员会、旅游指导委员会等),由主管部门代表政府或人民委员会将有关各方召集在一起,解决相互关心的问题,处理战略与政策问题,对不同层面与不同领域和行业的涉海工作进行协调。

2008年8月,越南总理发布"第116/2008/QD-TTg号"决定,成立越南海洋与岛屿管理局,统一管理海洋与岛屿工作。

表 12 - 1 越南海洋管理职能分工

职 能	部 门
制定国家政策	党中央委员会 海洋与海岛委员会 省人民委员会
制定法律	国会 总理和省长 司法部 各涉海部委
编制具体规划与政策	规划与投资部：可持续发展国家办公室 自然资源与环境部：海洋与海岛管理局 外交部：国家边界委员会和国际条约与协议司 农业与农村发展部：海洋保护区国家指导委员会、 　　　　　　　　　渔业局 科技部：海洋科技司 省人民委员会：自然资源与环境厅
咨询	政府办公厅 各部、院校和研究机构 非政府组织
执法	海岸警备队 渔业局 海军 海洋应急与救护国家委员会 各级环境保护机构 省级自然资源与环境保护部门 各省有关部门 海事局和港务局 旅游局
实施	政府部门 非政府组织 经济组织 社会组织 地方社区

一、越南海洋与海岛委员会

越南海洋与海岛委员会的职能是统一协调国家海洋事务和海洋战略、政策与规划的编制工作。海洋与海岛委员会由越南总理直接领导，由副总理直接负责，成员包括有关部委、中央企业和沿海省市代表。

二、海洋与海岛管理局

2008 年 8 月 27 日，越南总理发布"第 116/2008/QD – TTg 号"决定，宣布成立越南海洋与岛屿管理局。

（一）职能

越南海洋与岛屿管理局隶属于越南自然资源和环境部，负责就海洋与岛屿事务为越南自然资源与环境部提供咨询意见，协助部长处理海洋和岛屿事务，促进海洋与岛屿的综合和统一管理，根据法律规定开展公益服务。

（二）主要任务

（1）拟定海洋与岛屿方面的法律文件、政策、战略、国家方案、规划、计划、项目、国家技术标准与程序和颁布有关经济技术规范；

（2）参与制定涉及海洋与岛屿的主权和管辖权的国家战略、国防与安全以及外交政策，参与制定海洋经济管理政策与建立相关机制；

（3）开展海岸带、海洋和岛屿综合管理，并指导沿海省的海岸带、海洋与岛屿综合管理工作；

（4）管理沿海地区、海洋和岛屿的资源开发和利用；

（5）组织海洋和海岛的环境与资源的基础和全面的调查，组织海洋科学研究和海洋勘探研究；

（6）开展海岸带、海洋和海岛环境与资源监测和控制；

（7）促进海洋和岛屿综合管理的国际合作，并作为海洋国际合作的国家联络点；

（8）组织为海洋和岛屿综合管理、基础调查、前景预测和勘探服务的科学技术研究与应用；

（9）开展部门内的行政管理改革；

（10）组织宣传活动，提高人们在维护海洋、海岸带和岛屿的主权、保护海洋、海岸带和岛屿的自然资源与环境方面的意识。

(三)内设机构

越南海洋与岛屿管理局内设 6 个机构：①办公室；②计划与财务司；③组织与人事司；④国际合作与科技司；⑤海洋资源和环境调查与控制局；⑥海洋与岛屿使用管理局。

1. 办公室

职能：为越南海洋与岛屿管理局局长实施规划和工作计划提出建议，并协助局长实施规划和工作计划，负责组织行政管理工作、文件与档案管理、组织财务与法律工作。

主要任务：

(1)拟订越南海洋与岛屿管理局的工作规划和计划；

(2)作为越南海洋与岛屿管理局的法律事务联络点；

(3)为越南海洋与岛屿管理局领导提供海洋与岛屿事务方面的信息；

(4)组织行政管理工作，管理文件与档案，组织财务工作；

(5)组织职能范围内的研究与国际合作。

2. 计划与财政司

职能：在越南海洋与岛屿管理局的规划与计划、财务、会计、统计和投资事务方面为局长提供建议，并协助局长开展上述工作。

主要任务：

(1)围绕越南海洋与岛屿管理局的战略和长远发展计划提出建议；

(2)制订与标准和技术规程有关的法律文件，评估经济技术规范和产品的价格；

(3)指导和检查招投标、采购和使用国家经费进行的采购，为涉海计划和项目分配预算；

(4)管理越南海洋与岛屿管理局的财务、会计事务和物业资产，评价科学计划与项目的成本。

3. 组织与人事司

职能：在组织与人事工作、人力资源开发、劳动与工资政策、竞争与奖励等方面为局长提供建议，并协助局长开展上述工作；组织行政改革和海洋与岛屿宣传。

主要任务：

（1）确定越南海洋与岛屿管理局和下属单位的职能、任务、权限与组织结构；

（2）负责人力资源开发，提高越南海洋与岛屿管理局人员队伍素质；

（3）制订越南海洋与岛屿管理局员工的培训、教育和海洋与岛屿宣传方案、计划和项目；

（4）负责越南海洋与岛屿管理局各单位和人员的检查和考核；

（5）制订越南海洋与岛屿管理局的行政改革方案和计划，改善治理与管理机制；

（6）督促检查和综合开展越南海洋与岛屿管理局的竞争与奖励工作。

4. 国际合作与科技司

职能：在海洋与岛屿事务的国际合作与科技工作方面为局长提供建议，并协助局长开展上述工作。

主要任务：

（1）主持或参与制订国际合作文件、条约与协议；主持和参与制订海域和岛屿的科学和技术计划和项目；

（2）协调和指导国际合作规划、计划、项目和工作以及涉及海洋和岛屿的科技规划、计划、项目和工作；

（3）组织评审海洋与岛屿国际合作规划、计划和项目以及科学技术规划、计划和项目；

（4）作为越南海洋与岛屿管理局科学委员会的联络单位。

5. 海洋资源和环境调查与控制局

职能：在海洋与海岛的资源和环境的基础调查、勘探、勘测和控制等方面为局长提供建议，并协助局长开展上述工作。

主要任务：

（1）制订海洋资源与环境的基础调查和控制方面的法律文件、政策和建立相关机制；

（2）制订和监督实施海洋与岛屿基础调查、勘测、勘探和研究规划、计划和项目；

（3）采取控制、预防和减轻海洋与岛屿的污染及退化的措施，提高海洋与岛屿环境质量；

（4）制订海洋资源和环境基础调查与控制政策，研究和制定解决方案，开发相关技术；

（5）促进海洋资源和环境基础调查与控制方面的国际合作。

6. 海洋与岛屿使用管理局

职能：在海洋与岛屿开发利用的管理方面为局长提供建议，并协助局长开展相关工作。

主要任务：

（1）拟订对海洋与岛屿开发利用活动进行管理的政策和战略，建立相关机制；

（2）制订海洋和岛屿开发利用活动管理计划；

（3）制订、组织开展和监督实施海洋综合管理计划；

（4）审核和评议经济区开发、重要建设工程项目和投资；为个人和单位实施海岸带、海洋和岛屿资源开发与利用项目的许可证工作提供意见和建议；

（5）督促检查和评估各行业和地方执行海洋与岛屿开发利用战略、政策、规划和计划的情况；

（6）促进海洋与岛屿开发利用管理方面的国际合作。

（四）下属机构

越南海洋与岛屿管理局设下属机构 8 个：①海洋与岛屿管理研究所；②海洋测绘中心；③海洋学中心；④胡志明市海洋规划与综合管理中心；⑤海洋地质与矿产资源中心；⑥海洋与岛屿规划和研究中心；⑦越南海洋资料与信息中心；⑧海洋与岛屿培训和交流中心。

1. 海洋与岛屿管理研究所

职能：研究海洋与岛屿综合管理的机制和政策；组织开展海洋与岛屿科学研究。

主要任务：

（1）制订海洋与岛屿管理战略、政策与机制的研究计划以及开展基础研究的计划，并明确相关责任；

（2）研究和评估海洋与海岛资源及环境综合管理和保护机制及政策；

(3)制订和组织实施资源可持续利用的科学计划和项目，开展资源可持续利用的技术应用与转让活动；控制和预防海洋与海岛环境污染及退化；

(4)促进海洋与海岛管理战略研究、管理机制与政策领域的国际合作。

所在地：河内。

2. 海洋测绘中心

职能：开展海洋与岛屿调查和测量；研究海洋测量与定位技术及其应用。

主要任务：

(1)制订海洋与岛屿调查、测量和测绘计划；

(2)实施海洋基础测量项目，绘制沿海地区和岛屿图；

(3)管理和使用全球定位系统沿海固定站；

(4)开展海洋测量和定位技术咨询及技术转让；提供海洋大地测量、海洋定位与导航服务；

(5)促进海洋和海岛调查、测量和测绘方面的国际合作；运用和开发海洋测量和定位技术。

所在地：河内。

3. 海洋学中心

职能：开展海洋水文、海洋与岛屿生物及环境基础调查，组织相关的科学研究和技术应用；监测沿海、海洋和岛屿的水文和环境。

主要任务：

(1)制订海洋水文、生物与环境基础调查、监测、科学研究和技术应用计划；

(2)组织基础调查和海洋科学研究；研究海洋流体动力学条件和沿海与岛屿自然灾害的预测技术应用；

(3)建设、管理和运营海洋水文、生物和环境监测网络，建设、管理和运营海洋研究船；与相关单位合作，发布海啸警报和预测气候变化对沿海地区、海洋和海岛环境的影响；

(4)促进海洋水文、生物与环境的基础调查、监测、科学研究和技术应用领域的国际合作。

所在地：河内。

4. 胡志明市海洋规划与综合管理中心

职能：研究越南南部海洋功能区划，制订越南南部海洋与海岛资源开发利用、环境保护和综合管理总体计划。

主要任务：

(1)组织越南南部海洋功能区划研究，制订越南南部海洋与岛屿资源利用和环境保护规划；

(2)调查和评估越南南方沿海各省的海洋和海岛资源潜力以及资源开发与利用；

(3)研究海岸变迁，评估和确定脆弱地区；开展海岸侵蚀、淤积和沙滩研究；

(4)研究海洋和岛屿资源与环境的可持续发展，并提出解决存在问题的方法；

(5)参与实施越南南方沿海各省的海岸带综合管理规划、计划和项目；

(6)促进海岸带和海洋综合管理与规划国际合作。

所在地：胡志明市。

5. 海洋地质与矿产资源中心

职能：对越南海域、岛屿和国际海域的地质、地质动力、矿藏、环境地质和地质灾害进行研究和开展基础调查。

主要任务：

(1)制订海洋地质和矿产研究计划和开展基础调查；

(2)实施越南大陆架和国际海域地质、矿藏、环境地质和地质灾害研究计划和项目，组织相关基础调查；

(3)开发和应用海洋地质与矿产基本调查技术；

(4)促进沿海地区、海洋、岛屿和大洋的地质、矿产、地质环境和地质灾害研究和基础调查方面的国际合作。

所在地：河内。

6. 海洋与岛屿规划和研究中心

职能：调查和评估越南北部海域状况，组织开展越南北部海域区划研究，制订越南北部海域与岛屿的资源开发利用、环境保护和海岸带综合管理总体规划。

主要任务：

（1）制订越南北部海域与岛屿资源、环境和海岸带综合管理的规划和计划，组织相关调查和评价；

（2）组织越南北部海域区划研究，制订海洋与海岛资源利用和环境保护规划；

（3）调查和评估越南北部沿海各省的海洋和海岛资源潜力以及开发利用情况；

（4）研究海岸变迁，评估和确定脆弱地区；研究海岸侵蚀、淤积和沙滩；

（5）组织海洋与岛屿资源和环境可持续发展研究，提出解决问题的方案；

（6）实施越南北部沿海各省海岸带综合管理方案、计划和项目；

（7）为各业务机构和沿海各地提供咨询服务和技术支持；

（8）促进海洋与海岛资源和环境调查、评估以及海岸带综合管理方面的国际合作。

所在地：河内。

7. 越南海洋资料与信息中心

职能：建设、管理和使用海洋与海岛资料数据库；开展信息技术开发与应用服务。

主要任务：

（1）制订数据库建设与管理计划，提供海洋与岛屿信息和资料；

（2）建设和开发海洋与岛屿信息和数据系统；

（3）提供、交换和管理海洋和岛屿信息与数据；

（4）组织数据与信息工作研究，开发、应用和转让海洋与海岛信息系统和数据库技术；

（5）促进海洋与海岛信息和数据库开发应用国际合作。

所在地：河内。

8. 海洋与岛屿培训和交流中心

三、农业与农村发展部

越南农业与农村发展部负责农业与农村事务，促进农业与农村的发展，领域包括农业、森林、渔业和水产养殖、灌溉与盐业，还参与水资源管理与防洪事务。该部的涉海部门有：水资源局、渔业局、农业－森林－渔业产品和盐产品加工与贸易司。此外还设有国家农业与渔业发展中心，

（一）渔业局

渔业局是越南海洋渔业及相关产业的综合管理部门，主要负责渔业捕捞和海洋生物资源管理。渔业局的前身是渔业部，2007年，渔业部并入农业与农村发展部，2010年成立渔业局，隶属农业与农村发展部，局长由农业与农村发展部副部长担任，下设行政办公室、规划与财务司、科技与国际合作司、水产养殖司、立法与监察司、捕捞与资源保护司，还有越南渔业经济与规划研究所、水产养殖分析与认证中心和渔业信息中心。

（二）渔业局渔业执法总队

2012年11月29日，越南总理发布"第102/2012/ND－CP号"令，在农业与农村发展部渔业局设立越南渔业执法总队，该条令于2013年1月25日生效。新成立的渔业执法总队职能是对越南主张海域的渔业活动进行监管，保护越南渔民利益与安全，处理渔业违法事件，参与维护海洋权益工作。

四、其他涉海部门

交通部：负责港口和航运；

能源部：负责海上油气开发；

水利与水资源部：负责沿海工程建设；

科技部：负责海洋科学技术研究；

海岸警备队：负责海上执法；

沿海地方政府：负责沿海农业与渔业管理与开发。

此外，沿海地方各省均有上述各政府部门的对口机构，分工与各部委分工相同，沿海省的环境与自然资源厅都设有海洋与海岛处，目前各沿海省正在筹组海洋与海岛厅，负责各省海洋与岛屿事务。

第二节 海洋管理与执法工作法律及政策依据

早在《联合国海洋法公约》生效之前，越南就深入研究了《联合国海洋法公

约》的条款，并加以具体应用。

1977 年 5 月 12 日，越南发布《关于越南领海、毗连区、专属经济区和大陆架声明》。1982 年 11 月，越南发布《关于越南领海基线的声明》，公布了 11 个领海基点的坐标。这两个法律文件为越南制订与确立各类海洋区域和开展海洋活动有关的法规体系奠定了基本法律框架。

从 20 世纪 90 年代起，越南日趋关注海岸带与海洋综合管理，制定和实施了一系列海洋政策和计划，积极推动越南海洋综合管理与海洋强国战略，为海洋综合管理与执法建立了比较完善的法律与政策框架。2012 年 6 月 21 日，越南出台《越南海洋法》，其中擅自将我国西沙群岛和南沙群岛纳入所谓越南"主权"范围。该法于 2013 年 1 月 1 日正式生效。

一、《越南海洋法》

越南政府在 2011 年 12 月举行的第十三届国会第二次会议向越南国会呈交《越南海洋法》(草案)。2012 年 6 月 21 日，《越南海洋法》获越南国会通过，并于 2013 年 1 月 1 日生效。

越南国会通过的《越南海洋法》，擅自将我国西沙群岛和南沙群岛纳入所谓越南"主权"范围。对此，我外交部发言人指出，"中国对西沙群岛和南沙群岛及其附近海域拥有无可争辩的主权。任何国家对上述群岛提出的领土主权要求和采取的任何行动，都是非法的、无效的"，"对该法生效后将给南海局势带来的负面影响深表关切，要求越方不要采取任何使问题复杂化、扩大化的行动"。该法分七章，共五十五条。

第一章 总则

包括适用范围、法律的适用、名词解释、海洋管理与保护原则、海洋管理与保护政策、海洋国际合作以及国家的海洋管理等 7 条。

《越南海洋法》第一条规定该法的适用范围。该法规定的适用范围是：属于越南国家主权、主权权利和管辖权的领海基线、内水、领海、毗连区、专属经济区、大陆架、各岛、黄沙群岛(即我西沙群岛，编者注)、长沙群岛(即我南沙群岛，编者注)和其他群岛；在越南海域的活动；发展海洋经济；海洋与岛屿的管理与保护。

第五条"海洋管理与保护政策"规定：

1. 发挥全民族力量和采取必要措施，维护各海域、岛屿和群岛的国家主权、主权权利和管辖权，保护海洋资源和环境，发展海洋经济。

2. 制定和实施可持续管理、利用、开发和保护各海域、岛屿和群岛的战略、规划和计划，为国家建设、经济社会发展和国家安全目标服务。

3. 鼓励各组织和个人投入人力、物力和财力并应用科技成果，依据每个海域的条件，开发和利用海洋，发展海洋经济，保护海洋资源和环境，并保障国防安全；加强关于海洋潜力、政策及法律的宣传普及。

4. 鼓励和保护渔民在越南各海域的渔业活动，按照越南社会主义共和国作为成员国的国际条约、国际法、相关沿海国法律，保护越南组织和公民在本国海域以外的活动。

5. 提供投资，保障肩负海上巡航监视任务的力量的运转，提高为在海上、岛屿和群岛活动提供服务的后勤基础设施的水平，发展海洋人力资源。

6. 对生活在岛屿和群岛的人民实施优惠政策；对参与各海域、岛屿和群岛的管理与保护的力量给予优惠待遇。

第七条"国家对海洋的管理"规定：

1. 政府在全国范围内对海洋实施统一管理。

2. 各部委和沿海各省、直辖市人民委员会在各自任务和权限范围内实施海洋管理。

第二章 越南的海域

内容包括基线的确定、内水、领海、毗连区、专属经济区、大陆架、岛屿和群岛及其法律地位。

第三章 越南海域内的活动

内容包括领海的无害通过、外国军舰和政府公务船舶驶入越南及其在越南海域的义务、对外国船舶的刑事管辖和民事管辖、海上人工岛屿、设施和工程、海洋资源和环境的保护、海洋科研、禁止在越南专属经济区和大陆架进行的活动、紧追权等。

第四章 发展海洋经济

规定了发展海洋经济的原则、优先发展的海洋经济产业、海洋经济发展规划问题、海岛经济开发投资优惠政策等。

发展海洋经济的原则包括：（1）服务于国家建设和经济与社会发展；

（2）同保卫国家主权、国防安全和海上安全秩序的事业相结合；（3）符合管理海洋资源和保护海洋环境的要求；（4）同沿海和海岛地区经济社会发展相结合。

优先发展的海洋经济产业：（1）石油、天然气及各类海洋资源、矿产的寻找、勘探、开采与加工；（2）海洋运输、港口、船舶与海上交通工具建造和修理，其他航海服务；（3）海洋旅游和岛屿经济；（4）海产捕捞、养殖和加工；（5）同开发海洋经济相关的科技发展、研究、应用和转让；（6）建设和发展海洋人力资源。

《越南海洋法》是越南有关海洋的基本法。除《越南海洋法》外，越南已有《油气法》、《水产法》等专门法律。各类海洋经济行业的具体内容由专门法律调整。

第五章 海上巡航监管

内容为海上巡察任务与职责范围等。

第六章 违法处理

第七章 执行条款

越南颁布《越南海洋法》，是其完善有关海洋和岛屿法律体系的重要立法活动，该法是越南管理和保护海洋与岛屿、肆意拓展海洋利益以及发展海洋与岛屿经济的重要法律基础。

二、《越南海岸带综合管理战略》

2006年，越南制定了《海岸带综合管理战略》，其中包括2020年目标和2030年远景。《海岸带综合管理战略》阐明了越南实施海岸带综合管理的原则与方法，是越南政府在海洋与海岸带综合管理方面的正式政策宣言。

《海岸带综合管理战略》共分七章：第一章为引言，介绍制订战略的理由、目标与范围；第二章介绍越南海岸带基本情况，包括陆地与海洋的边界、人口、自然资源、海岸带的价值以及经济开发前景等；第三章介绍越南海岸带资源的利用情况；第四章叙述越南海岸带面临的威胁；第五章叙述越南海岸带综合管理工作至2030年的方向、至2020年的目标和实现越南海岸带可持续发展的主要指导原则；第六章介绍实施行动；第七章叙述实施战略的方法，其中特别突出的是组织体制建设、不同利益相关者的作用和监测评价机制等。

三、《至 2020 年海洋战略规划》

2007 年 1 月，越共第十届四中全会讨论并通过了《至 2020 年海洋战略规划》。这是越南对其长期海洋政策和实践的总结与升华，也是其海洋经济战略在理论方面的新发展，成为指导今后一个时期越南海洋事业发展的全面战略。该战略规划体现了越南的国家意志，是越南面向海洋、面向未来的重大和全面的发展战略。

越共第十届四中全会强调指出，通过战略规划的实施，努力使越南成为一个海洋强国，捍卫国家海洋权益，将经济社会发展与国防安全保障、环境保护切实结合起来，为国家保持稳定发展做出贡献。全会提出的目标是：至 2020 年要使海洋经济产值占 GDP 的 53% ~55%，出口额占总出口额的55% ~60%。全会还提出：为实现海洋战略，必须提高全党、全民对于海洋在建设和保卫祖国事业中的地位与作用的认识；加强海洋执法队伍建设，维护海洋权益；大力推进海洋基础调查，发展海洋科学技术；制订海洋区域和沿海地区经济社会发展、国防安全保障的总体规划；建设和完善海洋法律框架和政策机制；建立处理海洋事务的权威性国家管理机构；加强海洋国际合作和对外交流；加强海洋人才队伍建设，扶持在海洋经济方面具有优势的集团企业；鼓励向海洋和沿海地区开发领域投资。

四、《海洋资源综合管理与环境保护政策》

2009 年 3 月 6 日，越南政府颁布《海洋资源综合管理与环境保护政策》，用以指导海洋综合管理、海洋功能区划和利用规划。

五、其他法规

越南其他主要涉海法规还有：《水产资源保护规定》(1987 年)；《油气法》(1993 年，2000 年修改)；《环境保护法》(1994 年，2005 年修改)；《国家边防队条令》(1997 年)；《海岸警卫队法》(1998 年)；《国家边界法》(2003 年)；《渔业法》(2003 年)；《海洋资源综合管理与环境保护政府令》(2009 年)等。

第三节 海洋执法体制

越南负责海上巡航监视工作的机构较多，隶属于不同领域或部门，其中海洋巡航监视与执法力量较强的是越南海岸警卫队、海军和渔业局。2012 年11 月，越南宣布成立渔业执法总队，负责渔业执法，并与越南海岸警卫队等部门一道肩负海洋权益任务。

一、海岸警卫队

1998 年 3 月 18 日，越南第十届国会通过《海岸警卫队法》。海岸警卫队属越南武装部队系列，待遇和制度与国防军部队相同。

该法第一条规定，"越南海岸警卫队是国家的一支特别队伍，负责维护国家海上安全与秩序，负责在越南近海、大陆架和专属经济区执法"。

第二条规定，越南海岸警卫队受越南国防部领导。

第三条规定，越南海岸警卫队的职权范围为从领海基线起，到越南专属经济区和大陆架外缘。在内水和港口，越南海岸警卫队与地方政府一道，协同边防部门、警察、海关、海洋资源管理和油气管理部门和其他部门，共同完成肩负的使命。

第四条规定，越南政府各部门、越南祖国阵线及其成员单位、武装部队、经济组织和所有公民，均有义务与越南海岸警卫队合作，帮助其履行职能。

（一）职责与权力

该法规定的越南海岸警卫队的职责与权力有：

（1）领海和毗连区：维护主权，保护资源，预防和制止污染，维护安全与秩序，打击人员、货物、武器和毒品走私，打击海盗和其他非法活动；

（2）大陆架和专属经济区：开展巡航监视，维护主权权利和管辖权，预防污染，打击海盗和人员、货物与毒品走私等；

（3）组织开展国际合作；

（4）搜集、处理和分发相关信息与资料；与其他部门一道，保卫越南在领海、大陆架和专属经济区的财产和人员安全；开展搜救活动；与其他部门一道，维护领海、大陆架和专属经济区的岛屿主权和管辖权；

（5）一旦违法者不听从命令，有权采取强硬行动，实行紧追，还可根据法律采取其他行动；

（6）有权提出赔偿，或将违法者交警察部门处置；

（7）特殊情况下，有权开枪；

（8）有权采取制裁措施，以制止刑事违法行为。

（二）区域划分

越南海岸警卫队将责任海域分为4个区：

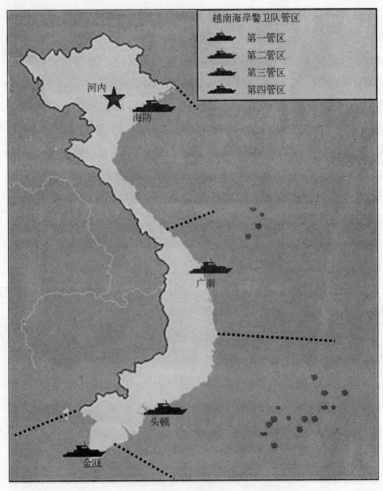

图12-1　越南海岸警卫队责任区域划分

第一区指挥部设在海防，管辖区域从广宁省卡隆河到广治省昏果岛；

第二区指挥部设在广南，管辖区域从广治省昏果岛到平定省姑老下岛；

第三区指挥部设在头顿，管辖区域从平定省姑老下岛到茶荣省安定港；

第四区指挥部设在金瓯，管辖区域从茶荣省安定港到建江省河仙。

（三）装备

1. 舰船（40 艘）

越南海岸警卫队近海巡航船只一般吨位从 120～400 吨；负责搜救的船只从 1 000～2 000 吨；海洋巡航船只吨位 2 500 吨以上，载有直升机。

苏制 Shershen 级：148 吨船舶（巡航）4 艘（CBS－5011、CBS－5012、CBS－5013、CBS－5014）；

越南国产 IT－120 级船舶：120 吨船舶（巡航）11 艘（CBS－001、CBS－1011、CBS－1013、CBS－1014、CBS－3001、CBS－3002、CBS－3003、CBS－3004、CBS－3005、CBS－3006、CBS－3007）；

越南国产 IT－200 级船舶：200 吨船舶（巡航）11 艘（CBS－2002、CBS－2003、CBS－2004、CBS－2005、CBS－2006、CBS－2007、CBS－2008、CBS－2010、CBS－2011、CBS－2013、CBS－2014）；

越南国产 IT－400 级船舶：400 吨船舶（巡航）4 艘（CBS－4031、CBS－4032、CBS－4033、CBS－4034）；

越南国产海洋巡航船：1 200 吨船舶（海洋巡航/搜救）2 艘（CBS－6006、CBS－6007）；

越南与荷兰合作制造的海洋巡航船舶：2 500 吨船舶（海洋巡航/搜救）2 艘（CBS－8001、CBS－8002）；

荷兰造船舶：1 400 吨船舶（搜救）4 艘（CBS－9001、CBS－9002、CBS－9003、CBS－9004）；

荷兰造船舶：（吨位不详）（搜救）2 艘（CBS－412、CBS－413）。

2. 飞机（3 架）

西班牙制造 CASA C－212 Aviocar 400 系列飞机 3 架。

二、越南海军

越南海军创建于 1955 年，是越南人民武装力量的重要组成部分。越南海军也肩负海洋巡航执法任务，负责国家、岛屿、领海和主张的专属经济区与大陆架权的维权任务。

目前，越南海军总兵力约4.2万人，下设5个海区司令部，其中第1海区司令部驻地海防，第2海区司令部驻地仁泽，第3海区司令部驻地岘港，第4海区司令部驻地头顿，第5海区司令部驻地富国。

三、新成立的越南渔业执法总队

越南为了"强化保护越南的渔业权和领海主权"，2012年11月29日，越南总理签署"第102/2012/ND－CP号"令(渔政组织运作法令)，2013年1月25日生效。根据该法令，越南成立越南渔业执法总队，隶属越南农业与农村发展部渔业局。这是越南为落实《越南海洋法》而采取的重要步骤。该法令规定，越南渔业执法总队负责执行海域巡逻、检查、监控，处理渔业事务等任务。根据该法规，渔业执法总队有权对在"越南海域"进行捕捞作业的本国和外国个人与船只采取罚款或禁止捕捞等措施，并可以要求各部门提供有利于执法工作的必要信息。同时，渔业执法总队将肩负预防海上灾难和参与相关搜救工作。越南渔业执法总队设管理部和四个地区处。

第十三章　印度尼西亚

印度尼西亚位于亚洲东南部，地跨赤道，与巴布亚新几内亚、东帝汶、马来西亚接壤；与泰国、新加坡、菲律宾、澳大利亚等国隔海相望，是世界上第一大群岛国家，拥有5个大岛，30个群岛和17 000多个小岛，海岸线长8.1万公里，群岛水域和主张的200海里专属经济区面积达580万平方公里，陆地面积192万平方公里。印度尼西亚2012年人口2.47亿，GDP为8 880亿美元（世界银行资料）。

印度尼西亚海洋资源极其丰富，其中包括海洋渔业资源、可再生能源、油气及其他矿藏资源、海洋文化与旅游资源等。另外，辽阔的海域为印度尼西亚提供了极其便利的海洋交通运输条件。

从20世纪80年代起，印度尼西亚开始重视海洋事务，不断强化海洋工作。自20世纪末期以来，印度尼西亚对海洋管理体制进行了一系列改革，采取了许多重大举措，其中主要有：

1. 通过立法将部分海洋管理权力下放到地方

1999年，印度尼西亚出台《地区自治法》（1999年第22号法）和《财政分配法》（1999年第25号法，2004年修订），其中包括将地方和地区政府范围内的海岸带管辖权从中央下放到地方和地区，从低潮线到4海里的海域由地方政府管理，4海里到12海里的海域由沿海省政府管理，12海里以外到200海里专属经济区由中央政府管辖。地方和省政府的海洋管辖职能是：①勘探、开发、养护与管理海洋资源；②负责相关的行政管理事宜；③负责功能区划和海域空间规划；④根据地方和省政府制订的法规和中央政府的授权开展执法工作；⑤参与维护海上安全工作；⑥参与维护海洋主权与权利工作。

2. 成立海洋事务与渔业部

2000 年 11 月，印度尼西亚成立统一管理海洋事务的海洋事务与渔业部(以下简称海洋与渔业部)。2005 年，又发布第 9 号总统令，明确规定海洋与渔业部的任务是"协助总统管理海洋与渔业"。

3. 颁布新《渔业法》(2004 年)

2004 年印度尼西亚出台新的《渔业法》，该法的出台为印度尼西亚渔业管理奠定了法律基础，其中包括禁止使用破坏性捕捞方法和在发展经济的同时保护好环境。

4. 颁布《海岸带与岛屿管理法》

2007 年，印度尼西亚颁布《海岸带与岛屿管理法》，为海岸带和岛屿管理与规划建立了协调与合作框架，提出了与监督检查及评价、冲突的解决、海岛管理资金的提供等有关的管理措施，建立了将管理权下放和以基层社区为基础的岛屿管理制度。

5. 成立高层海洋事务协调机制——国家海洋委员会

2007 年 9 月，印度尼西亚颁布第 21 号总统令，成立海洋事务高层协调机制——国家海洋委员会，负责印度尼西亚海洋政策与战略的制订和协调政府的涉海事务。

6. 成立海洋执法协调机制——海洋安全协调委员会

2005 年 12 月，印度尼西亚颁布第 81 号总统法规，为协调各涉海部门的海洋安全事务，设立了由国防部、海军和海洋与渔业部等12 个部门组成的海洋安全协调委员会。

7. 拟订国家海洋政策(草案)

2011 年，印度尼西亚草拟了国家海洋政策。

在海洋执法方面，除成立海洋安全协调委员会负责协调包括海洋执法在内的涉海安全事务外，印度尼西亚国家发展规划部制订的国家中期发展规划，十分重视海洋安全协调委员会的建设，安排国外援助资金 3 亿多美元购置海洋巡航飞机，外加政府匹配资金，大力发展海洋巡航队伍。

2008 年，印度尼西亚的政府法令提出成立印度尼西亚海洋与海岸警卫队，统一和强化海洋执法工作。目前这项工作仍在推进之中。

第一节 海洋管理体制

进入 21 世纪后，印度尼西亚改变了过去推行的海洋分散管理体制，采用了高层协调与相对集中管理相结合的综合管理模式。

一、高层协调机构——国家海洋委员会

为了避免部门间职能重叠交叉并统筹印度尼西亚海洋政策与战略，2007年 9 月 21 日，印度尼西亚总统发布第 21 号总统令，宣布成立国家海洋委员会，该委员会是制定国家海洋政策的磋商机构，并就制定国家海洋政策问题向总统提出建议。

（一）组成

2007 年第 21 号总统令规定国家海洋委员会的组成为：

主任：印度尼西亚总统。

常务主任：印度尼西亚海洋与渔业部长。

成员：

内政部

外交部

国防部

运输部

能源与矿产资源部

财政部

教育部

文化与旅游部

国家发展规划部

环境部

科技部

警察总署

海军

有关专家

大学、企业和非政府组织的代表

（有关专家和大学、企业及非政府组织的代表由常务主任单位海洋与渔业部提名，由总统任命）。

（二）职能

2007 年第 21 号总统令规定的国家海洋委员会职能是：

（1）对海洋政策方面的建议与意见进行评估，然后向总统提交报告；

（2）为统一整合海洋政策和处理涉海事务，与政府和非政府组织等保持密切磋商；

（3）督促检查和评价海洋政策与战略的实施情况；

（4）完成总统交办的其他事宜。

（三）国家海洋委员会秘书处

国家海洋委员会设立秘书处，负责草拟印度尼西亚海洋政策，为国家海洋委员会的运行提供技术与行政支撑。秘书处受海洋与渔业部秘书长领导，由海洋与渔业部负责海洋生态与资源事务的业务部门负责人任秘书长。

（四）国家海洋委员会各特别工作组

根据需要由海洋与渔业部组建，由专门领域的专家任特别工作组组长，成员由海洋与渔业部挑选。

（五）与印度尼西亚海事委员会的关系

国家海洋委员会全面负责国家海洋事务，根据 1999 年第 161 号总统令成立的印度尼西亚海事委员会继续存在，仍履行其海事领域的职能。

（六）国家海洋政策（草案）

2011 年，国家海洋委员会拟定了印度尼西亚国家海洋政策（草案），主要内容有：

（1）深入了解海洋的作用及其对国家的潜在贡献；

（2）为了公众的利益，综合和可持续地管理与开发海洋；

（3）根据国家法规和国际法，维护国家海洋主权与管辖权；

（4）发展海洋经济；

（5）通过加强国际合作和积极维护全球和平与海洋秩序，发挥印度尼西亚在国际海洋事务中的作用；

（6）加强协调和机制建设，包括部门间横向协调，上下级纵向协调，政府与国会间协调，军－民－警协调，政府与利益相关者间的协调，促进海洋事业的发展。

二、相对集中的海洋管理部门——海洋与渔业部

印度尼西亚于 1999 年成立了海洋勘探部，不久又改为海洋勘探与渔业部。2000 年，海洋勘探与渔业部改组为海洋与渔业部，负责海洋和渔业事务，管辖范围包括海洋、淡水及其自然资源，任务是管理、保护和合理、可持续地开发利用海洋及其资源。2000 年 11 月 23 日，印度尼西亚总统发布第 165 号总统令，规定了海洋与渔业部的使命、职能、组织架构及其在政府体制中的地位。

（一）组织结构

印度尼西亚海洋与渔业部的组成为：

（1）海洋与渔业部长

（2）秘书长

办公厅

财务局

人事局

规划局

资料统计与信息中心

国际与机构间合作分析中心

（3）总检察长

（4）部专家办公室

社会与机构间关系专家

生态与海洋资源专家

公共政策专家

经济、社会与文化专家

（5）业务司

捕捞渔业管理总司：秘书处、渔业港口处、渔船与渔具处、渔业事务发展处、渔业事务服务处、渔业资源处。

水产养殖总司：秘书处、水产养殖事务处、水产养殖基础设施处、水产

养殖生产处、鱼类健康与环境处、养殖鱼种处。

海洋、海岸带与岛屿总司：秘书处、海岸带与海洋处、海域与鱼类物种保护处、海域、海岸带与岛屿空间规划处、沿海社区与事业发展处、岛屿处。

渔业产品销售与加工总司：秘书处、产品加工处、国内销售处、出口销售处、事业与投资处、非消费产品发展处。

海洋与渔业资源巡航监视总司：秘书处、海洋资源巡航监视处、渔业资源巡航监视处、执法处、海洋及其资源监视与巡航基础设施发展处。

海洋与渔业研究与发展局：秘书处、渔业管理与渔业资源养护研究中心、水产养殖研究与发展中心、海洋与渔业技术评价与工程中心、海洋与近海资源研究与发展中心。

海洋与渔业人力资源发展局：秘书处、海洋与渔业教育中心、海洋与渔业培训中心、海洋与渔业宣传推广中心。

鱼类检疫、质量控制与安全局：秘书处、鱼类检疫中心、鱼产品质量与安全认证中心、质量管理中心。

(二)愿景、使命、战略目标与职能

1. 愿景

为了国家和公众利益，提高印度尼西亚海洋与渔业竞争力和可持续地管理与开发利用海洋与渔业资源。

2. 使命

(1)有效利用海洋与渔业资源；

(2)提高海洋与渔业产品的竞争力和附加值；

(3)保护海洋资源与渔业环境的承载能力，提高海洋与渔业资源质量。

3. 战略目标

(1)提高海洋与渔业对国家经济的贡献率，主要业绩指标是提高渔业在国家 GDP 中的比重；

(2)提高海洋与渔业产品各生产中心的生产能力，主要业绩指标是提高捕捞渔业、水产养殖业和海盐产业的生产量；

(3)增加海洋与渔业收入，主要业绩指标是提高渔民的创汇率；

(4)增加海洋与渔业产品的供应量，主要业绩指标是提高印度尼西亚人均渔产品消费水平；

(5)提高渔产品在国外市场的销售份额和品牌知名度，主要业绩指标是提高渔产品出口价值；

(6)提高渔产品的质量与安全标准，主要业绩指标是降低进口国的产品退货比例；

(7)根据可持续发展原则管理保护区，主要业绩指标是可持续地管理好海洋保护区；

(8)提高海岛的经济价值，主要业绩指标是让更多的岛屿纳入管理范围，包括加强对偏远外缘岛屿的管理；

(9)扩大海洋与渔业部对印度尼西亚海域的管辖范围，主要业绩指标是减少外国在印度尼西亚海域的非法捕捞活动和对海洋与渔业资源的破坏。

4. 职能

(1)制订海洋与渔业计划，并督促检查落实情况；

(2)负责管理和实施海洋资源保护计划；

(3)制订海洋许可证标准，负责审批和管理海洋许可证；

(4)协助解决各省之间的涉海纠纷；

(5)开发、保护和管理12海里外(包括印度尼西亚专属经济区)的海洋环境与资源；

(6)制订海洋边界政策和管理海洋边界；

(7)制订岸线和海岛管理标准与法规。

三、其他主要涉海机构

(一)环境部

环境部负责全国的环境管理工作，负责制订包括海洋环境保护在内的环境保护政策与法规，并协同海洋职能部门和地方政府处理海洋污染问题。

(二)运输部

印度尼西亚运输部下设陆地交通、海上交通、民用航空和铁路四个总司。海上交通总司负责海上航行安全、管理船运公司和港口、打击海盗、处理海上污染事故等，参与国际处理海洋污染方面的重要公约的谈判并负责执行有关国际公约。

(三)能源与矿产资源部

能源与矿产资源部负责海上采矿活动。该部下设有油气司，负责海上油气田的勘探开发规划与安全、海洋采矿许可证管理以及协助处理油污事故。

（四）科技部

该部统筹领导有关海洋科学研究活动，负责自然资源的分类和建档，协调有关评价和科学技术研究工作，其下属印度尼西亚科学院设有海洋研究所。此外，印度尼西亚技术评估与应用委员会也参与组织海洋科研活动，委员会主席由科技部部长兼任，拥有远洋科考船。

（五）公共工程部

负责海岸工程、基础设施与海岸侵蚀防护与控制。

（六）旅游部

负责海洋旅游管理与发展。

（七）地方和省政府

2000 年《地方自治法》规定，离海岸 4 海里以内、4～12 海里和 12～200 海里分属县、省和中央政府管理。根据印度尼西亚的权力下放原则，地方政府和省政府在海洋管理中发挥着日益重要的作用。

第二节　与海洋管理和执法有关的法规

印度尼西亚目前尚未出台综合性海洋法，但有一系列涉及海洋管理与执法的法规，与国际上许多国家相比，其海洋法律体系比较健全。主要的涉海法规有：

1. 1973 年《大陆架法》

规定了 200 海里大陆架的海底资源勘探与开发权利和环境保护义务。

2. 1983 年《专属经济区法》

规定了对其专属经济区（群岛基线向海延伸 200 海里）内的海洋及其资源的勘探与开发权利。

3. 1990 年《自然生物资源保护法》

提出了包括红树林和珊瑚礁在内的自然生物资源保护规定。

4. 1996 年《领海法》

1996 年 2 月 18 日发布第 4 号法令，根据"群岛原则"划定群岛基线。

5. 1997 年《环境管理与保护法》

提出了包括海洋环境在内的环境保护规定。

6. 2004 年《渔业法》

7. 2004 年《自治法》

提出了一系列中央政府将权力下放到地区和地方的规定，其中包括低潮线至 4 海里内归地方政府管辖，4～12 海里范围归沿海省政府管辖。

8. 2007 年《国土空间规划法》

对包括海域在内的空间规划工作做出了一系列规定。

9. 2007 年《海岸带与岛屿管理法》

提出了海岸带与岛屿管理措施。

第三节　海洋执法体制

印度尼西亚拥有漫长的海岸线和辽阔的海域，在其管辖海域内有着重要的国际海上航线和四个重要的咽喉要道，即马六甲海峡、巽他海峡、龙目海峡和翁拜海峡。这种特殊的地理环境决定了印度尼西亚繁重的海上执法任务。

印度尼西亚设有海洋执法高层协调机构——海洋安全协调委员会，目前还没有统一的海洋执法队伍，但印度尼西亚在相关法规中已提出成立印度尼西亚海洋与海岸警卫队，以统一和强化海洋执法工作，目前这项工作正在推进之中。

一、海上执法协调机构——海洋安全协调委员会

为协调海上执法工作，2005 年 12 月 29 日，印度尼西亚总统发布关于海洋安全协调委员会的第 81 号(2005)法，对以前成立的以海军为主，包括警察、运输部、海关等部门组成的海洋安全协调委员会进行了重组。

(一)成立海洋安全协调委员会的目的

成立海洋安全协调委员会，是为了整合政府各部门开展的涉海安全活动与行动，协调和统一政府各部门根据现行法律法令和各自职能开展的相关活动，包括在控制、监视、预防和处理印度尼西亚海域内的违法行为、维护航

行安全以及保护社会与政府开展的海上活动的安全等方面的行动，为各部门（各自开展的独立涉海安全行动）或多个部门联合（开展的涉海安全行动）实现既定目标提供必需的保障。

(二)任务与职能

印度尼西亚海洋安全协调委员会受总统领导，并对总统负责，任务是协调制定和实施海洋安全政策，整合涉海安全活动与行动。

其职能是：

(1)制订国家海洋安全政策；

(2)协调海洋安全行动，包括巡航监视，预防和制止海上违法活动，确保航行安全，维护社会与政府开展的海上活动安全；

(3)以综合的方式为国家提供海洋安全领域的技术与管理支撑。

(三)组织结构

主席：由负责政治、司法与安全事务的部长担任。

成员：

外交部部长

内政部部长

国防部部长

司法与人权部部长

财政部部长

运输部部长

海洋与渔业部部长

最高检察长

武装部队总司令

警察总长

国家情报局局长

海军参谋长

秘书处：由海洋安全协调委员会各成员单位负责相关业务的司级负责人组成。

(四)海洋安全协调委员会业务部

为了确保海洋安全协调委员会履行职能，海洋安全协调委员会设立日常事务执行机构——业务部，其负责人受海洋安全协调委员会主席领导并对其负责。

业务部成员为海洋安全协调委员会各成员单位和其他相关部门委派的司级官员或同级别的官员。业务部的任务是为海洋安全协调委员会提供技术与行政支撑，包括拟订海洋安全总体政策；策划、督促检查和评估海洋安全活动的协调。

业务部下设：

(1)海洋安全协调组；

(2)海洋安全协调委员会业务部秘书处；

(3)各业务中心。

业务部最多可设3个处，每个处最多可设3个科。业务部下设3个下属业务中心，包括：海洋安全政策中心；海洋安全业务协调中心；信息、法规与合作中心。

(五)海洋安全协调特遣队

为了履行海洋安全协调委员会职能，成立海洋安全协调特遣队。海洋安全协调特遣队是为在开展海洋安全联合行动中执行特别任务而临时成立的。

(六)工作程序

海洋安全协调委员会定期召开协调会议，每月至少1次，也可视需要随时召开。如有必要，海洋安全协调委员会可以召集其他相关部的部长和/或官员参加海洋安全协调委员会的协调会议。

海洋安全协调委员会主席定期(或视需要随时)向总统报告海洋安全协调委员会工作。

(七)经费

海洋安全协调委员会所需经费由国家预算支付，也可来自其他合法渠道。

(八)队伍规模与发展

目前，海洋安全协调委员会有工作人员约100人，办公室设在雅加达印度尼西亚海军司令部大楼。

根据印度尼西亚国家发展规划部制订的中期规划，印度尼西亚海洋安全协调委员会的主要发展目标是：

(1)发展海洋综合巡航监视系统；

(2)建设海洋监视卫星系统；

（3）建设全球海事灾难救助安全系统指挥中心；

（4）建设马六甲海峡综合安全体系。

主要任务：

（1）制订为维护海洋安全和海洋执法服务的海洋巡航飞机发展战略；

（2）为支撑印度尼西亚海洋安全协调委员会工作，建造或购买海洋巡航飞机；

（3）加强海洋巡航飞机机组人员培训；

（4）提高巡航飞机操作与维护能力。

（2011—2014年）经费安排：3.14725亿美元。

二、肩负海洋执法任务的主要部门与分工

目前，各涉海部门按照职责分工开展执法。印度尼西亚参与海上执法的部门主要有：海洋与渔业部、运输部、海关、警察和海军。其中，前四者执法队伍均由本部门人员组成，但须接受特别的海上执法训练，并拥有一定的武装。专属经济区和公海的执法活动主要由海军和空军负责，执法领域包括渔业、能源和矿产资源勘探开发。各部门具体分工为：

1. 海洋与渔业部

该部下属的海洋与渔业资源巡航监视总司负责打击非法捕捞及其他破坏海洋生态资源的活动。

2. 运输部

运输部海上交通总司所辖的海上警卫与安全司主要从事海上搜救、清除污染、打击海盗等安全巡逻任务。

3. 海关总署

海关总署设有调查与预防局，队伍超过1万人，主要在海上执行反走私、反毒品和反偷渡任务。

4. 警察总署

警察总署设有海空警察队，可在海上配合其他部门或单独执行反海盗、搜救、清污、缉私、反偷渡和打击非法捕捞等综合职能。

5. 海军

负责专属经济区和公海执法。

第十四章 印 度

印度位于亚洲南部，是南亚次大陆最大的国家，与巴基斯坦、中国、尼泊尔、不丹、缅甸和孟加拉国为邻，濒临孟加拉湾和阿拉伯海。印度面积约 298 万平方公里（不包括中印边境印占区和克什米尔印度实际控制区等）。

据国际货币基金组织称（2011 年），印度是世界第 10 大经济体，预测到 2050 年印度将成为仅次于中国、美国之后的世界第三大经济体。在主要经济体中，印度的经济增长名列第二，仅次于中国。印度人口众多，2012 年为 12.37 亿，居世界第二，可能在 2020—2030 年间超越中国成为世界人口最多的国家。

印度 GDP 为 1.842 万亿美元（2012 年），其经济产业多元化，主要涵盖农业、手工艺、纺织和服务业等，但印度三分之二人口仍然直接或间接依靠农业为生。近年来，印度成为软件及金融技术人员的"输出国"，其他行业如制造业、制药、生物科技、电讯、造船、航空和旅游的发展潜力也很大。

据印度资料称，印度大陆和岛屿海岸线长 7 516 公里，岛屿 4 198 个，领海 314 400 平方公里，专属经济区面积约 202 万平方公里。印度海域不仅广袤，而且蕴藏着丰富的生物和非生物资源，为海洋经济活动提供了极其广阔的空间和丰富的资源。

印度有着悠久的海洋开发与利用历史。近几十年来，印度不断加强海洋工作。1976 年颁布了《领海、大陆架、专属经济区和其他海区法》；1981 年 7 月成立海洋开发局（DoD——Department of Ocean Development），2006 年 2 月该局更名为海洋开发部（MoOD——Ministry of Ocean Development），2007 年 7 月，以海洋开发部为基础，将印度气象局和地震预报部门并入，成立了地球科学部，其涉海职能主要是为海洋管理、保护与开发提供科技支撑和开展海洋公益服务；1982年印度颁布《海洋政策纲要》；1991年发布《海岸带管理令》，规定了海岸带的范围、分类和限制开发活动清单，并建立了海洋许可证制度。迄今，《海岸带管理令》已修订20多次，最新的《海岸带管理令》于2011年1月发布，《海岸带管理令》由印度环境与林业部负责组织实施。

1978年印度发布《海岸警卫队法》，创建了海岸警卫队，负责领海和专属经济区的海上执法。

第一节　海洋管理体制

尽管多年来印度一直在为成立内阁海洋事务协调委员会而努力，但由于各种原因，除设立了内阁海洋安全委员会外，迄今没有统一的高层海洋事务协调机制。在政府管理层面，2007年原海洋开发部升格为地球科学部后，职能主要转向为海洋管理、保护与开发提供科技支撑和负责海洋公益服务，而领海以内的海岸带综合管理工作，主要由印度环境与林业部负责。因此，印度除领海以内的海岸带管理工作外，海洋管理工作基本上采用分散管理模式，各涉海部门按分工将职能向海洋延伸。

印度主要涉海职能部门有以下几个。

一、印度环境与林业部海岸带管理局

印度环境与林业部负责环境和林业政策与计划的制订和实施，包括保护动植物、森林与野生生物，预防和控制污染，植树造林和环境退化地区的恢复等。在海洋领域，该部负责拟定、修订和组织实施《海岸带管理令》，负责领海外缘线以内海岸带地区的管理和审批海岸带开发利用活动，负责监督检查和指导各沿海邦实施《海岸带管理令》、组织环境影响评价以及组织实施《环境保护法》。该部下属国家污染控制局负责制定海岸带污染管理规范。

印度环境与林业部下设有国家海岸带管理局（NCZMA——National Coastal Zone Management Authority），各沿海邦和联邦属地也设有海岸带管理局（State Coastal Zone Management Authority 和 Union Coastal Zone Management

Authority)，负责与实施《海岸带管理令》相关的工作。此外，还设有海岸带管理研究所，为开展海岸带管理工作提供支撑。

2011年2月8日，印度环境与森林部发布S. O. 302（E）号令，宣布重组印度海岸带管理局，该条令于2011年12月31日生效。

（一）海岸带管理局的组成

根据2011年条令，印度海岸带管理局的组成为：

主席：印度环境与森林部部长

成员：印度海洋研究所所长

　　　果阿政府城镇与乡村规划组织首席城镇规划师

　　　中央地下水管理局代表

　　　旅游部联合秘书长

　　　农业部渔业局局长

　　　安娜大学海洋管理研究所所长

　　　空间应用中心代表

　　　马德拉斯大学副校长

　　　印度热带气象研究所地球系统培训中心主任

　　　印度渔业协会南部联合会代表

　　　海岸带综合管理联合秘书长兼顾问

（二）印度海岸带管理局的职能

2011年条令赋予印度海岸带管理局的职能是：

（1）根据有关法规，协调印度各邦和联邦属地海岸带管理局的各项工作；

（2）审议各邦和联邦属地提出的海岸带地区分类修改建议，并向中央政府提出建议；

（3）审议违反相关法规的违法案件，并视需要发布相关指示；

（4）审议有关部门、单位和个人的投诉，并建立投诉档案；

（5）为各邦、联邦属地的海岸带管理局和其他涉海部门提供海岸带管理与保护方面的技术支持与指导；

（6）审批各邦和联邦属地海岸带管理局提出的具体区域海岸带管理计划；

（7）制订海岸带规划指南；

（8）围绕海岸带政策、规划、研究与研发、建立示范中心和拨款等事宜，为中央政府提供咨询意见；

（9）处理中央政府交办的涉及海洋环境的各种问题；

（10）向中央政府报告各级海岸带管理局的工作情况，每年至少两次；

（11）公布海岸带管理局的会议纪要和各邦及联邦属地海岸带管理局的工作建议及处理进展。

二、印度地球科学部

（一）以原"海洋开发部"基础发展起来的地球科学部

1981 年 7 月 27 日，印度成立海洋开发局（DoD——Department of Ocean Development），目的是为了加强海洋综合管理，有效地保护海洋环境及其资源，实现海洋资源的可持续利用。该局受印度总理直接领导，职能包括：海岸带和海洋环境管理、海洋生物和非生物资源勘探开发、海洋观测与信息服务、海洋科学研究、极地研究和海洋人才培养等。2006 年 2 月，该局更名为海洋开发部（MoOD——Ministry of Ocean Development）。鉴于海洋、大气与地球之间的紧密联系，为了整合印度的科学研究，印度政府对海洋开发部进行了重组，2007 年 7 月 12 日，以原海洋开发部为基础，加上印度气象局和地震预报等机构，成立了地球科学部（MoES——Ministry of Earth Sciences）。2007 年 10 月，在地球科学部下设立"地球系统科学组织"（ESSO——The Earth System Science Organization）。

（二）职能

地球科学部的职能主要继承了原海洋开发部的职能，但在海洋领域着重于科学与技术研究和开展海洋公益服务。该部的宗旨是将地球作为一个整体，全面认识和了解地球各过程之间的相互关系与作用，为发展印度的经济、社会、环境与安全事业服务，并建设印度次大陆和印度洋地区的地球科学（大气圈、水圈、低温圈与地圈）领域的知识与信息技术核心。

地球科学部的职能主要由原海洋开发部和印度气象局的职能构成，领域包括：①海洋科学与服务；②大气科学与服务；③低温圈/极地科学；④海洋资源；⑤海洋技术；⑥近海海洋生态学；⑦气候变化科学；⑧防灾减灾；⑨船舶管理；⑩地球科学领域的研究与研发；⑪宣传与教育。

(三)组织结构

地球科学部

　　　地球系统科学组织

　　　海洋与海岸带综合管理中心

　　　海洋生物资源与生态中心

　　　国家南极与大洋研究中心

　　　国家海洋技术中心

　　　国家海洋信息中心

　　　国家地震中心

　　　印度气象局

　　　国家中期天气预报中心

　　　印度热带气象研究所

　　　气候研究中心

　　　地球系统科学与气候进修部

其中地球系统科学组织是地球科学部的执行机构,负责制定地球科学部的政策与计划,包括海洋科学与技术、天气与气候、地球科学和极地科学领域的政策与计划,提高各类预报能力,为印度社会、经济、环境与安全事业服务。具体任务有以下三项:

(1)组织地球系统各领域的基础与应用研究,重点区域是印度次大陆及其邻近海域和极地区域;

(2)为国家提供高质量的公益服务,包括季风与其他天气和气候预报、海洋预报、地震预报、海啸预报等;

(3)发展海洋资源调查、勘探与开发技术,为可持续开发利用海洋资源服务。

三、农业部

该部负责管理海洋渔业与水产养殖。

印度的渔业管理分两个区域,领海的渔业资源归各沿海邦管理,专属经济区渔业归中央政府管理。在印度农业部,负责渔业管理的有农业部畜牧、奶业与渔业局和国家渔业开发理事会(National Fishery Development Board)等机构。

四、商业部

负责管理海产品出口，管理沿海经济特区。

五、运输部

负责港口运输与海事工作。

六、旅游部

负责海洋旅游事务。

七、乡村发展部

负责沿海地区扶贫、就业、基础设施建设以及社会稳定事宜。

八、矿产部

负责海洋矿产资源开发与管理。

九、内务部

负责海洋灾害管理与减灾工作。

十、石油与天然气部

负责海洋石油天然气勘探与开采。

第二节 海岸带综合管理工作

印度积极推进海岸带综合管理，重要举措之一是 1991 年颁布了《海岸带管理令》。从 1991 年颁布以来，该条令经过 20 多次修改，最近一次修改是在 2011 年 1 月。

一、颁布 1991 年《海岸带管理令》

1991 年《海岸带管理令》主要内容：①海岸带管理区的定义与分类；②管理区内允许和禁止进行的开发利用活动；③海岸带管理区内的监督与执法。

该条令将海岸带地区分为 4 类：

(1)生态敏感区。例如国家公园/海洋公园、森林保护区、野生动物生境、红树林、珊瑚礁、鱼类和其他海洋生物繁殖与栖息地等。在这类地区，严格禁止任何开发利用活动；

(2)城镇附近的沿海区域。限制程度比第一类区低，但海边现有道路向海一侧不允许进行任何开发建设活动；

(3)城市周边乡村地带基本上没有开发建设的地区，或其他指定的未开发地区。在这一地区内，从高潮线向陆一侧的 200 米范围为"禁止开发区"，这 200 米外再向陆一侧的 300 米内范围为"限制开发区"。在限制开发区，可建设海滩度假区和旅馆，但要经过政府审批；

(4)诸如安达曼和尼科巴岛之类岛屿的海岸带地区。在更小一些的小岛，海岸带管理区则涵盖整个岛屿陆地。对这类地区的限制程度，与第三类几乎相同。

海军海道测量局负责确定高潮线和低潮线，并绘制海岸带管理区基线图。

由于 1991 年《海岸带管理条令》存在的不足以及沿海地区人口的增加和社会经济情况的变化，从 1991 年到 2011 年间，该条令修改过 20 多次。

二、颁布 2011 年《海岸带管理令》

根据各界对 1991 年《海岸带管理令》提出的意见与建议，2010 年 9 月，环境与林业部起草了新的条令，2011 年 1 月 6 日正式发布，称为 2011 年《海岸带管理令》。

2011 年《海岸带管理令》替代了 1991 年《海岸带管理令》，主要特点有：①确保渔民和其他生活在沿海地区的人们的生计安全；②保护海岸带独特的环境与资源；③落实科学的可持续发展原则，并考虑到海洋自然灾害防灾减灾问题。

2011 年《海岸带管理令》与原条令相比，主要变化是：①扩展了海岸带管理区的范围，将海洋灾害影响线内的陆地区域包括到海岸带管理区，最宽的陆地区距离高潮线 7 公里，并将 12 海里领海纳入海岸带管理区；②在第一类区域里，保护对象纳入了具有重要意义的地质地貌特征，例如考古和历史古迹等；③增加了第五类区，包括大孟买海岸带管理区等几个地区和十分脆弱的沿海地区等；④增加了岛屿保护区规定；⑤照顾到地方传统社会的利益，不允许开发区的范围从高潮线向陆一侧 200 米压缩到从高潮线向陆一侧 100 米。

三、《海岸带管理令》的执行

根据 1991 年《海岸带管理令》规定，负责海岸带管理的部门是中央政府的环境与林业部和各邦及领地的林业与环境厅。1998 年，印度成立国家海岸带管理局，沿海各邦和联邦属地设有邦海岸带管理局。

四、印度环境与森林部成立"海岸带综合管理学会"（Society of Integrated Coastal Management）

2010 年，印度环境与森林部成立海岸带综合管理学会，其主要任务是：

(1)支持印度的海岸带管理工作；

(2)组织实施世界银行资助的海岸带综合管理项目；

(3)促进海岸带综合管理研究和促进利益攸关方的参与；

(4)承办印度环境与森林部交办的其他涉及海岸带综合管理的工作。

第三节　与海洋管理有关的法规与政策

一、《印度海洋政策纲要》

1982 年 11 月，印度颁布了海洋政策纲要，主要内容是：

(1)印度具有良好的海洋传统，海洋为印度提供了无限的机遇，国家需要一套能纵览世界发展趋势和有力地推进印度海洋工作的政策与构架；

(2)根据《联合国海洋法公约》建立的制度，印度的国家管辖海域为 200 多万平方公里，印度对管辖海域内的生物和非生物资源拥有专属管辖权，印度是第一个国际海底"先驱投资国"；

（3）海洋是印度的交通要道和食物的源泉，海洋是捕捞、开采油气资源、进行海洋科研、测量和勘探以及建造海上构筑物等活动的场所；

（4）必须协调和统一管理海洋开发活动，依靠高新技术深入了解海洋空间，研制和开发与海洋资源利用有关的适用技术以及建立支撑性基础设施，同时要有一套有效的管理与控制体制；

（5）建造不同类型的研究船，培养所需人才，制订周密的资源开发计划，在管理方面，要考虑专属经济区和公海的资源开发；

（6）海洋开发工作的重点：鱼类和海藻等生物资源的开发利用；碳氢化合物和重砂矿等非生物资源的开发；利用波浪、温差、潮汐、盐度梯度等可再生资源发电；从海底开采和加工多金属结核；

（7）发展海洋环境利用与保护技术，大力推进海洋工程，发展科学的水产养殖方法，加强对海洋各种过程以及引起这些过程的原因的研究；

（8）调查海洋的更深层部分，对专属经济区及其邻近海域进行详查和取样；

（9）大力发展捕捞技术；

（10）优先发展下列技术：潜水系统用仪器；定位与位置保持技术；材料开发技术；大洋数据采集装置；具有防腐蚀能力的潜水器；能源和节能装置；

（11）进一步加强和完善印度现有各类基础设施；

（12）建立综合的法律框架和相应的执法队伍；

（13）建立集中统一的资料系统；

（14）加强人才队伍培养与建设；

（15）加强机构建设，加强与发展中国家和发达国家的国际合作。

二、1986 年《环境保护法》

1986 年《环境保护法》是制订 1991 年《海岸带管理令》的重要法律依据。该法要求中央政府保护和改善环境质量，控制和减少来自各种来源的污染，从环境保护角度出发，禁止或限制建设和使用引起污染的工业设施。

三、1976 年《海洋区域法》

划设了领海、大陆架和专属经济区等海洋区域。

四、1978 年《海岸警卫队法》

建立由国防部领导的海岸警卫队，规定了海岸警卫队的职能等。

五、1974 年《水污染预防与控制法》

该法适用范围为距离海岸 5 公里内的海域，规定了陆源污染控制措施。

六、2002 年《生物多样性法》

涉及生物资源的保护与利用以及研究活动和商业活动所获知识的保护与利用。

七、1987 年《印度渔业法》

该法规定，为了保护渔业资源，禁止使用炸药等破坏性方法捕鱼。

八、1991 年《深海捕捞政策》

有关外国渔船到印度 12 海里海域捕捞和与外国合作在专属经济区捕捞的规定。

第四节　海洋执法体制

印度的海洋执法机构是印度海岸警卫队。印度海岸警卫队属军队系列，使命是维护印度在领海、专属经济区和公海的海洋权益。

印度海岸警卫队成立于 1978 年 8 月 18 日。依据印度《1978 年海岸警卫队法》规定，印度海岸警卫队受印度国防部领导。印度海岸警卫队与印度海军、渔业部、海关和中央与地方警察部队有着密切的合作关系。

一、海岸警卫队的职能

印度海岸警卫队的职能是：
（1）维护国防安全；
（2）保卫人工岛、海上装卸设施和其他设施的安全；

(3)保护渔民和海员,为他们提供所需援助;

(4)维护海岸安全;

(5)在领海和国际海域执法;

(6)保护海洋生态系统与环境,防止海洋污染;

(7)打击走私,担负其他海关方面的涉海任务;

(8)搜集和提供科学资料。

二、海岸警卫队的区域划分

印度海岸警卫队分 5 个区:

(1)西部地区:驻地孟买

(2)东部地区:驻地金奈

(3)东北部地区:驻地加尔各答

(4)西北部地区:驻地甘地讷格尔

(5)安达曼和尼科巴地区:驻地布莱尔港

印度海岸警卫队下设 42 个站,5 个海岸警卫队航空基地,10 个海岸警卫队航空站。

三、海岸警卫队的装备

现役舰船:93 艘。

Sankalp 级:2 艘,印度造,新型海洋巡逻舰,吨位 2 300 吨;

Samar 级:5 艘,印度造,新型海洋巡逻舰,吨位 2 005 吨;

Vishwast 级:2 艘,印度造,海洋巡逻舰,吨位 1 800 吨;

Vikram 级:9 艘,海洋巡逻舰,吨位 1 220 吨;

Samudra 级:2 艘,印度造,污染控制船,吨位 4 300 吨;

Jijabai 级:13 艘,近岸巡逻艇,吨位 299 吨;

Vadyar 级:4 艘,拦击艇,吨位 2.4 吨;

Bristol 级:4 艘,拦击艇,吨位 5.5 吨;

           12 艘,印度造,拦击艇,吨位 32 吨;

           15 艘,快速巡逻艇,吨位 215 吨;

           7 艘,印度造,超高速巡逻艇,吨位 270 吨;

           2 艘,海洋防卫艇,吨位 203 吨;

　　　　5 艘，韩国造，近岸巡逻艇，吨位 32 吨；

　　　　6 艘，英国造，气垫艇，吨位 6 吨。

在建/订货：156 艘。

Sankalp 级：1 艘在造，印度造，新型海洋巡逻舰，吨位 2 230 吨；

Vishwast 级：1 艘（订货），印度造，吨位 1 800 吨；

Samudra 级：2 艘在建，印度造，污染控制船，吨位 3 300 吨；

Rani Abbakka 级：8 艘（2 艘在建，6 艘订货），印度造，近岸巡逻艇，吨位 275 吨；

　　　　6 艘（1 艘在建，5 艘订货），印度造，拦击艇，吨位 75 吨；

ABG 级：11 艘（9 艘在建，2 艘订货），印度造，快速拦击艇，吨位 75 吨；

　　　　12 艘（订货），英国造，气垫艇，（吨位不详）；

　　　　12 艘（订货），英国造，水翼艇，（吨位不详）；

L&T 级：36 艘（订货），印度造，拦击艇，（吨位不详）；

Cochin 级：20 艘（订货），印度造，快速巡逻艇，（吨位不详）。

飞机：Donier 飞机 24 架；Chetak 直升机 17 架。

第十五章　巴　西

巴西位于南美洲东部，东濒大西洋，陆域面积 851 万平方公里，是南美洲面积最大的国家，也是经济发展较快的国家，人口约 1.94 亿（2012 年 7 月），全国分 26 个州和 1 个联邦区，其中 17 个州在沿海。

巴西海岸线长 8 698 公里，主张的 200 海里专属经济区（包括申请的外大陆架）面积 430 万平方公里。全国约 4 300 万人居住在沿海地区，约占全国人口的 18%（2011 年）。

巴西经济是自由市场经济与出口导向型经济，2011 年超过英国成为世界第 6 大经济体和美洲第 2 大经济体。2011 年 GDP 为 2.493 万亿美元，人均 GDP 为 12 788 美元，沿海地区创造了 70% 的国民生产总值。巴西的海洋石油工业和海洋运输业在国家经济中占有重要地位，90% 的贸易通过海运，海洋渔业自 20 世纪末以来有了飞速发展。

第一节　海洋工作概况

巴西十分重视海洋工作，1988 年颁布的新宪法把国家管辖海域内的资源和海岸带定位为"国家财富"。新宪法规定："任何个人均有权为巴西建立协调和健康的生态环境以及提高生态质量而向政府提出建议，帮助联邦政府更好地履行职责，进而保证联邦政策能满足可持续发展事业的需要。"新宪法还规定把海岸带作为国家自然资源加以保护，并要求联邦、州、市等各级政府制订管理条例，开展有效的海岸带管理。

巴西设有高层次的部际间海洋资源委员会，实际上是巴西海洋事务协调委员会。该委员会制订了国家海洋资源政策、海洋资源领域的部门和行业计划、海岸带管理计划、海岸带管理行动计划和一系列相关的法规。

巴西还定期召开全国海洋管理高层会议,审议海洋管理问题,不断改进海洋管理工作。

由于历史和产业结构的原因,巴西经济的特点是沿海地区工业化和城市化进程较快。20 世纪 60 年代,巴西推行"外向出口型经济政策",决定了巴西重要工业地区的布局模式,发展港口基础设施和支持综合性工业的发展成为巴西沿海地区经济发展的主流。与此同时,海洋石油工业也得到迅速发展,巴西 70% 的石油产品源于海洋。此外,从 20 世纪 60 年代起,巴西的工业在很大程度上依赖造纸和石化工业的发展,而这些经济活动也集中在沿海地区。巴西的港口、养殖、农业、矿物冶炼、渔产品加工、制盐、旅游等也都主要集中在沿海地区。沿海地区经济的迅速发展,对巴西经济发展起了积极的推动作用,但也给海洋资源和环境带来巨大压力,不断增多的海洋资源与环境问题开始受到国家的日益关注。

自 20 世纪 70 年代起,巴西开始重视对海洋资源和空间的管理。鉴于经济发展对海洋环境的负面影响,巴西政府要求对各州的计划开展环境评估,为此,1973 年巴西成立了总统环境特别秘书处,专门负责与此有关的工作,这是巴西海洋管理史上具有标志性意义的事件。1974 年,巴西成立部际间海洋资源委员会,负责调整和协调国家海岸带与海洋政策和事务。

1982 年巴西制定了长期的海洋资源管理计划,即《海洋资源部门和行业计划》,该计划是巴西海洋资源政策的重要组成部分,目的是了解和评估巴西海洋资源的潜力,监测海洋生物与非生物资源,进行海洋与气候研究,确保海洋资源的可持续开发利用和公平分享海洋利益。内容主要包括:海洋生物资源评估监测、水产与渔业、巴西大陆架矿物资源评估、巴西海洋观测与气候观测、海洋生物技术调查与评估、海洋科学研究以及南大西洋和赤道国际水域的矿物资源勘探等。

1984 年,为了协调该计划的实施,巴西部际间海洋资源委员会下设了海洋资源计划分委员会,由部际间海洋资源委员会秘书长任协调员,成员包括外交部、农业部、矿产与能源部、环境部、渔业与水产部、教育部、海军、巴西环境与可再生资源研究所等。

1988 年,巴西出台由部际间海洋资源委员会拟定的《国家海岸带管理计划》,并于1996年设立海岸带综合管理工作组,负责拟定国家的海岸带法规。

1994年,巴西颁布国家海洋政策,以指导国家海洋工作,使各类涉海活动能综合与和谐地开展,使海洋和内陆水域得到有效、合理和充分的利用,促进国家的社会、经济、环境与安全利益。

20世纪90年代,巴西开始建立沿海自然景观保护区,在资源利用中保护海洋自然景观,保护传统种族的生存环境以及将传统的生态系统利用与保护纳入海洋开发计划。2000年,巴西通过决议,建立国家海洋保护区系统,为保护区建设提供法律框架。保护区系统包括:环境保护区、多用途保护区和可持续发展保护区。

2005年,巴西出台国家海洋资源政策,目的在于从国家利益出发,用合理和可持续的方式,促进领海、大陆架和专属经济区的生物、矿物与能源资源的有效勘探、开发和利用,进而促进国家社会与经济的发展,创造更多的就业机会,为提高社会包容性与和谐和稳定作贡献。

此外,巴西还制定了联邦海岸带行动计划、州与市级海岸带管理计划、信息与环境监测系统计划、环境质量报告及生态-经济沿海区划程序等,这些也都为海岸带管理提供了法律与政策依据。

巴西海洋执法模式与海洋管理模式相同,采用高层协调与分工负责相结合模式,由巴西部际间海洋资源委员会成员单位分工负责有关执法工作,但海上巡航监视工作统一由巴西海军负责,巴西运输部下属巴西水运局根据巴西海军法规和国家的其他法规,负责海事安全管理。

第二节 海洋管理体制

一、海洋管理工作

(一)行动领域

巴西海岸带与海洋管理工作的行动领域是根据《巴西21世纪议程》确定的,海岸带管理的总体任务是对海岸带进行综合管理和促进海岸带的可持续发展。具体行动领域有:海洋环境保护;海岸带和海洋资源的可持续利用与保护;研究和分析气候变化等给海洋环境管理带来的不确定因素;各级管理部门的协调与合作；小岛可持续发展。

（二）目标

巴西海洋与海岸带管理的目标是保护海洋资源与环境的健康以及促进生态环境的可持续发展，提高海岸带与海洋生物的生命质量和生物多样性。对于一些珍稀的海洋生态系统，巴西制订了特别保护计划，以改善生态环境状况和促进生物的可持续利用。

巴西海洋与海岸带管理工作由联邦宪法这一最高立法形式予以确认，以联邦海洋政策为指导，通过制订和实施各种专项计划来实现管理目标。

（三）特点

（1）对海洋与海岸带实施综合管理，是巴西海洋管理的重要特点。其进程可分三个阶段：（1）1988—1996 年：在此阶段，巴西对海洋和海岸带综合管理中存在的问题认识不足；部门间协调与合作不力；联邦政府海洋与海岸带管理组织机构不健全，职责不明确；地区计划与监测工作不衔接和不连续；各地区缺乏管理所需的能力；对有关信息的储存和使用重视不够；（2）1997—2000 年：加强了地区合作，17 个沿海州中有 13 个建立了海洋和海岸带保护区，有 14 个州开始执行国家海岸带行动计划。但在这一阶段，没有建立对计划进行评估的制度，忽视了管理工作的两个要素，即没有找准问题，没有建立科学的指标体系；（3）2001 年至今：此阶段是巴西海洋与海岸带综合管理工作不断发展和完善的阶段，其特点是建立了新的参与机构，强化了协调工作。

（2）公众积极参与规划和计划的制订，是巴西海洋管理的另一突出特点。巴西部际间海洋资源委员会经常要求公立和私营社团代表参加其会议。许多地区的公众都以各种社团组织的形式参与到州和地方政府的海洋管理工作中，使社团组织成为海洋管理工作一支不可缺少的力量。国家对民间团体和公众参与海洋管理给予积极支持与肯定。

二、海洋事务协调与管理体制

巴西的海洋管理工作采用高层决策与协调和部门分工相结合的模式，高层决策与协调机构是部际间海洋资源委员会，具体涉海工作由各有关政府职能部门负责。部际间海洋资源委员会依靠国家海洋政策、国家海洋资源政策和国家海岸带管理计划推进海洋与海岸带综合管理工作。

（一）部际间海洋资源委员会

1974 年 9 月 12 日，巴西发布 1974/557 号令，宣布成立巴西部际间海洋资源委员会。2001 年 12 月 4 日，巴西发布 2001/1 号令，批准巴西部际间海洋资源委员会章程。2007 年和 2008 年，巴西分别发布条令，对部际间海洋资源委员会的组成等做出了新规定。2009 年，巴西海军司令部发布第 2009/6 号令，重新就巴西部际间海洋资源委员会的组成和职能等有关事项做了新规定。

1. 构成

根据 2009 年巴西发布的条令，巴西部际间海洋资源委员会的构成为：

（1）协调部门——海军司令部，肩负海洋管理局职能

（2）成员单位：

　　总统府民事办公室

　　国防部

　　外交部

　　运输部

　　农业、畜牧与食品供应部

　　教育部

　　卫生部

　　发展、工业与外贸部

　　矿产与能源部

　　规划、预算与管理部

　　科学技术部

　　环境部

　　旅游部

　　国土一体化部

　　总统府港口事务特别秘书处

　　国防部海军司令部

（3）秘书处：下设秘书长、副秘书长、分秘书处、部、顾问。秘书处及其技术和行政支撑机构的职能由海军司令部确定。

（4）各分委员会

（5）各执行委员会

（6）各工作组

2. 职能

巴西部际间海洋资源委员会的主要职能是协助总统推进巴西海洋资源政策，负责提出涉及海洋资源政策的法规建议，督促检查海洋资源政策的执行情况，并根据需要提出修改联邦海洋资源政策的意见，促进各涉海部门、各州政府和私营部门间的合作与协调，促进计划和项目的实施。具体职责为：

（1）通过国防部长，围绕实施巴西海洋资源政策问题向总统提出建议；

（2）评估海洋资源规划，向总统提出海洋资源计划与项目的优先领域建议；

（3）协调国家和部门以及行业的海洋资源跨年度和年度计划；

（4）就涉海事务和和南极事务的经费分配工作提出建议；

（5）根据国家海洋资源计划的实施情况，提出进一步实施建议；

（6）针对巴西南极计划实施进展，提出实施建议；

（7）根据总统指示，就海洋资源事务提出技术性建议与意见。

（二）主要涉海部门的职责

1. 海军

担负部际间海洋资源委员会秘书处工作，协调部际间海洋资源委员会日常工作，监管国家管辖海域，担负海上执法任务，为各项海洋工作提供技术支持。

2. 外交部

负责海洋涉外事务，向部际间海洋资源委员会和有关部门通报涉外海洋政策重要事项和协调各部门间涉外海洋事务。

3. 农业部

组织海洋生物资源调查研究，负责与海洋资源的保护、生产与消费等有关的工作。

4. 运输部

对海洋研究与勘探船的建造进行管理并提供支援，其下属的国家水路运输局负责船舶航行与人员安全等海事管理与执法工作。

5. 工业、商业与旅游部

负责促进船舶和海洋仪器与设备的研究与发展，负责海洋旅游管理。

6. 矿产与能源部

负责海洋矿产与能源资源的勘探与开发。

7. 住宅部

针对住宅问题，组织海洋环境利用与保护研究。

8. 科学技术部

负责组织与海洋资源研究、勘探、开发与管理有关的科学技术工作。

9. 总统办公厅

确定国家海洋资源优先计划。

三、联邦与各州及地方政府的关系

巴西海洋管理采用的是自上而下的管理模式。海洋管理的最高法律依据是联邦宪法，它规定了联邦、地方和市政府的海洋管理职责、原则和基本关系。联邦、州、市的海洋管理是海洋资源和环境保护工作的重要环节。

联邦政府负责制订海洋管理中具有普遍意义的政策，州政府执行这些政策并制订相应的执行标准和细化项目。市政府根据当地的具体情况，从本地区情况出发，制订配套法规来补充和完善联邦和各州制定的政策。

第三节　管理法规、政策依据和相关计划

一、《联邦宪法》

《联邦宪法》是巴西的最高法典，也是巴西海洋管理的最高法律依据。巴西新宪法制订于 1988 年，宪法提出了海洋空间的概念，建立了巴西领海制度，并把巴西专属经济区和大陆架资源及海岸带列为"国家财富"。

宪法还规定，任何人均可以对生态环境的健康和平衡问题向政府提出建议，确保当代人对海洋环境的合理利用和海洋在未来的可持续发展。国家要对海洋环境的使用和海洋资源的开发制订规划，国家、州和市不同层面可以

有不同的侧重点。国家制订总原则，州在这些基本原则指导下制定实施细则或标准。

二、《国家海洋政策》

1994 年 10 月 11 日，巴西发布第 1265 号法令，出台《国家海洋政策》，目的在于用综合与协调的方法管理各类涉海活动，有效、合理和充分地利用巴西海洋和内陆水域，保护与扩展巴西的国家利益。巴西海洋政策所指的海洋活动包括在海洋、河流、潟湖和湖泊进行的各类活动。

巴西海洋政策规定，其内容与国家的其他政策保持一致和衔接，并符合国际法规与协议，按照巴西总统确定的指导方针执行。

该政策规定，巴西部际间涉海工作和各部委的涉海工作，均应遵循巴西海洋政策。政府各部门应根据职能分工和法律权限，为实现巴西海洋政策确定的目标和落实有关指南做出贡献。

巴西海洋政策从政府角度，明确了涉海活动的共同特征，指出了影响海洋活动的瓶颈问题，提出了加强人才队伍建设、加大经费支撑力度和提高安全水平的措施。

巴西海洋政策涉及的主要领域有：①水路运输；②造船；③研究与开发；④海洋资源保护与利用；⑤人才队伍建设；⑥海洋安全。

巴西海洋政策分三章：

第一章 海洋政策考虑的因素，内容包括：

(1)国家海洋战略概念；

(2)政府行动指导方针；

(3)国家安全政策；

(4)总体动员措施；

(5)涉海部门与行业政策；

(6)与巴西海洋事务有关的国际公约、协议与法规。

第二章 目标，内容包括：

(1)发展国家海洋文化；

(2)合理开展海洋开发、利用与保护活动，注重与提高这些海洋活动的效益；

(3)促进涉海技术的自主创新和独立发展；

（4）研究与合理开发利用海洋资源，包括海洋中、海床及其海底、河流、潟湖与湖泊的生物资源（特别是食品资源）和非生物资源；

（5）建造船舶与装备，生产所需材料，为发展各项海洋开发、利用与保护活动和维护国家海洋权益服务；

（6）加强港口基础设施建设，完善水路设施和提高涉海与海军修造水平；

（7）完善对内、对外水路运输；

（8）开展海洋活动时注重保护海洋环境；

（9）培养和造就海洋人才队伍，正确评估和合理利用人才；

（10）对政府的管理工作不具有战略或安全紧迫意义的涉海活动实行私有化；

（11）积极参与涉海国际事务，通过加入国际涉海公约、协议等，维护和强化国家利益；

（12）维护海上活动安全和维护国家海洋权益；

（13）通过海洋事务提升巴西的国际形象，为推进巴西外交服务；

（14）建设强大的海军，提高海军力量与其他海上力量之间的兼容性。

第三章　需要采取的行动，内容包括：

（1）国际事务

——研究和明确巴西对国际公约、协议等的立场，在此基础上确定是否签署和加入；

——参与涉海国际会议与谈判，表明巴西立场；

——为动用国家海上力量促进巴西在国外的外交行动而协调有关措施；

——加强与拥有先进的海洋商业技术的国家的交流与合作。

（2）水运

——提高港口服务水平；

——促进国家水路运输系统与其他运输系统之间的衔接与整合；

——发展商业船队，满足国家海运需要；

——发展近海贸易；

——鼓励悬挂巴西旗帜的船舶参与远洋航运；

——在国家重点水域发展水路基础设施与船闸建造；

——大力发展国家海运船舶；

——建设地区间水路运输网络，特别是北部－中部和西部地区水运网络；

——发展各类水路运输方式，降低运输成本和调控地区间供应；

——加强水资源保护与监控，遏制水资源恶化趋势和打击掠夺式水资源利用行为。

(3)造船

——制定并实施造船计划，发展船舶平台，加强造船研究，为勘探和开发海洋资源服务；

——根据国际海洋运输发展趋势以及教育、研究和海洋资源勘探与开发的需求，鼓励国内造船厂建造特殊专用船舶；

——采取措施建立造船激励机制；

——鼓励巴西私有企业参与军用船舶建造；

——发展包括核技术在内的新型海洋推进技术；

——发展海军修造产业；

——研究在渔业捕捞、加工与船上保鲜方面对渔船建造的需求。

(4)渔业与其他海洋工作的发展

——利用国家的科学技术研究成果，发展海洋事业；

——加强研究，发展包括核技术在内的涉海技术；

——鼓励大学、研究中心、协会、团体和技术出版机构等推进国家海洋技术的发展；

——鼓励基础涉海产业拥有正确合理的作业能力与水平，包括支持出口和出台激励政策；

——发展海洋非常规能源开发技术；

——鼓励研究和发展包括核技术在内的新型海洋推进技术；

——加强技术规范与标准制定工作，提高海洋材料与装备的标准化水平；

——鼓励利用国产海洋装备；

——针对涉海活动所在区域，制定和执行海洋环境保护与治理标准与规范；

——鼓励建设海洋研究所和提高研究所水平；

——完善渔港和码头的运行程序；

——针对渔业捕捞、生产和与产品销售需要，加强数据库建设。

(5)海洋资源

——发展海洋渔业；

——加强对巴西大陆架的矿藏资源，特别是对那些能够替代进口的战略性矿藏资源的研究、勘探与开发；

——积极参加海洋资源研究、勘探与开发领域的互补性国际合作；

——加强海洋研究领域的教育与研究机构建设；

——积极推进对国家管辖范围以外的海域、海床及其底土的生物、矿藏与能源资源的开发；

——发展海产品生产产业；

——加强对巴西管辖海域内的渔业捕捞活动的调控，促进可持续发展和减少对现有资源的危害。

(6) 人才队伍建设

—— 加强涉海教育机构建设；

——培养涉海专业人才，包括海洋管理、商业、技术与军事人才；

——与相关部门和行业一道，调整涉海专业结构；

——提高海洋战线工作人员待遇，使海洋领域比其他经济领域更具吸引力；

——重组港口与码头的涉海工种，以适应运输方式的变化和提高效益。

(7) 安全

——提高全社会对海洋在国家未来发展方面的重要性的认识；

——根据国家利益，更新、完善和调整发展国家海上力量的有关法规；

——在重要的战略性港口配备海军舰艇支援设施；

——鼓励私有企业参与海事搜救；

——提高海洋运输安全水平；

——促进涉及国家利益的海洋领域的安全；

——加强海上警察演习；

——加强近海巡航监视活动；

——加强战略性和业务化信息制作与管理，更好地为利用国家海上力量服务；

——规划和平时期的涉海动员工作，包括编写将商业船舶用于军事目的的规范；

——当国际局势紧张和发生战争时，启动海洋运输民用管理机制为军事服务。

三、《国家海洋资源政策》

2005 年 2 月 23 日，巴西颁布由部际间海洋资源委员会制订的《国家海洋资源政策》，目的在于根据国家的需要，有效、合理和可持续地调查、勘探、开发和利用领海、专属经济区和大陆架的生物、矿藏与能源资源，促进国家的社会与经济发展，创造新的就业机会，为社会做贡献。

(一)主要内容

(1)提出了海洋资源科研、勘探与开发的基本原则，其中包括海洋资源开发要适度，应采取措施确保对领海和大陆架进行综合管理，海洋资源保护、勘探与开发应与国家的财力相适应，政策的实施不要过于集中，注重调动各方积极性，包括鼓励私营企业和广大公众的积极参与等；

(2)促进各项涉海政策与计划的协调，其中包括与国家环境政策的协调以及与各部门涉海政策的协调；

(3)拟定和实施对政府各项海洋资源工作进行督促检查的措施；

(4)加强海洋资源立法工作；

(5)鼓励对国家管辖海域以外的海洋资源进行开发，促进国内开展有关的科学技术交流；

(6)鼓励建立与海洋资源有关的教育和研究机构。

(二)目标

(1)有效推进与海洋资源有关的教育、培训与研究；

(2)发展与海洋资源有关的科学技术、材料和装备；

(3)制订激励措施，鼓励勘探和开发海底上覆水域、海底、海床及其底土以及邻近海域的海洋资源。

(三)基本原则

(1)遵守总统办公厅颁布的政治与战略指导方针；

(2)与国家的其他政策和跨年度计划保持一致；

(3)根据跨年度计划，突出涉及国家利益和与国家可持续发展有关的计划与工作；

(4)下放权力，鼓励各方积极参与，激励各伙伴组织、地方政府和全社会参与实施海洋资源计划；

（5）在海洋资源调查与可持续开发中坚持谨慎与预防原则；

（6）保护国家管辖海域和邻近海域的生物多样性和遗传基因资源；

（7）履行巴西的国际承诺。

（四）《国家海洋资源政策》的实施机制与实施战略

1. 实施机制

《国家海洋资源政策》的总负责部门是总统办公厅，总统办公厅规划秘书处负责确定国家海洋资源政策的优先发展计划，有关决策与协调由部际间海洋资源委员会负责，巴西研究理事会负责制订旨在促进海洋资源研究与技术发展的激励政策与措施，民间社会团体则在公众与政府之间发挥桥梁纽带作用。

各有关政府部门按职责分工进行有关决策和制订跨年度与年度计划，为国家海洋资源政策的实施采取相关措施。

2. 实施战略

（1）人才队伍培养与教育

——根据实施海洋资源计划的需要，加强对各级科技人员和其他专业人员的培训和再教育；

——加强对公众进行海洋与环境意识教育，为国家可持续利用海洋资源服务；

——加强研究与教育机构建设；

——加强国际科技合作，促进海洋科技、研究以及海洋资源勘探与开发利用方面的人才队伍培训信息与资料交流；

——制订激励措施，鼓励建设海洋研究与教育机构；

——加强对各级教师的培训与再教育，在各级学校增设海洋环境保护与海洋资源可持续开发利用课程。

（2）研究、科学与海洋技术

——加强科学研究，更好地了解国家管辖海域和国家关注的海域的生物资源和非生物资源，建立资源档案，评估资源潜力，促进资源管理与可持续开发利用，研究更好的管理与开发技术；

——对主要洋盆开展大规模海洋科学调查研究，研究气候变化与洋流以及气候变化对国家的影响；

——建设、维护和运行海洋生物资源资料搜集、处理与分发系统；

——发展以提高渔业产量和减少渔业废弃物为目标的技术；

——建设、运行和维护巴西大陆架地球物理与地质资料搜集、处理和分发系统；

——积极参与国际海底区域矿藏资源研究、勘探与开发；

——加强科学研究，了解和评估巴西管辖海域和巴西关注的海域海洋生物的生物技术潜力，建立资源档案；

——鼓励国内外研究和教育机构开展与海洋资源勘探、开发和可持续利用有关的科学技术信息和资料交流与合作；

——为国家管辖海域内渔业、海洋资源勘探与开发领域开展国际合作创造条件，确保巴西全程参与这些合作的所有阶段；

——研究渔业和海洋资源勘探、开发与合理利用所需技术、材料与装备；

——实施海洋资源技术计划，让巴西研究机构参与海洋技术研究、发展与创新工作；

——加强海洋科研机构的技术能力建设，以促进海洋资源研究、勘探和可持续开发利用；

——鼓励各级基础教育机构加强海洋保护教育，提高学生的海洋环境保护意识。

（3）海洋资源勘探与可持续开发利用

——加强海洋和海岸带综合管理，可持续开发国家管辖海域的海洋资源和保护国家管辖海域的生态系统、生物多样性以及基因、文化与历史遗产；

——修订和完善与海洋资源、海洋和海岸带综合管理以及国家海洋权益有关的立法；

——利用现有资料，拟订海洋生物资源标准与规范，重点是涉及被过度捕捞和受到过度捕捞威胁的物种的标准与规范；

——加强海洋水产养殖和捕捞，可持续地开发渔业资源，提高巴西管辖海域的渔业资源捕获量；

——鼓励公有和私有企业在国家管辖海域发展海洋旅游、体育运动和休闲娱乐活动；

——从社会、经济与环境角度，在海洋资源研究与可持续开发利用等各个方面突出可持续发展各项原则；

——制订并实施海洋环境保护计划和受陆源污染的海洋资源保护计划；

——指导、协调和监督与多边机制、政府部门和非政府组织进行的海洋资源领域的捐资谈判；

——鼓励可持续开发、出口和消费源于海洋的产品和提高这类产品的附加值；

——鼓励建造船舶、平台、集鱼设施、人工鱼礁和其他为教育、研究、勘探和可持续开发利用海洋资源服务的浮动或水下装置。

四、《国家海岸带管理计划》

1988 年，依据巴西政府第 1988/7661 号法令，巴西部际间海洋资源委员会制定了《国家海岸带管理计划》，并于 1997 年和 2004 年进行了两次修改。《国家海岸带管理计划》为推进巴西的海洋综合管理以及鼓励各方积极参与管理提供了政策框架。

《国家海岸带管理计划》的主要任务是建立巴西海洋环境管理标准，为制定政策、规划及国家与市级计划奠定基础。其目标是：

（1）促进对海洋资源和空间的有序利用，有效利用各类政策与法规及手段，对海岸带和海洋进行积极管理与调控；

（2）建立综合管理与分工负责相结合的管理模式和鼓励各方积极参与海洋管理的新机制，有效管理各类涉海社会与经济活动，提高沿海地区人们的生活质量和保护沿海和海洋的自然、历史与文化遗产；

（3）系统地调查分析海岸带环境质量，了解其脆弱性和发展趋势。

《国家海岸带管理计划》是《国家海洋资源政策》和《国家环境政策》的组成部分，明确了海洋管理的原则，概念与定义，规定了管理目标和规则，提出了管理手段和职责分工以及管理所需的资金来源。1997 年，巴西政府颁布《国家海岸带管理计划Ⅱ》，以取代原来的计划。《国家海岸带管理计划Ⅱ》规定了新的海洋管理原则、各州和县实施海洋管理的方法与规则，主要目的是缓解和减少用海矛盾与冲突。

五、《联邦海岸带行动计划》

《联邦海岸带行动计划》是巴西海岸带综合管理协调组织于 1998 年提出来的计划，旨在推进政府的海岸带管理行动，通过建立伙伴关系来协调各涉海部门的海洋工作。该计划的目的是：

（1）通过协助各有关部门参与规划和整合有关工作，协调联邦的海岸带管理行动；

（2）最大限度地利用现有力量，促进机构间合作；

（3）促进战略行动计划的制订，推动海岸带政策的发展。

六、《海洋资源的部门与行业计划》

部门与行业海洋资源管理计划是国家海洋资源政策的组成部分，它遵循国际海洋法规以及有关文书的各种规定。《海洋资源的部门与行业计划》突出海洋资源勘探与开发中的"谨慎原则"，该原则的核心是，当科学依据不足或缺乏把握时，不应进行决策或采取行动，以免破坏资源与环境。该计划还遵循其他海洋综合管理原则，尊重生态、经济与社会的可持续概念。该计划还提出，为了整合有关工作和确保计划的有效实施，规划工作不应过度集中，应鼓励各方积极和广泛参与。

《海洋资源的部门与行业计划》包括以下组成部分：

（1）海洋生物资源评价与监测计划；

（2）水产养殖与渔业计划；

（3）巴西大陆架矿藏资源潜力评价计划；

（4）巴西海洋与气候观测计划；

（5）海洋科学研究与研究生培养计划；

（6）南大洋与赤道地区国际海域海洋资源调查与勘探计划。

《海洋资源的部门与行业计划》分阶段实施，三年为一阶段。1982年至1985年为第一阶段，主要任务是发展海产品生产，促进矿藏资源开发和能源生产，重点是海洋科研培训与研究体制建设；1986年至1989年为第二阶段，主要目标是提高海洋资源开发利用水平，加深对海洋生态系统的认识与了解，提高渔业捕捞和上岸量，提高鱼类加工水平。从2008年到2011年这一阶段的主要工作是研究海洋环境质量与社会经济价值、认识和了解海洋在气候变化中的作用以及政府、学术界、私人企业界和全社会共同努力的必要性，以确保海洋资源的可持续利用。该计划的2012—2015年阶段目前正在执行，主要内容是：实施海洋、沿海与南极计划及联邦政府的其他政策和计划；对政府部门、研究机构、学术界和私人企业采用新的综合管理和鼓励各界积极参与的管理模式，鼓励对有关各方的行动进行统一整合；重视向公众开放资料；将海洋自然资源保护与开发作为优先领域；重视人才队伍的素质培养和增加实践经验；加强国际合作；关心海岸带自然资源保护与利用。

七、《巴西大陆架调查计划》

1988 年，巴西政府以法令形式颁布《巴西大陆架计划》，1989 年进行了修订，其任务是根据《联合国海洋法公约》第 76 条规定调查和确定巴西的外大陆架界限。

巴西大陆架调查工作从 1987 年开始，1996 年调查工作基本结束，承担任务单位为巴西海军和巴西国家石油公司。2004 年 5 月 17 日，巴西向联合国大陆架界限委员会提交外大陆架申请资料，提出申请的外大陆架面积为 91.2 万平方公里。2007 年，联合国大陆架界限委员会回复，不同意其中的 19 万平方公里外大陆架申请。

八、《巴西南极计划》

1975 年，巴西加入《南极条约》，1982 年制定第一个《南极研究计划》，1982 年 12 月开始派遣南极研究队赴南极，在乔治王岛建立了研究站。

九、其他有关法规和计划

巴西还出台了一系列其他涉海法规法令，主要有：

（1）第 8617 号法（关于巴西领海、毗连区、专属经济区和大陆架）；

（2）第 221 号条令（渔业法）；

（3）第 4771 号法（森林法）；

（4）第 227 号条令（采矿法）；

（5）第 6938 号法（国家环境政策）；

（6）第 96000 号规定（在巴西大陆架和其他管辖海域进行海洋科学研究的规定）；

（7）第 9433 号法（关于国家水资源政策）；

（8）第 9537 号法（关于国家管辖水域交通安全）；

（9）第 9605 号法（关于环境犯罪）；

（10）第 9636 号法（关于国家遗产区管理）；

(11)巴西大陆架矿藏资源评估计划；

(12)巴西专属经济区可持续潜力评估计划；

(13)巴西全球海洋观测系统计划。

第四节 海洋执法体制

巴西海洋执法工作采用的模式与海洋管理模式一样，即统一协调与分工负责相结合，总体工作由部际间海洋资源委员会负责，具体工作由部际间海洋资源委员会成员单位按职能分工负责，其中主要是巴西海军，运输部，矿产与能源部，工业、商业与旅游部和教育与体育部等。巴西海上执法的巡航监视任务统一由巴西海军负责。因此，巴西海军除担负维护国家海上国防安全任务外，还担负海上执法任务。巴西设有国家水路运输局，担负船舶航行与人员安全等海事管理和执法任务。

一、巴西海军

巴西海军成立于1822年，是南美规模最大的海军，在美洲居第二，仅次于美国海军，现有6万人。

(一)主要职能

巴西海军的海洋执法职能主要是：

(1)维护巴西海洋权益；

(2)实施国家海洋政策；

(3)保卫巴西海洋油气勘探与开发设施；

(4)维护海上安全；

(5)开展海上搜索与救护；

(6)保护海洋环境。

(二)装备

截至2012年，巴西海军的主要装备为：

飞机89架；

舰艇106艘；

航母 1 艘(32 800 吨);

两栖作战舰 3 艘(1 艘为船坞登陆舰, 11 800 吨级, 另 2 艘为坦克登陆舰, 分别为 6 700 吨级和 8 757 吨级);

护卫舰 10 艘(其中 7 艘为 3 355 吨级, 3 艘为 4 400 吨级);

轻型护卫舰 5 艘(其中 4 艘为 1 670 吨级, 1 艘为 1 785 吨级);

潜艇 5 艘(柴油动力攻击潜艇, 1 810 吨级);

扫雷艇 6 艘(245 吨级)

坦克舰 3 艘(分别为 6 000 吨, 12 889 吨, 594 吨);

巡逻舰艇 37 艘(其中近海巡逻舰艇 17 艘, 1 艘 1 700 吨级, 2 艘 911 吨级, 2 艘 500 吨级, 12 艘 200 吨级; 巡逻扫雷艇 1 艘, 850 吨级; 1 艘快速巡逻艇, 其他为内河巡逻艇);

监听侦察船 1 艘(620 吨);

辅助船 34 艘, 其中包括研究船 1 艘, 海洋研究船 5 艘, 破冰船 2 艘和打捞拖船 1 艘。

巴西海军已计划扩大舰艇规模, 2014 年、2015 年至 2016 年、2016 年至 2017 年、2017 年至 2018 年将分别增加 1 艘潜艇, 2023 年至 2025 年, 与法国一道建造 1 艘核潜艇。

另外, 2012 年至 2013 年将增加 6 艘巡逻艇, 其中 4 艘为 500 吨级, 2 艘为 1 700 吨级。2012 年增加 1 艘辅助船。

二、国家水路运输局

国家水路运输局隶属于巴西运输部, 成立于 2001 年, 根据巴西海军规定和国家的相关法规, 担负维护海上航行与人员安全任务, 其中包括:

(1)管理在巴西领海航行的船只的进出港、航行与停靠;

(2)根据船舶注册法规对船舶进行注册登记;

(3)管理巴西管辖水域的工程、疏浚以及矿藏勘探与调查, 管理水域空间和航行安全, 但不应影响其他主管部门行使职能。

第十六章 智 利

智利地处南美洲，北与秘鲁、东与阿根廷和玻利维亚接壤，西望太平洋，南与南极洲隔海相望，是世界上距南极洲最近的国家。智利陆地总面积 75.6 万平方公里，占拉美总面积的 3.6%，在拉美各国中居第八位。全国分为 15 个大区，下设 51 个省和 346 个市。15 个大区中，除圣地亚哥首都大区外，其余 14 个大区均靠海。境内南北长 4 333.3 公里；东西平均宽 180 公里，最宽 486 公里，最窄 15 公里，是世界上最狭长的国家。2012 年人口 1 746 万，其中城市人口占 89%。

智利海岸线总长 18 000 公里，其中大陆海岸线长 4 300 公里，主张的专属经济区和大陆架面积 450 万平方公里，根据国际公约负责的搜索救护区域 2 640 万平方公里。智利主张的南极领土约 125 万平方公里。

智利属于中等发展水平国家，2012 年 GDP 为 2 683 亿美元。矿业、林业、渔业和农业资源丰富，是国民经济四大支柱。智利以盛产铜闻名于世，素称"铜之王国"。智利气候、地理和水质等环境条件优越，渔业资源丰富，是世界第五渔业大国，渔业就业人口达 12 万，是世界上人工养殖三文鱼和鳟鱼的主要生产国。2012 年，智利渔业产品出口总额 45.6 亿美元，其中三文鱼和鳟鱼出口额 28.7 亿美元。

作为海洋国家，智利从 20 世纪 60 年代起，尤其是 90 年代以来，不断加大海洋工作力度。1994 年，智利颁布法令，出台《海岸带与海洋利用政策》（POLITICA NACIONAL DE USO DEL BORDE COSTERO DE LA REPUBLICA），成立国家海岸带与海洋（利用）管理委员会（CNUBC——Comisión Nacional de Uso del Borde

Costero)。智利14个靠海的大区，都成立了地区海岸带与海洋利用管理委员会（CRUBC——Comisión Regional de Uso del Borde Costero）。《智利海岸带与海洋利用政策》适用范围包括智利领海、海湾、海滩、海峡等，专属经济区和大陆架未包括在该政策的范围内。

智利的海洋管理采用的是高层协调与部门分工负责相结合的体制，在国家海岸带与海洋管理委员会的指导与协调下，肩负海洋管理职能的各部门分工负责推进海洋工作。涉海部门主要有海军、经济部渔业局和智利海事局等。海洋执法工作主要由海军海洋领土与海洋商业总署负责。

第一节　海洋管理体制

一、国家综合协调机制——国家海岸带与海洋管理委员会

在国家层面，智利设有国家海岸带与海洋管理委员会，该委员会成立于1994年，是智利海岸带与海洋事务的综合协调机构，宗旨是推进国家海岸带与海洋利用政策的制定与实施。

（一）职能

智利1994年第475号令赋予国家海岸带与海洋管理委员会的主要职能有：

（1）提出智利海洋与海岸带区划建议；

（2）编写国家海洋政策实施情况评价报告，并提出相关调整建议（报告每2年编写一次）；

（3）向各有关部门提出海岸带与海洋使用建议，审批海岸带和海洋利用计划，确保海洋与海岸带开发利用活动的相互衔接与一致；

（4）协调解决海岸带与海洋利用矛盾；

（5）搜集各部门与海岸带和海洋利用有关的研究成果、资料与信息；

（6）向国家有关管理部门提出海岸带与海洋保护和利用建议。

（二）组成（共 12 人）

（1）主席：由国防部长担任

（2）成员：

国防部海军副部长

内政部地区发展副部长

经济、发展与建设部渔业副部长

规划与合作部代表

公共工程部代表

住房与城市发展部代表

运输与通讯部代表

国家遗产部代表

海军代表

国家旅游局代表

国家环境委员会代表

（3）秘书处：海岸带与海洋管理委员会技术秘书处设在国防部。

二、地区海岸带与海洋管理委员会

根据 1997 年 1 月第 1 号总统令，除圣地亚哥大区外，在智利各大区还设立了 12 个地区海岸带与海洋管理委员会。目前智利的地区海岸带与海洋管理委员会已扩大到 14 个，即全国 15 个大区中，除不靠海的圣地亚哥首都大区外，其余 14 个靠海的大区都成立了地区委员会。

地区海岸带与海洋管理委员会的主要任务是提出地区海岸带与海洋优先发展领域；为国家海岸带与海洋管理委员会提供支撑；对地区海岸带使用情况进行登记。

大区区长任地区海岸带与海洋管理委员会主席，其他成员包括：有关沿海省的省长，组成国家海岸带与海洋管理委员会的国家部委在大区分支机构的负责人或代表，所在地军队代表等。根据情况，地区海岸带与海洋管理委员会还可以邀请沿海市的市长和有关大学及私营机构参与会议。

三、参与海洋管理事务的部门

(一)海军次部

海军次部隶属于智利国防部,由海军副部长(文职官员)领导。主要职责包括:批准海岸带和海域使用计划,批准海洋养殖使用区域,发布海洋保护区法令,负责制定国家海岸带管理政策,负责领导国家海岸带与海洋管理委员会和指导地区海岸带与海洋管理委员会的工作等。

(二)海洋领土与海洋商业总局

1848年成立,隶属于智利海军,是海洋管理与执法工作的执行部门(见下面执法部分)。

(三)海军水文和海洋调查局

成立于1834年,隶属于智利海军。主要职责是为智利内水、领海、专属经济区及毗邻公海的海上安全航行提供技术服务,包括航道调查,制图与海洋科学调查,发布海啸及海洋灾害警报等,提供海洋技术支撑和服务,开展相应的国际合作等。

调查局下设6个部门,分别是海洋学处、水文处、技术服务处、后勤处、产品处、信息处、建设处。

(四)渔业次部

渔业次部隶属于国家经济部,由渔业副部长管理。主要职责是制订国家渔业发展政策和渔业标准等。

国家渔业局是渔业次部的下属独立机构,为渔业管理工作执行部门,负责与渔业标准、渔业卫生、环境和国际渔业条约有关的事务。除本部外,在智利其他地区设有分部。

(五)外交部环境司

外交部环境司下设海洋事务处,负责国家对外海洋政策与合作。

(六)智利国家海洋研究委员会

成立于1971年,负责协调智利国内海洋科学研究,成员来自政府和大学等28个研究单位,其中23个常设单位和5个合作单位。主要任务是:制订海洋科学研究计划;组织和协调智利海洋科学研究项目;发表有关国家海洋技术文件；参加国际海洋科学会议等。

海洋研究委员会的主席是海军水文和海洋调查局主任，委员会的办公地点设在海军水文和海洋调查局内。海洋研究委员会拥有 10 艘考察船，分属于不同的大学，考察船都比较小，最小的仅 14 米长。

四、海岸带与海洋管理措施

为促进沿海经济和海岸带及近海区的发展，智利十分重视海岸带与海洋的综合利用和管理。早在 1931 年智利就建立了海岸带使用租赁制度，1960 年颁布了海岸带租赁使用法，确定了智利国防部海军副部长负责海岸带与海洋管理工作，并规定向海一方距离海岸 80 米以内属于海岸带管理范围。

1994 年智利政府提出了《国家海岸带与海洋使用管理政策》，其适用范围为领海、海滩和海湾等，要求根据不同地区的海洋和海岸带地理情况，制订相应的经济发展策略，保护和养护生态环境，并强调要支持具有发展前景的项目，综合和系统地考虑海岸带的利用，促进可持续发展。为执行这一政策，相继成立了国家海岸带与海洋管理委员会和地区海岸带与海洋管理委员会。

1995 年海军次部开始制订国家海岸带和海洋使用发展规划，确定海岸带与海洋优先使用和发展目标，作为海岸带港口、工业区、旅游开发区和保护区建设指南。规划将海岸带地区分为三类区域：规划和发展区、开发区、控制管理区。国家海岸带与海洋管理委员会也积极倡导地区海岸带与海洋管理委员会进一步对本地区海岸带进行功能区划，使规划更适合于本地区海岸带与海洋发展的实际情况。

但随着海岸带与海洋利用的发展，在海岸带的三类区域划分和使用信息及协调方面普遍存在困难，因而由海军次部和海洋领土与海洋商业总局共同实施了海岸带综合管理信息系统项目。海岸带综合管理信息系统的主要目的是对海岸带和邻近海域资源的开发与使用进行综合性管理，完善海岸带租赁程序，建立海岸带使用和管理信息库，加强不同管理机构的协调和合作。2004 年 12 月完成了整个系统的建设并投入使用。该系统为网上办公平台，所有关于海岸带使用的申请，都必须通过该系统提交和进行审批。系统也向申请者提供海岸带管理法规、各地区海岸带优先使用目标和已经使用的情况、海岸带电子地图等，便于申请者选择和考虑，为海岸带的使用和管理提供了方便，也增加了管理的透明度。

第二节　主要涉海法规与政策

一、《智利海岸带与海洋利用政策》

1994 年智利颁布第 475 号令，出台《智利海岸带与海洋利用政策》（*POLITICA NACIONAL DE USO DEL BORDE COSTERO* DE LA REPUBLI-CA）。该政策的主要内容有：

（一）适用海域

领海、海湾、海滩和海峡等，包括高潮线向陆一侧 80 米内的地区。

（二）总体目标

（1）充分考虑到各行业和领域的地理分布及相关条件，例如距离人口密集区的距离和所在地区的气候状况等，根据具体情况确定海洋的具体用途；

（2）鼓励资源开发，为不同产业和行业创造财富；

（3）根据开发需要和相关政策，保护海洋环境与资源；

（4）促进和谐用海；

（5）从国家角度，促进和指导不同的海岸带与海洋活动，兼顾各地区、地方和行业的利益；

（6）确定领海的保护、开发与利用未来需求和发展趋势，考虑环境与资源的有限性，禁止不当和不合理的开发利用。

（三）具体目标

（1）确定各海域和海岸带地区的目标和用途；

（2）明确各部门的涉海计划与项目；

（3）确保不同用海活动和海岸带利用活动的和谐共存，促进和谐开发利用，全面平衡开发利用活动，合理和最佳利用海洋与海岸带，在兼顾目前用海需求的同时，充分考虑到未来的需求；

（4）根据相关法规，促进投资，促进公共和私营领域的开发利用；

（5）确定海洋与海岸带的合理用途。

二、公海政策和其他涉外海洋政策

智利对公海资源的立场主要是保护深海生物资源，反对对深海生物资源的破坏性捕捞。智利政府表示将全力以赴推动国际公海生物多样性保护。由此可见，智利对公海海洋资源的开发持保留态度，而对保护持积极态度。

智利也是《南极海洋生物资源养护公约》的成员，在南极海洋生物资源保护和开发方面发挥重要作用。

2005年，智利决定开始同澳大利亚、新西兰谈判，协商共同组建南太平洋深海渔业保护机构，其战略目标是同拉美国家和澳洲一起，以保护深海环境和生物多样性为手段，对抗来自欧洲和亚洲的捕捞船队在南太平洋公海的活动以及在该地区的非法渔业捕捞。智利近期的对外海洋战略的首要任务是尽快完成这一公约的谈判，并使其生效。

智利禁止外国渔船在其200海里专属经济区进行渔业捕捞，并要求在邻近公海捕捞作业的国家与智利合作控制捕捞量。目前一些国家的渔船在智利200海里以外海区捕捞，特别是欧洲国家的远洋渔业捕捞船具有较强的作业能力，智利政府和渔业界担心对智利的渔业资源造成威胁。

智利对我国远洋渔船在其邻近海域作业也十分敏感，常常采取限制措施。

三、海洋经济开发战略

海洋交通运输和海洋水产是智利传统的海洋经济产业，在智利经济发展中占有重要地位，维护海上交通和贸易的安全是智利的重要海洋战略目标之一。鉴于海洋渔业资源的下降，智利鼓励海洋生态保护和发展海洋水产养殖。目前智利的海洋开发主要集中在海岸带，为此成立了国家海岸带开发委员会和各地区海岸带开发委员会，以规划和协调近海开发。主管部门也建立了政府电子平台，开通网上申报渠道，提供综合开发信息服务。但也面临着如何处理开发与保护的矛盾等问题。

智利海洋石油资源贫瘠，仅在南部火地岛附近海域发现石油。由于近年来能源紧张，智利也将眼光投向海洋新能源。2003—2005年，通过与美国和德国的合作，在其近海探索深海天然气水合物，但限于其本国目前的海洋科研能力，尚难以依靠自身实力进行这一项目。

四、海洋环境保护政策

保护海洋环境是智利的重要海洋战略，以此促进海洋旅游、休闲和海上运动等的发展，进而扩展海洋经济。智利国家环境保护委员会与地方政府合作，共同划定国家海洋和海岸带多功能保护区。2003年在智利智鲁岛（Chiloe)附近发现了蓝鲸繁殖区，目前正在进行将该地区划定为海洋保护区的工作。据有关统计资料介绍，目前智利有 19 个海洋保护区。

第三节 海洋经济与科研工作概况

一、海洋经济

智利海洋资源丰富，漫长的海岸线为海洋捕捞和近海养殖提供了有利的天然条件，是世界五大水产国之一。智利海域盛产 1 000 多个品种的鱼类、贝类和海藻等。近年来，由于采取保护措施和渔业资源量的减少，水产捕捞呈下降趋势。1994 年总捕捞量为 802 万吨，2011 年渔业进港量和养殖产品产量累计为 420 万吨，其中捕捞渔业进港量为 340 万吨，养殖产业产量为 78.57 万吨。

海洋是智利的重要运输通道，北部地区的铜、矿石，南部的农业、林业和渔业产品等都是通过海运。沿海港口承担着全国货物的 90% 的进口和 95% 的出口。据智利海洋和港口商会统计，2010 年智利外贸海运吞吐量 9 138 万吨，占当年外贸运输总量的 91%，其中出口 4 977 万吨，进口 4 161 万吨。

智利具有前景的海上油气资源主要位于其最南端的海域。由于智利能源紧张，现在正加紧勘探和开发。智利也在进行海洋天然气水合物调查，并已在其部分海域发现了天然气水合物。

二、海洋科技

智利科学技术研究在拉美国家中具有相对较长的历史。20 世纪 50 年代以后，历届政府开始把发展科技作为国家发展的战略，政府财政也设立了科研专项经费，并兴建了一批研究所和科研中心，加大公共领域对科研发展的支持。50 年代政府成立了林业、自然资源和渔业等专业研究所，旨在开发新品种，引进国外先进技术，促进本国经济发展。20 世纪 60 年代成立了多学科的综合研究机构和专业研究中心，如智利核能委员会、矿业研究中心等；20 世纪 70 年代以来，智利科学技术研究在深度和广度上都有发展，科研范围扩大到大气、矿藏、生态环境、海洋、生物技术等方面。其科研的主旨是围绕本国的经济发展，开发和引进新技术，提高产品竞争力，促进经济发展。

（一）主要海洋研究机构

智利国家海洋研究委员会是智利海洋科学研究的综合协调机构，海洋科研计划经费主要来自财政部给海军水文和海洋调查局的拨款。国家海洋研究委员会也协助其成员向智利国家科委等申请研究项目资助。海军水文和海洋调查局是主要的海洋调查和技术服务部门。

国家经济发展局：隶属于智利国家经济部。国家经济发展局成立于1939年，宗旨是发展国家产品，促进国家经济发展，提高竞争力和吸引国外投资，主要涉及领域包括：技术革新和发展；企业的现代化改造和增强竞争能力；改善企业管理；对企业提供资金；发展地区产品。主要项目包括：发展和创新基金、渔业研究基金和技术创新与发展项目。

渔业研究所：成立于1965年，隶属于经济部，主要从事渔业基础和应用研究。

国家水利研究所：成立于1953年，隶属于运输与通讯部，主要是从事应用研究。

海军水文和海洋研究所：成立于1990年，隶属于国防部，主要从事应用研究。

南极研究所：成立于1963年，隶属于外交部，主要从事南极政策、基础科学、应用和发展研究。

智利的大学：智利的大学承担着主要的海洋科研任务，在海洋研究方面比较突出的有：康塞普西翁大学，南方大学，瓦尔帕莱索天主教大学，安东法咖斯达大学和麦哲伦大学等大学，其中康塞普西翁大学、南方大学和瓦尔帕莱索天主教大学实力比较强。

（二）海洋科研能力

智利从事海洋科学研究人员2004年约560人，主要从事海洋生物和养殖研究，比较缺少的是海洋地质、海洋物理和海洋化学研究人员。2000—2004年智利的海洋研究投入为1.2亿美元（年平均2 300万美元），其中70%来自政府支持。

（三）主要的海洋研究项目

智利国家海洋研究委员会成立以来，开始有计划地组织国家海洋科学考察活动。1970年制定了第一个国家十年海洋科研调查计划（1970—1980），1986年制定了第二个十年计划（1987—1997）。但这两个计划由于缺少资金支持而未全部完成。1995—2004 年，国家海洋研究委员会组织了 10 个航次，主要对智利南部水域进行海洋科学考察。

智利国家科委对海洋研究项目也给予支持，除按照一般研究项目向科委所属基金申请外，科委还专门设立了水产养殖和海洋赤潮研究专项，为在这些领域的研究提供资金支持。

智利也寻求通过国际合作开展海洋研究。2004 年，在日本政府的赞助下，智利南方大学与日本国立渔业大学合作，利用日本国立渔业大学考察船"航洋丸"（Koyo Maru）对智利瓦尔帕莱索附近海域进行海底地形、生物状态和分布以及水文和生物多样性的考察，同时重点考察深水渔业资源。

2004 年和 2005 年，智利先后和美国与德国合作，对瓦尔帕莱索到瓦尔第委亚一带水域进行海洋天然气水合物、海洋地质和地球物理考察。智利瓦尔帕莱索天主教大学、智利海军水文和海洋调查局，智利远洋调查船"戈尔玛斯"（Vidal Gormaz）号和德国海洋调查船"太阳"（Sonne）号等参加了这些航次的考察。

第四节 海洋执法体制

智利的海洋执法工作主要由海军海洋领土与海洋商业总局负责。

一、相关海洋立法

（一）《海岸带租赁使用法》

1960 年 4 月公布执行。1968 年，制定了该法的管理规定。1988 年对管理规定进行了补充和修改。管理规定共 71 条，对海岸带使用管理的主管机构、申请使用和批准程序、使用期限、租金和税收以及违反规定的处罚等做出了规定。

（二）《渔业和水产养殖法》

1989 年公布，1992 年 1 月修改。适用范围包括在智利所管辖的河流和海洋进行的渔业、水产养殖、渔业调查和渔业体育运动等活动。主管部门是渔业次部，海上负责执法的单位为海洋领土与海洋商业总局。

（三）《海洋养殖与租赁管理规定》

1993 年 7 月发布，对海洋养殖的租赁、转让、税收、养殖品种的确认等做出了规定。海洋领土与海洋商业总局与渔业次部分工负责审查渔业和海洋养殖租赁申请。海洋领土与海洋商业总局负责颁发租赁许可证。

(四)《海上运动与休闲活动管理法》

1997 年 7 月发布执行，用于管理智利管辖海域的水上体育和休闲活动。各涉海主管部门根据职责分工，对海上体育运动和休闲活动分别进行管理。申请者须向相关的主管部门提出申请，由海洋领土与海洋商业总局负责汇总各部门意见进行最终审批。

(五)《航海法》

1978 年重新修订并予以颁布。

(六)《海洋科研调查管理规定》

1975 年以总统令形式发布执行，对申请的要求、样品的处理和海洋调查船的管理等做出了详细规定。智利海军海洋水文和海洋调查局代表政府审批国内外在智利管辖水域进行科研调查的申请。

(七)《海商法》

1979 年 12 月公布，最近的修改时间是 2001 年。

(八)《环境保护法》

《环境保护法》就海洋环境保护问题做出了具体规定。其他涉及海洋环境管理的法规包括：渔业次部 2001 年 8 月发布的保护渔业养殖环境的管理规定；2002 年公布的环境影响评价规定，对海洋工程建设的环境影响评价也做出了规定。

(九)部门规章

2003 年 2 月，海洋领土与海洋商业总局发布了防止海洋污染应急计划的通知，要求海上活动单位必须制定海洋污染应急计划。海洋领土与海洋商业总局对各单位的污染应急计划进行审批和监督。

二、海洋执法机构——海洋领土与海洋商业总局

智利海洋执法工作由海军海洋领土与海洋商业总局负责，该局也称智利海岸警卫队。

(一)发展沿革

1818 年前，智利是西班牙殖民地。1793 年，卡洛斯国王发布第 4 号法

令，将海洋事务交由西班牙海军管理，这一管理方式构成了智利现代海洋管理的基本架构。1963 年通过的《国家海洋政策规定》至今仍在执行。

1813 年智利成立海军。1848 年智利政府通过法律，确立了国家海洋领土，并在海军成立了海洋领土管理局，成为海洋领土与海洋商业总局的前身。1953 年通过的第 292 号法令（D. F. L. NO. 292），增加了总局为公众服务的职能；1978 年第 2.222 号法令赋予总局的海岸带与海洋执法职能，该法令还确立智利海洋管理部门负有保护海洋生态的职能，并正式更名为现在的名称"海洋领土与海洋商业总局"。1992 年国防部发布第 1 号令，正式赋予该局行使海洋污染控制的职能。

（二）职能

该局任务是对智利辽阔海域进行控制与监视，维护智利的海洋权益，主要维护安全、社会、经济与环境权益。具体职能包括：执行国家海洋管理法规和国际协定；实施海上救援、保护海上人员生命安全；保护智利管辖海域的环境；保护海洋资源及其合理开发利用；维护海洋秩序等。

在海洋监视与控制方面，主要任务是维护海洋生物资源的合理与可持续开发利用，促进对国家管辖海域的经济资源和其他各类资源的合理利用，包括实施封渔期和封渔区制度，根据法规，核准捕捞规模和数量。

在海洋环境保护方面，负责维护海洋的健康与洁净，预防和应对海洋污染事故。

在海事方面，智利海洋领土与海洋商业局肩负着海事管理任务，负责在智利落实关于船舶与港口设施安全的国际公约，负责预防和打击毒品走私。为此，该局与智利警察有着密切的合作关系。为了保护海上人员生命安全，该局在智利近海区域部署了所需的人员与装备，对海域进行巡航，为救援建立了专门的热线。

（三）机构设置

总局下设两个部门，即海洋安全与运行部、海洋利益与环境部。海洋安全与运行部负责维护船舶安全和海上人员生命安全，负责搜索救护与救援；海洋利益与环境部负责维护国家海洋权益和保护海洋环境。总局还在智利各地区设立了 16 个地方分局。